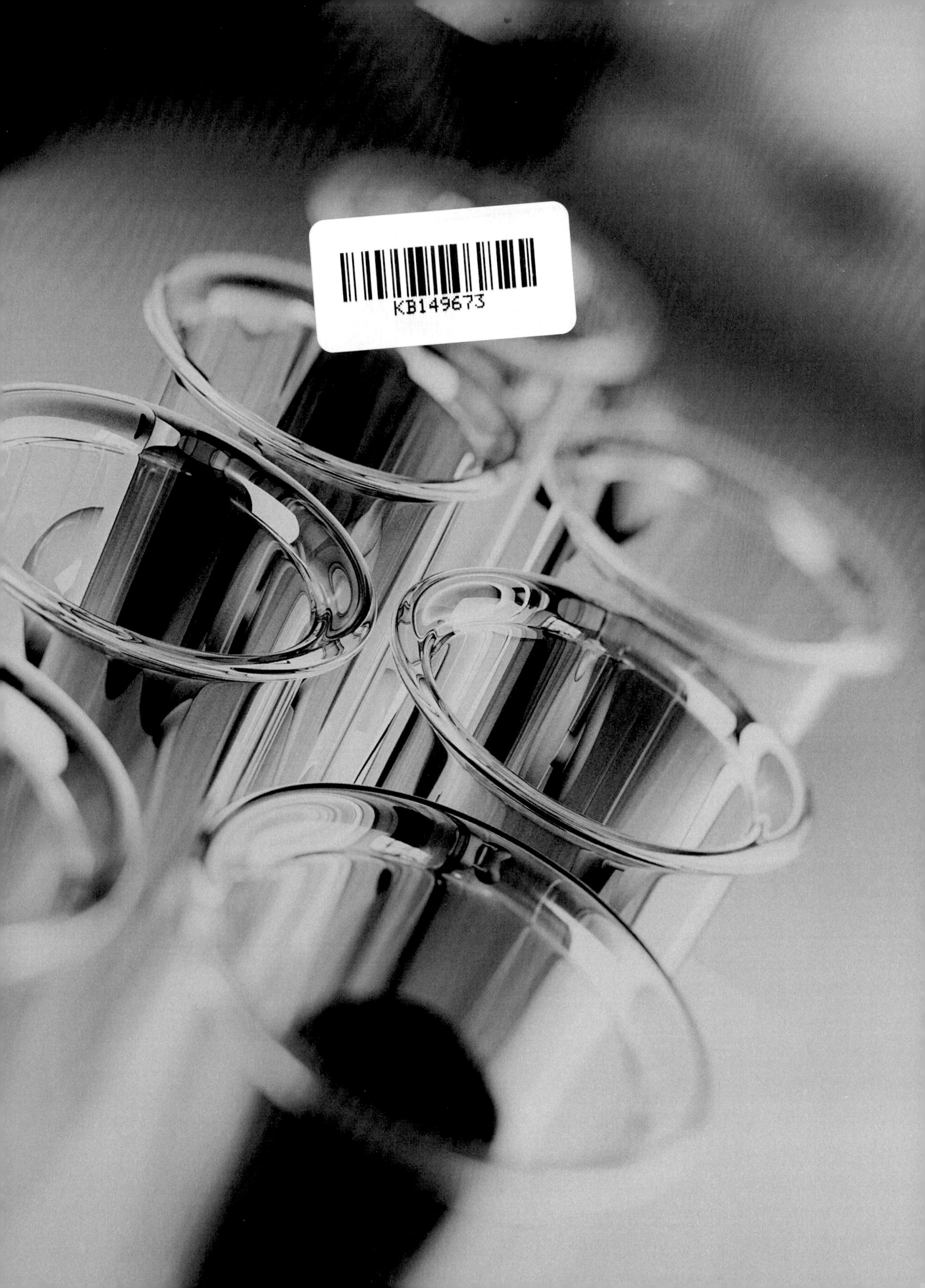

기초에서 실무까지

식품품질관리와 관능검사

FOOD QUALITY
MANAGEMENT AND
SENSORY EVALUATION

기초에서 실무까지

식품품질관리와 관능검사

황인경 · 김미라 · 송효남
문보경 · 이선미 · 김선아 · 서한석 지음

교문사

머리말

소비자는 소비하는 제품에 대한 기대치보다 만족치가 높을 때 품질이 좋다고 생각한다. 즉 식품의 품질(Quality)은 만족감에서 비롯된다고 할 수 있으며 이는 영양성, 기호성, 기능성, 경제성, 안전성 등 다양한 측면에서의 가치에 대해 종합적으로 판단 · 결정된다. 속담에 '보기 좋은 떡이 먹기도 좋다.'라는 말이 있다. 중의적인 의미를 배제하고 보면, 소비자가 식품의 품질을 판단함에 있어서 인간의 감각으로 인지하여 높게 평가된다면 만족도도 높을 수 있다는 의미로 해석할 수 있다. 그만큼 인간의 감각에 의한 평가와 품질은 양의 상관성을 갖는다고 볼 수 있다.

식품은 과거 수렵과 채취에 의존하던 생존의 수단에서 오늘날 풍요로운 먹거리로 인간의 건강을 유지하고 삶에 대한 만족과 자아실현을 이루는 핵심적인 매개체이며, 인간의 생존과 번영에 필수불가결한 요소이다. 식품시장은 과학기술과 유통기술의 발달, 소셜네트워크의 혁신적 변화 등으로 새로운 다양한 식품이 등장하고 유통체계의 고도화에 따라 글로벌화가 빠르게 진행되어 왔으며, 그와 함께 식품 소비자는 식품에 대해 높은 수준의 품질을 요구하고 있다. 뿐만 아니라 최근에는 전세계적으로 급격한 인구증가에 따른 식량부족과 환경오염의 가속화로 식품안보(food security)의 중요성이 대두되고 있다. 이와 같이 식품소비환경의 급격한 변화 속에서 식품소비자에게 가장 중요한 것은 어떻게 하면 양질의 식품을 선택하고 소비할 수 있는가에 있으며, 생산자 측면에서는 소비자의 요구에 부합하는 고품질의 제품을 생산하고 관리하는 것이 중요할 것이다.

이에 본 저자들은 식품품질관리의 중요성에 주목하였으며 식품품질관리에 대한 학문적 이해를 기반으로 글로벌 식품산업의 신제품 개발 및 품질관리에 응용할 수 있도록 식품의 품질관리규격과 품질인증, 식품별 품질관리법, 이화학적 평가법, 품질평가를 위한 관능검사 및 사례 등을 중심으로 저서를 구성하고 서술하였다. 식품관련 전공학생뿐만 아니라 식품산업에 종사하는 실무자에게도 큰 도움이 될 것으로 기대하는 바이다.

이 저서가 식품에 관심이 있는 많은 사람들에게 유용하게 활용되기를 바라며, 저서의 출판을 위해 애써 주신 교문사 여러분께 감사의 마음을 전한다.

2019년 1월

저자 일동

차례

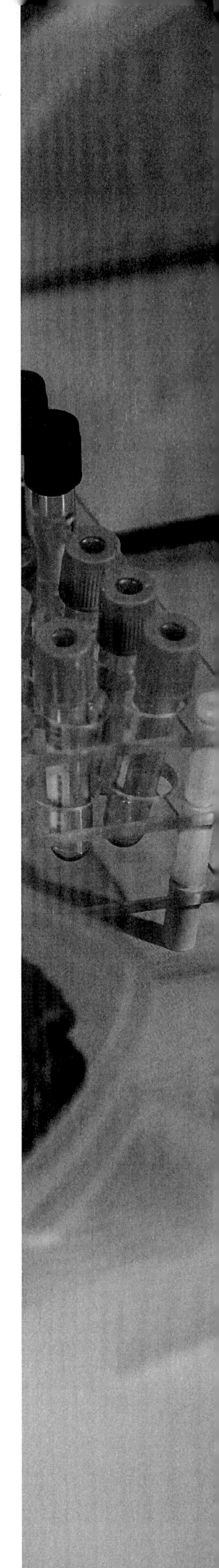

CHAPTER 1

식품품질관리 개요 및 이론

CHAPTER 1

식품품질관리 개요 및 이론

1. 품질의 정의

품질(quality)이란 제품이 사용하고자 하는 목적에 적합한지의 여부를 나타내는 말로 제품의 속성을 의미하는 말이다. 좋은 품질이란 객관적인 특성이나 성질로 수량화하기 힘든 개념이며 분야에 따라 여러 가지로 규정하고 있다. 예를 들면, 상품학에서는 품질을 물성인자, 결점인자, 성능인자로 구성된 1차적 품질과 감각인자, 기호인자, 시장적성인자를 포함하는 2차적 품질, 그리고 AS(after-sale service)나 PR(public relations)을 포함하는 3차적 품질의 세 가지로 나누어 설명하고 있으며 마케팅론의 측면에서 품질은 가격과 함께 고려되어야 하는 개념이다.

최적의 품질이란 주어진 조건에서의 최상의 품질을 말하는 것으로 최소의 비용으로 얻을 수 있는 최대의 효과를 의미한다. 그러므로 품질은 소비자뿐만 아니라 최대의 이윤을 얻고자 하는 생산자의 측면에서도 매우 중요하다.

2. 품질관리

품질관리는 소비자의 기대를 만족시키기 위하여 최소 경비로 최대 효과를 추구한다. 이를 위하여 계속적인 연구와 철저한 품질 검사가 요구된다.

공업품질관리(QC)는 미국의 Fredric W. Taylor가 과학적인 관리법을 착안한 이후 IE(industrial engineering), OR(operational research), VE(value engineering), QC(quality control) 등의 다양한 관리 방법이 개발되었다. 특히 공업품질관리는 목적에 맞는 제품을 경제적으로 생산하기 위하여 통계학의 원리를 생산의 모든 단계에 적용하는 방법으로 우리나라에는 1960년대 초에 도입되었다. 관리란 목표를 설정하여 실시한 후 그 결과를 평가하여 이상이 있다고 판단되는 경우 적절한 수정 조치를 하는 것이다. 그러므로 관리는 계획(Plan), 실시(Do), 확인(Check), 조치(Action)의 4단계로 구성되며 이를 영어의 첫 글자를 따서 PDCA cycle이라고도 한다.

효과적인 품질관리 체계의 운영을 위한 방법은 다음 5단계로 설명할 수 있다.

① 품질 기준의 설정
② 제조 방법이나 원료, 기술자와 검사 계획 등을 포함하는 제조 계획의 수립
③ 제조 작업의 실시 및 통제
④ 품질의 조정 및 유지
⑤ 결과의 기록과 보고, 평가와 활용을 위한 장기 계획의 수립

3. 식품품질의 특수성

식품품질의 특수성은 다음과 같이 설명할 수 있다.

첫째, 식품의 원료는 생물 자원이므로 균일한 원료를 얻기가 매우 어렵고 균일한 품질의 제품을 얻기가 힘들다. 대부분의 농산물은 재배 지역, 기후, 수확 시기 및 방법에 따라 성분과 구조가 달라지며 이를 이용한 가공 제품도 원료의 상태에 영향을 받게 된다.

둘째, 식품의 원료는 대부분 수확하여 가공하는 과정 중에 보존과 관리 상태에 따라 최종 제품의 품질에 영향을 미칠 수 있다. 식품은 원료 상태뿐 아니라 가공된 후에도 적절한 저장과 유통을 통하여 품질이 관리되어야 한다.

셋째, 식품의 용도는 섭취에 있으므로 한번 섭취하면 돌이킬 수 없다. 즉 오염되거나 부패한 식품을 섭취하면 식중독과 같은 질병을 피할 수 없다.

넷째, 식품에 대한 기대 가치는 개인의 특성에 따라 다르다. 예를 들면 일반적으로

바삭한 감자칩은 오래되지 않았다고 판단하며 질감이 눅눅한 경우는 변질된 것이라고 판단한다. 반면에 개인의 기호에 따라 식품의 가치에 대한 기준은 크게 달라진다.

다섯째, 식품은 인간의 생명을 유지하는 데 필요한 영양소를 제공하지만 그 영양 가치는 외관으로는 감지할 수 없다. 그러므로 식품 섭취의 최종 목표는 영양소 공급이지만 식품의 선택에 가장 큰 영향을 주는 요인은 색이나 맛, 냄새, 기호도 등이 된다. 즉, 식품의 선택은 대부분 관능적 요인에 의해 좌우되므로 이는 매우 중요하다.

4. 식품의 품질 요소

식품의 품질을 구성하는 요소는 다음 세 가지로 나누어지는데 이들은 각각 깊은 상관관계가 있다.

첫째, 양적 요소이다. 이는 식품의 품질을 결정하는 1차적인 요소로서 무게나 부피, 개수 등 양적으로 측정하고 계산할 수 있는 요소이다.

둘째, 영양 위생적 요소이다. 이는 단백질, 탄수화물, 지방의 함량과 같은 영양소 함량이나 화학적 조성 또는 유해 미생물의 유무, 이물질 및 독소 물질의 혼입, 첨가물 사용 등의 요소이다.

셋째, 관능적 요소이다. 관능적 요소는 시각, 후각, 청각, 촉각 및 청각 등의 감각기관에 의하여 평가되는 요소로서 소비자의 제품 선택에 가장 큰 영향을 미치는 요소이다. 양적 요소나 영양 위생적 요소는 정부나 관계기관에 의하여 기준이 설정되거나 통제되는 요소들이지만 관능적 요소는 제3자의 간섭이 없이 생산자가 사업의 발전을 위하여 스스로 유지하고 개선해야 한다.

CHAPTER 2

식품품질 관리규격 및 품질인증

1. 국제표준화기구 및 규격

1) 목적 및 개요

국제표준화기구, 즉 ISO(International Organization for Standardization)는 1947년도에 설립된 비정부조직(non-governmental organization, NGO)으로 전 세계 160여 개국의 국가 표준 기관의 연합체로서 상품 및 서비스의 국가간 교류를 원활하게 하고, 지식, 과학, 기술 및 경제활동 분야의 협력발전이라는 관점에서 표준화 및 관련 활동을 증진시키기 위해 설립되었다. ISO는 국제표준기관들 중 가장 규모가 크며 산업 전반과 서비스에 관한 국제표준의 제정을 담당한다. ISO는 '동등하다'라는 뜻을 가지고 있는 그리스어 'isos'에서 유래되었다. 'isos'는 isonomy(법 앞에 평등)의 어원이기도 하다. 이 기구는 'equal'에서 'standard'까지라는 개념에서 'ISO'라는 약칭을 선택하게 되었고, 각국에서 자국어로 번역하면서 약칭이 바뀌게 되는 혼란을 없애기 위해서 전 세계적으로 ISO로 부르게 되었다.

ISO의 표준은 자발적 표준이다. 따라서 법적인 구속력은 전혀 없으나 대부분의 ISO 회원국들이 ISO의 표준을 따르기 때문에 ISO와 다른 개별 표준을 이용하는 국가의 경우 국제 무역상 불편을 겪을 수 있다. ISO의 회원은 2018년 기준으로 현재 정회원 119개국, 준회원 38개국, 간행물구독회원 3개국 등 총 160개국이 가입하여 활동하고 있다. 우리나라는 1963년에 가입하여 1999년부터 기술표준원(Korean Agency for Technology and Standards, KATS)이 정회원으로 활동 중이다.

ISO의 조직 구성은 총회, 이사회, 중앙사무국, 정책개발위원회, 이사회상임위원회, 특별자문그룹, 기술관리부 및 실제표준 제정 작업을 담당하는 기술위원회(TC)와 산하의 전문위원회(SC)

및 작업반(WG)으로 구성된다. 시스템 인증에는 ISO 9000, HACCP, ISO 14000, ISO 22000, QS 9000, TS 16949가 있고, 제품인증은 CCC(중국), UL(미국), CE(유럽)으로 표시한다.

표 2-1 ISO 인증의 종류

인증 구분	내용
ISO 9000	• 공급자에 대한 품질경영 및 품질보증의 국제규격 • 재화 및 서비스와 관련된 제반설비와 활동의 품질경영인증
HACCP	• 식품안전규격인증
ISO 14000	• 환경문제에 대응하기 위한 환경경영인증
ISO 22000	• 식품안전경영시스템의 요구사항을 규정한 국제규격 • Codex의 HACCP 원칙과 ISO 경영시스템을 통합한 경영규격
QS 9000	• 자동차에 관련된 생산, 서비스, 부품, 자재에 관한 인증
ISO/TS 16949	• 자동차 관련 품질시스템 요구사항(설계, 개발, 생산, 설치 및 서비스)으로 유럽과 미국을 통합하는 글로벌 규격 • 미국의 자동차 Big 3사(다임러 크라이슬러, GM, 포드)와 유럽의 자동차사(푸조, 르노, 폭스바겐, 피아트, BMW 등) 등이 참여

2) ISO 9001 품질경영시스템

ISO 9001 품질경영시스템은 모든 산업분야에 적용할 수 있는 품질경영 및 품질보증을 위한 국제표준을 의미한다. 세계 경제가 글로벌화되면서 품질보증에 대한 개념이 서로 다른 국가와 기업이 자유롭게 유통할 수 있도록 서비스 ISO 9000 시리즈가 제정되었다. ISO 9000은 1987년 처음 제정된 후, 1994년에 재개정 되었고 2000년 12월에 다시 개정되어 현재에 이르고 있다. 한국은 KSA 9000 시리즈를 1992년 제정하여 실시하고 있다. ISO 9000 시리즈는 5년마다 개정함을 원칙으로 한다. 1994년 ISO 9001-9003의 소개정이 이루어졌으나 '제품'의 개념이 제조업자가 만드는 제조품에 대한 제한된 규격인 데 반해 2000년 12월 개정 시에는 '제품'의 정의를 서비스업 등으로도 확대하면서 기존의 품질시스템이 '품질경영시스템(QMS)'으로 바뀌어 경영의 중요성을 강조하게 되었다. 현재 ISO 9000:2000년판에서는 ISO 9001로 단일화되었다. ISO 9000-1부터 9000-4까지는 품질경영과 품질보증 규격의 선택과 사용에 대한 지침이고 ISO 9001~9003은 인증용 규격이다.

ISO 9001 품질경영시스템은 효과적인 적용을 위해 고객중심, 리더십, 인원의 적극 참여, 프로세스 접근법, 개선, 증거 기반 의사결정, 관계관리 등 7가지 원칙을 제시하고 있다. 이를 통해 다양한 고객의 요구를 충족하고 품질경영의 의지를 강화하며, 업무 효율성을 제고하고 성과의 지속적 개선 및 경쟁력 향상의 효과를 가져올 수 있다.

ISO 9001:2015은 ISO 9001의 표준 구조가 조직마다 상이하여 통합경영시스템에 불편함이 있어서 이를 개선하고 변화하는 사업환경을 고려할 수 있도록 조직의 상황을 경영시스템의 구조에 반영하며, 용어의 개념을 확대 적용하도록 하는 것을 주요 내용으로 하고 있다.

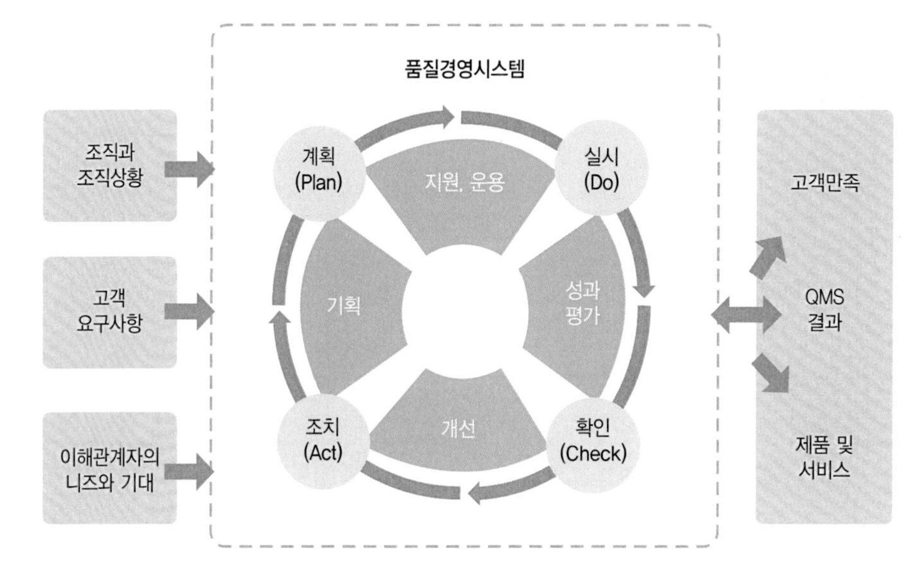

그림2-1 ISO 9001:2015의 기본구조 및 항목과의 관계

출처 : 한국표준협회

3) ISO 14001 환경경영시스템

ISO 14001 환경경영시스템은 모든 산업분야에 적용할 수 있는 환경경영시스템의 국제표준으로 환경 측면을 체계적으로 구분하고 평가, 관리, 개선을 통해 환경 분야의 위험성을 효율적으로 관리하는 인증이다. 1992년 리우지구정상회의를 계기로 지속가능한 지구환경을 보전, 유지하기 위해서 환경경영의 중요성이 대두되었고 이는 기업이 경제적 수익성뿐만 아니라 지속가능성을 포괄하는 경영전략을 도입하기 위한 기

준이 필요함을 강조하였다. 기업은 ISO 14001 환경경영시스템 적용을 통해 이윤창출과 환경성 개선을 동시에 관리하며 2015년 개정된 ISO 14001:2015는 조직의 리더십을 강조하면서도 위험관리에 초점을 두고 환경보호 및 준수의 의무를 강조하고 대내외 의사소통과 인식 제고를 통해 체계적인 오염방지와 지속적 개선활동이 효과적으로 이루어지도록 하고 있다.

4) ISO 22000 식품안전경영시스템

ISO 22000 식품안전경영시스템은 식품기술위원회(ISO/TC34)에서 세계보건기구(WHO)·식량농업기구(FAO) 등 국제기구의 요구사항을 최대한 반영하고, 국제식품규격위원회(Codex), 국제식품안전협회 및 유럽식음료산업연합 등의 조직이 참여하여 2005년 9월 1일 국제규격으로 제정, 공표된 식품안전경영시스템이다. ISO 22000 인증은 ISO 9001과 HACCP 시스템 내용을 포함한 식품공급사슬 내 모든 산업분야의 이해관계자의 요구사항을 반영한 국제인증규격이다.

ISO 22000은 법적요구사항, 고객요구사항, 공정 및 제품요구사항, 발생 가능한 위해를 파악하여 선행요건(PRP) 및 중점관리점(CCP)에 대한 관리기준을 수립하여 실행하여야 한다. '농장에서 식탁까지(Farm to Table)'를 모토로 농·축·수산물, 가공식품뿐만 아니라 이를 생산하는 데 필요한 비료, 농약, 관련 포장재 및 접착제, 그리고 유통단계까지 모든 식품 관련 조직에 적용 가능한 규격이다.

ISO 22000은 ISO 9001과 비교하여 고객 중심에서 이해관계자 중심, 즉 외부와의 의사소통을 강화하였고 ISO 9001에서는 제품의 실현이라는 부분이 ISO 22000에서는 HACCP 7원칙 위주로 구체적으로 구성한 점에서 차이가 있다.

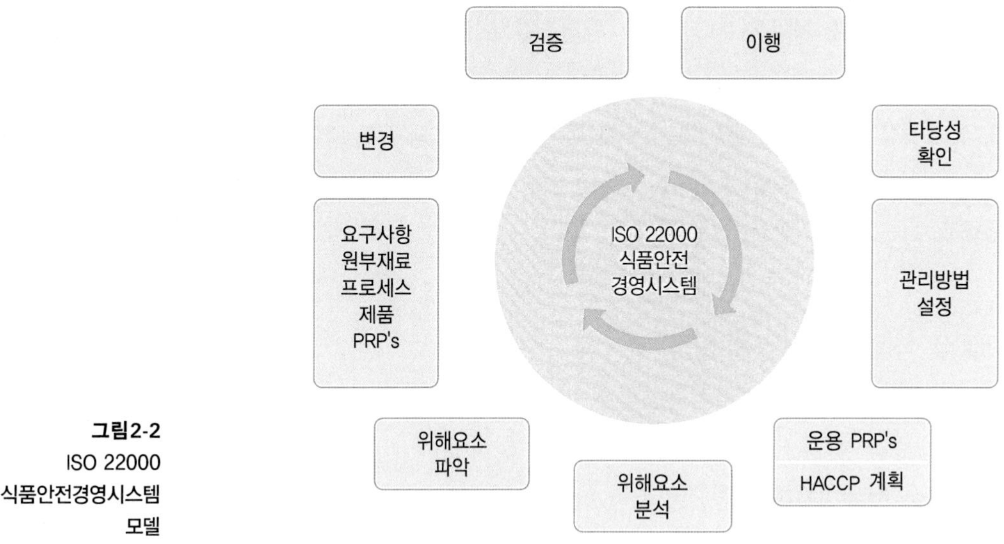

그림2-2
ISO 22000
식품안전경영시스템
모델

출처 : 한국표준협회

2. 국제식품규격

1) 목적 및 개요

국제식품규격(Codex Alimentarius)은 국제적으로 식품의 교역을 촉진하고 소비자의 건강을 보호하기 위해 식량농업기구(FAO)와 세계보건기구(WHO)가 공동으로 설립한 국제식품규격위원회로 회원국들의 합의에 의해 식품의 규격과 지침을 제정함을 원칙으로 한다. 국제식품규격의 어원을 보면, Codex는 법령(code), Alimentarius는 식품(food)에 해당되는 라틴어로서 Codex Alimentarius는 식품법령(기준)을 의미하며 세계 공통으로 사용할 수 있는 식품관련법규를 제정하여 각 나라의 식품법 제정과 교역에 참고하고 적용하도록 하는 권장기준이다. Codex는 1962년에 'FAO/WHO 식품규격합동사업단(Joint FAO/WHO/Food Standards Programme)'으로부터 설립된 정부 간 기구(Intergovernment Organization)로서 2018년 현재 206개의 상품규격과 15개의 일반규격(standard), 53개의 실행규범(code of practice), 78개의 지침서

(guideline), 4개의 기타 문서를 제정, 운영하고 있고 188개 회원국이 가입해 활동중이다. 한국은 1971년에 가입하였으며, 김치(세계규격 2001년), 고추장과 된장(아시아지역규격, 2009년), 인삼제품(세계규격, 2015년), 김제품(아시아지역규격, 2017년)이 Codex 규격으로 등재되어 있다.

2) 조직 및 규격 제정 절차

국제식품규격위원회는 총회 및 집행이사회와 사무국이 있으며, 각 분야의 전문 활동을 위한 하부조직으로서 10개의 일반주제 분과위원회, 6개의 식품별 품목분과위원회, 1개의 정부 간 특별작업반, 6개의 지역조정위원회로 구성되어 있다. Codex 규격 설정 절차는 8단계의 일반절차가 보편적이며 5~8년이 소요된다. 그러나 4단계에서 합의가 될 경우 바로 8단계로 진행하는 신속절차가 이루어지며 2~3년을 단축할 수 있다.

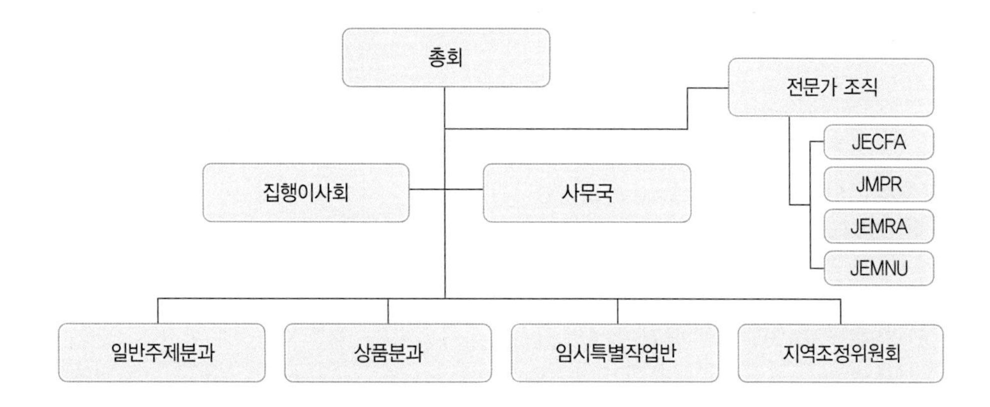

그림2-3
Codex 조직

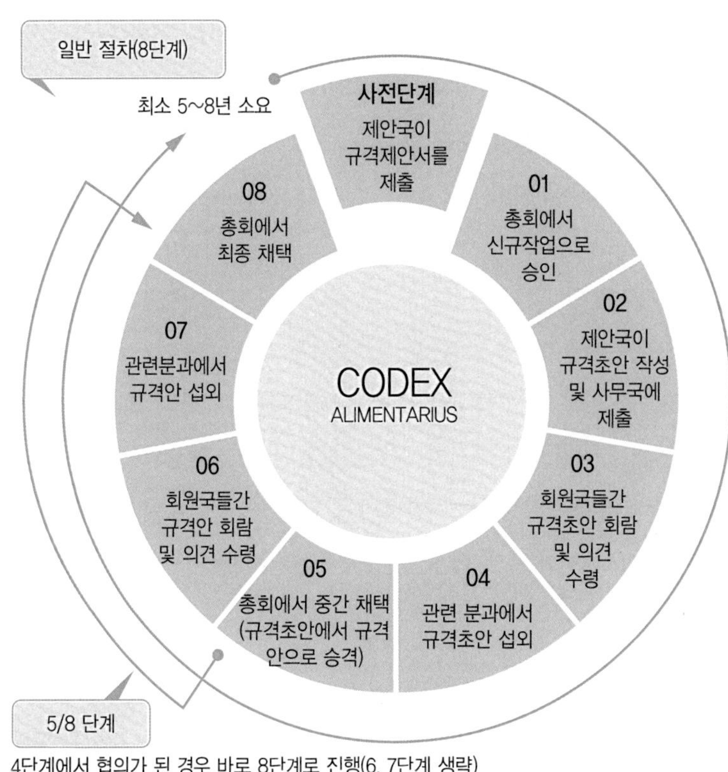

그림2-4
Codex 규격
제정 절차

3) 우리나라 음식의 Codex 규격화

(1) 김치

1994년 중국 북경에서 개최된 제9차 아시아지역조정회의(CCASIA)에 참가한 이후 일본의 김치 Codex 규격화에 대한 우려가 언론에 집중 보도됨에 따라 농림수산부에서는 김치 등 전통식품에 대한 국제규격화 사업을 추진하였고 1994년 11월 15일 정부의 '전통식품 국제 규격화 추진계획'에 따라 첫 번째 Codex 규격화 품목으로 김치가 선정되었다. 김치는 아시아지역에서 처음으로 Codex 규격으로 등재되었고 채소를 발효한 유일한 국제규격이다. 1996년 한국식품연구원은 김치의 Codex 규격화 작업에 착수하였고, 규격(안)에 대한 각 회원국들과의 오랜 논의 끝에 2001년 7월 Codex 규격으로 등록되었으며 김치의 Codex 규격 명칭을 우리나라 고유 명칭인 'Kimchi'

로 규정하면서 김치 종주국 논란을 종식시켰으며, 김치는 세계 각국의 절임류와 차별화된 국제식품으로 자리매김하였다.

(2) 고추장과 된장

고추장과 된장의 Codex 규격화는 2004년부터 추진하였으며 이탈리아 로마에서 개막된 제32차 국제식품규격위원회 총회(2009년)에서 우리나라가 제안한 고추장, 된장, 인삼이 아시아지역 국제식품규격으로 통과되었으며, 같은 해 7월 4일 최종 확정되었다. 2007년 Codex 총회에서는 모든 식품규격은 지역규격(regional standard)으로 채택한다는 결정에 따라 아시아지역 규격으로 채택되었다.

Codex 지역규격은 국가간 무역 분쟁의 발생 시 국제적 구속력을 가지며, 해당 지역 외 국가와의 교역 시에도 지역규격을 관세분류에 적용하는 등 신규시장 진출 시 공정한 거래의 기준으로 활용될 수 있다.

고추장은 타바스코와 같은 칠리소스 및 된장과의 차별성에 대한 논란이 제기되었으나, 발효식품이라는 특성과 고추와 전분을 주원료로 한다는 점으로 차별화하여 별도의 식품규격으로 등록할 수 있게 되었고, 특히 고추장(Gochujang)은 2001년에 등록된 김치에 이어 우리나라 고유 명칭 그대로 등록되어 의미가 크다. 현재 Codex에는 160여 개의 식품규격이 등록되어 있지만 김치나 고추장처럼 특정 국가에서 사용되는 명칭 그대로 규격등록이 이루어진 식품은 까망베르 치즈 등 극히 일부에 불과하다.

된장은 일본의 미소, 중국의 도우장, 말레이시아 제품, 태국 제품 등과 같이 유사한 대두 발효 식품이 포함될 수 있도록 해야 한다는 총회의 결정에 따라 명칭을 Fermented Soybean Paste로 변경하되 우리 전통된장의 특성을 최대한 반영할 수 있게 하였다.

(3) 인삼

인삼은 그동안 국제기준이 설정되어 있지 않고 대부분 국가에서 약품으로 분류하여 수입을 까다롭게 규제하는 등 수입국의 이해관계에 따른 각종 비관세 장벽이나 불공정 거래로 인하여 수출확대에 어려움을 겪어왔으나, 지속적인 논의 끝에 국제적 식품(2015 세계규격 채택)으로 인정받음으로써 비관세 장벽 및 무역 분쟁 해결이 가능하게 되었을 뿐만 아니라 국제시장에서의 인지도 제고로 수출확대에 기여할 수 있었다. 2008년 인삼제품의 수출 실적은 83개국 2,128톤, 97백만 달러이다.

인삼제품 규격화는 소비자가 혼동할 우려가 있는 경우 원료의 원산지를 사용하도록 하였고, 고려인삼에 대한 별도의 품질조건을 규정하고 고려삼을 원료로 한 제품에는 백삼(White Ginseng), 홍삼(Red Ginseng) 명칭을 사용할 수 있도록 규정함으로써 다른 지역의 인삼과 차별성을 인정받을 수 있도록 하였다.

(4) 김제품

김제품(Laver products)의 규격은 제40차 국제식품규격위원회에서 지역규격으로 채택(2017)되었다. 김제품은 국제사회에서 거의 식용되고 있지 않던 해조류로 그 소비가 제한적이었으나 2010년 Codex 규격화를 위한 신규품목으로 선정된 후 아시아지역조정위원회의 4단계 심의를 거쳐 회원국 간에 완전한 합의를 이루어냄으로써 우리나라의 김제품이 국제규격으로 채택되었다. 김제품의 규격은 김 외에도 파래, 매생이, 감태 등을 선택성 원료로 사용할 수 있도록 하고 우리나라 조미김의 특성에 부합하는 품질요소를 설정하고 있어 김제품의 국제규격이 우리나라의 김제품 특성을 반영하고 있으며 이는 우리나라 김제품의 글로벌 인식 확산뿐만 아니라 수출 촉진에 더욱 기여할 것이다.

3. 품질인증제

1) 식품안전관리인증기준

식품안전관리인증(HACCP, Hazard Analysis of Critical Control Point)은 식품 원재료부터 제조·가공·조리·유통을 거쳐 최종 소비자가 섭취하기 전까지의 모든 과정에서 발생 가능한 위해요소를 확인·평가하여 중점적으로 관리하는 사전예방적인 식품안전관리시스템을 의미한다. HA(Hazard Analysis)는 발생 가능한 생물학적, 화학적,

물리적 위해요소를 분석·평가하는 것이며, CCP(Critical Control Point)는 주요 공정이나 단계를 중점관리하여 위해요소를 예방, 제거하거나 허용수준 이하로 감소시키는 것을 의미한다.

식품안전관리인증기준(HACCP)은 1993년 Codex에서 회원국에게 'HACCP 적용을 위한 지침'을 제시하고 제도 도입을 권고하면서 우리나라에서는 「식품위생법」에 위해요소중점관리기준 규정을 신설(1995), 제정(1996)하여 운영하기 시작했다. 2003년에는 어묵류, 피자류·만두류·면류 등의 냉동식품, 어류·연체류·조미가공품 등의 냉동수산식품, 빙과류, 비가열음료, 레토르트 식품, 배추김치 등 7개 식품유형에 대해 HACCP 적용을 의무화하였으며 2009년 신선편의식품, 단순전처리식품, 기타 가공품, 냉장수산물가공품 등이 HACCP 적용 대상에 추가되는 등 식품산업 분야에 빠르게 확대되었다. 2014년에는 식품위해요소중점관리기준을 식품안전관리인증기준으로 고시명을 변경하고 HACCP 로고를 변경하였다.

축산물은 축산물가공처리법령에 따라 축산물작업장의 위해요소중점관리기준을 도입(1997)하고 도축장과 축산물가공장에 단계적으로 도입 및 법적 규정 강화로 확대하였으며, 사료공장(2005), 가축사육단계(2006)에도 기준을 도입하였다. 2014년 축산물위해요소중점관리기준을 축산물안전관리인증기준로 변경하여 식품과 안전관리 통합인증제를 도입하였으며 유사식품, 축산물에 대한 사후관리를 일원화하는 등 체계적인 운영체계를 갖추고 있다.

HACCP의 적용절차는 7원칙 12절차로 7원칙 이전에 5단계의 준비단계로 구성할 수 있다.

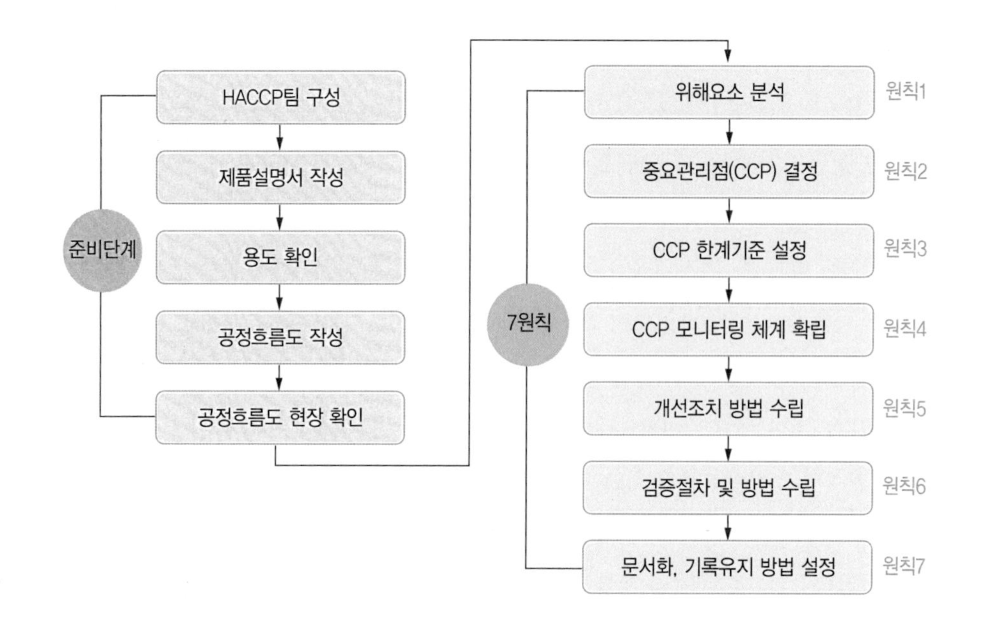

그림2-5
HACCP 적용의 7원칙 12절차

① **준비단계** HACCP 적용 이전의 준비단계는 추진팀 구성과 역할 분담, 제품설명서의 작성과 용도 확인, 공정흐름도의 작성과 이의 현장확인단계로 구성된다.

첫 번째는 HACCP팀의 구성이다. HACCP팀은 품질관리, 생산, 공무, 연구개발 등 분야별 직원으로 구성하여 각각의 역할을 분담한다. 이때 모니터링 담당자는 해당하는 공정의 현장 종사자로 반드시 참여하여야 하며 팀장은 대표자 또는 공장장으로 한다. 이외에도 교대근무시 팀원, 팀별로 인수·인계 등을 문서화하여야 한다.

두 번째는 제품설명서작성이다. 제품설명서에는 제품명, 제품유형 및 성상, 품목제조보고연월일, 작성자 및 작성연월일, 성분(또는 식자재)배합비율 및 제조(또는 조리)방법, 제조(포장)단위, 완제품의 규격, 보관·유통(또는 배식)상의 주의사항, 제품용도 및 유통(또는 배식)기간, 포장방법 및 재질, 표시사항, 기타 필요한 사항이 포함되어야 한다.

세 번째는 제품의 용도확인이다. 용도확인이란 사용방법이나 대상소비자를 파악하는 단계로 해당식품이 그대로 섭취 가능한지, 가열조리 후에 섭취하는지, 어떤 조리법을 이용하는지와 같이 예측 가능한 사용방법과 범위를 파악하며, 주요 소비층이 어린이, 노인, 면역이 떨어지는 환자 등 대상 소비자의 특성을 파악함으로서 잠재적으로 발생할 수 있는 위해를 조절하기 위해 검토되어야 하는 사항이다.

네 번째는 해당 식품의 공정흐름도이다. HACCP팀은 해당식품의 원료가 입고되어 출하되는 최종단계까지의 흐름도를 작성하여 각 공정별로 주요 조리가공조건을 작성함으로서 모든 공정별로 위해요소의 교차오염 또는 2차 오염 및 미생물의 증식 가능성 등을 파악하는 자료가 된다.

다섯 번째는 해당식품의 공정흐름도 현장을 확인한다. 전단계에서 작성한 공정흐름도가 실제 현장과 일치하는지 확인하는 것으로 HACCP관리의 정확성을 유지하기 위해서 필수적으로 확인해야 하며 변경이 필요한 경우 흐름도나 평면도를 수정해야 한다.

② 위해요소분석(Hazard analysis, HA) 위해요소의 분석과 위험평가는 계획 작성의 기본 작업이며 제품에 따라 발생할 우려가 있는 모든 식품위생상의 위해에 대해서 당해 위해의 원인이 되는 물질을 명확히 하는 것이다.

위해요소는 생물학적 위해요소, 화학적 위해요소, 물리적 위해요소로 구분하며 HACCP팀에서 작성한 공정단계별로 모든 위해요소를 파악하여 목록을 작성하고 이를 제어할 수 있는 방법을 파악하여 기술해야 한다. 위해요소의 평가는 발생 가능성과 그 위해의 중대성을 고려하여 위해(risk)를 평가하여야 하며, 각각의 위해요소에 대해 현재 작업장에서 시행하고 있는 예방조치방법이나 관리방법을 설정하여야 한다.

③ 중요관리점(Critical Control Point, CCP) 위해분석 결과 명확해진 위해의 발생을 방지하기 위하여 중점적으로 관리해야 할 공정을 '중요관리점'으로 정하여야 한다. 즉, HACCP 시스템에 의한 위생관리라 함은 중요관리점을 항상 관리하는 것이므로 중요관리점은 공정에서 반드시 관리가 필요한 단계로 한정하고, 관리를 집중시키는 것이

필요하다. 중요관리점은 확인된 위해요소를 효과적으로 관리하기 위하여 관리방법을 적용할 부분이며, 또한 관리방법이 효과적으로 관리되고 모니터되며 기록되는 부분이기도 하다. 따라서 위해요소 분석에서 확인된 모든 중대한 위해 요소에 대해서는 위해요소를 관리할 중요관리점이 최소한 1개 이상 있어야 한다.

④ 중요관리점(CCP) 한계기준 설정 한계기준은 CCP에서 관리되어야 할 생물학적, 화학적, 물리적 위해요소를 예방, 제거 또는 허용 가능한 안전한 수준까지 감소시킬 수 있는 최대치 또는 최소치를 의미하며, 안전성을 보장할 수 있는 과학적 근거에 기초하여 설정되어야 한다. 한계기준은 현장에서 쉽게 확인하도록 가능한 한 육안관찰이나 온도, 시간, 수분, 염도 등 간단한 측정으로 확인할 수 있는 수치 또는 특정지표로 나타내어야 한다. 예를 들어 해당식품의 위해요소가 대장균인 경우 위해요인은 가열온도 및 가열시간을 준수하지 않아서 병원성 미생물이 잔존할 수 있으며 따라서 이의 한계기준은 '65℃ 이상, 1분 이상'과 같이 가열 시간과 온도로 설정한다.

⑤ 모니터링 체계 확립 모니터링은 중요관리점에서 위해발생을 방지하기 위한 조치가 확실히 실시되고 있는지를 확인하는 데 있다. 중요관리점이 설정된 한계기준에 준하여 관리되고 있는지를 모니터링하기 위해 구체적인 방법을 제시하고 모니터링 주기와 담당자가 명확해야 한다. 예를 들면, 한계기준이 가열온도와 시간이라면, 모니터링은 '가열기기의 정상작동 유무의 확인', '가열기의 온도와 시간을 모니터링하여 일지 작성', '팀장에게 승인' 등의 단계에 따라 이루어지며, 주기는 '매 작업 시', 담당자는 '공정담당' 등으로 지정할 수 있다. 모니터링 결과를 기록한 문서는 식품사고 발생 시 증빙자료로 이용될 수 있다.

⑥ 개선조치(Corrective Action) 방법의 수립 중요관리점의 모니터링 결과 관리기준을 이탈한 경우 영향을 받은 제품을 배제하고 중요관리점에서의 관리 상태를 신속하고 정확하게 정상화해야 한다. 부적합 제품의 양을 최소화하기 위하여 위반사항이 발견되는 즉시 처리될 수 있도록 각 허용한계치마다 개선조치를 미리 마련해 두는 것이

중요하며 제조과정의 조정자 및 조정방법, 제품의 안전성 평가방법 등의 내용이 포함된다.

⑦ 검증절차 및 방법 수립 검증절차는 HACCP시스템 운영이 잘 이루어지고 있는지 확인하는 절차를 설정하는 것으로 HACCP 계획에 대한 유효성 평가와 실행성 검증으로 구분할 수 있다. HACCP 계획의 유효성평가는 계획이 잘 수립되었는지, 중요관리점과 한계기준의 설정이 적절한지, 모니터링의 방법이 잘 설정되었는지 등을 평가한다. 실행성 검증은 HACCP시스템이 계획대로 잘 실행되었는지, 모니터링 및 개선조치가 잘 이루어졌는지 등을 확인한다.

⑧ 기록유지 및 문서작성 규정의 설정 "기록되지 않은 것은 발생했던 사실이 없는 것이다."라는 말이 있다. 제조과정이 관리되고 있었다는 것을 입증할 수 있는 유일한 길은 모니터링의 결과를 기록하는 것이다. 마찬가지로 개선조치가 적절하게 취해졌음을 입증할 유일한 방안은 개선조치에 관한 기록을 유지하는 것이다. 실수의 재발 방지를 위해서 무엇이 왜 발생했는지를 기록하는 것이 중요하다. 따라서 검증에는 제품의 시험검사, 기록의 점검, 중요관리점의 모니터링, 계측기기의 교정, 회수의 원인 분석 등의 내용이 포함된다.

2) 농축수산식품 국가인증

농축수산 식품의 품질을 보증하기 위해 국가에서는 식품위생법, 농수산물품질관리법, 축산물위생관리법 등을 제정하고 다양한 인증 제도를 도입하였다. 농식품 국가인증은 농산물에 대한 소비자의 신뢰를 높이고자 국가가 품질을 인증하는 제도로 농산물우수관리인증, 친환경농산물인증, 유기가공식품인증, 가공식품산업표준KS인증, 농산물이력추적관리 등 다양한 인증제도를 도입하여 체계적으로 관리하고 있으며, 최근에는 농축수산 식품의 생산 환경이 인간의 윤리의식과 지구 환경에 미치는 효과에 대한 인식이 중요하게 대두되면서 동물복지인증, 저탄소농축산물인증 등이 마련되었다. 인증마크는 각기 다른 형태로 운영되어 복잡했던 점을 보완하여 국새 모양의 태극 무늬가 들어간 사각 형태로 단일화(2012)하였으며, 녹색을 기본으로 하나, 포장재의 색에 따라 적색, 청색 등으로 변경할 수 있다.

(1) 농산물우수관리

농산물우수관리인증(Good Agricultural Practices, GAP) 농산물의 안전성을 확보하기 위하여 농산물의 생산 단계부터 수확 후 포장 단계까지 철저한 관리를 통해 소비자가 안전한 농산물을 먹을 수 있게 인증하는 제도이다. GAP인증은 자연환경에 대한 위해요인을 최소화하고 소비자에게 안전한 농산물을 제공하기 위하여 농산물의 재배, 수확, 수확 후 처리 및 저장과정 중에 농약, 중금속, 유해생물 등의 위해요소를 사전예방차원에서 안전하게 관리하는 위생안전관리체계를 보증함으로서 농산물의 안전성 확보로 소비자의 신뢰를 높이고 국제시장에서의 경쟁력 강화에 기여함을 목적으로 한다.

GAP인증은 국제적으로 안전농산물의 공급에 대한 중요성이 대두되면서 Codex(1997)와 식량농업기구(FAO, 2003)에서 GAP기준을 제시하였는데 이는 식품의 생산에서 소비에 이르는 모든 단계에서 체계적으로 관리하고 공개하는 식품체인접근법에 근거하였다. 유럽의 EUREPGAP이라는 민간주도의 품질 및 안전성 인증 프로그램이 유럽뿐만 아니라 아프리카, 아시아에서도 이용되었다. 유럽연합(UN)에서는 동구유럽이 EU에 가입하는 농업실행조건으로 GAP을 제시하였으며 2007년 EUREPGAP을 GLOBALGAP으로 명칭을 변경하여 현재에 이르고 있다. 중국에서는 수출 농산물의 안전성 확보와 무역확대를 위해 GAP제도를 도입하여 추진하고 있다. 중국GAP은 중국 농업의 지역 간 차이, 영세성 등을 고려하여 1급 인증, 2급 인증으로 나누어 기준을 설정하고 있으며 1급GAP은 GLOBALGAP과 동등성을 인정받고 있다. 미국은 식품의약청(FDA)에서 GAP실행규범을 마련하고 농무성(USDA)에서 실행하고 있다.

농산물우수관리인증은 국외에서도 인정받을 수 있는 국제기준 적용을 원칙으로 하고 있어 농작물 파종 전의 토양·수질관리, 파종 종자의 기원관리(GMO 등), 농작

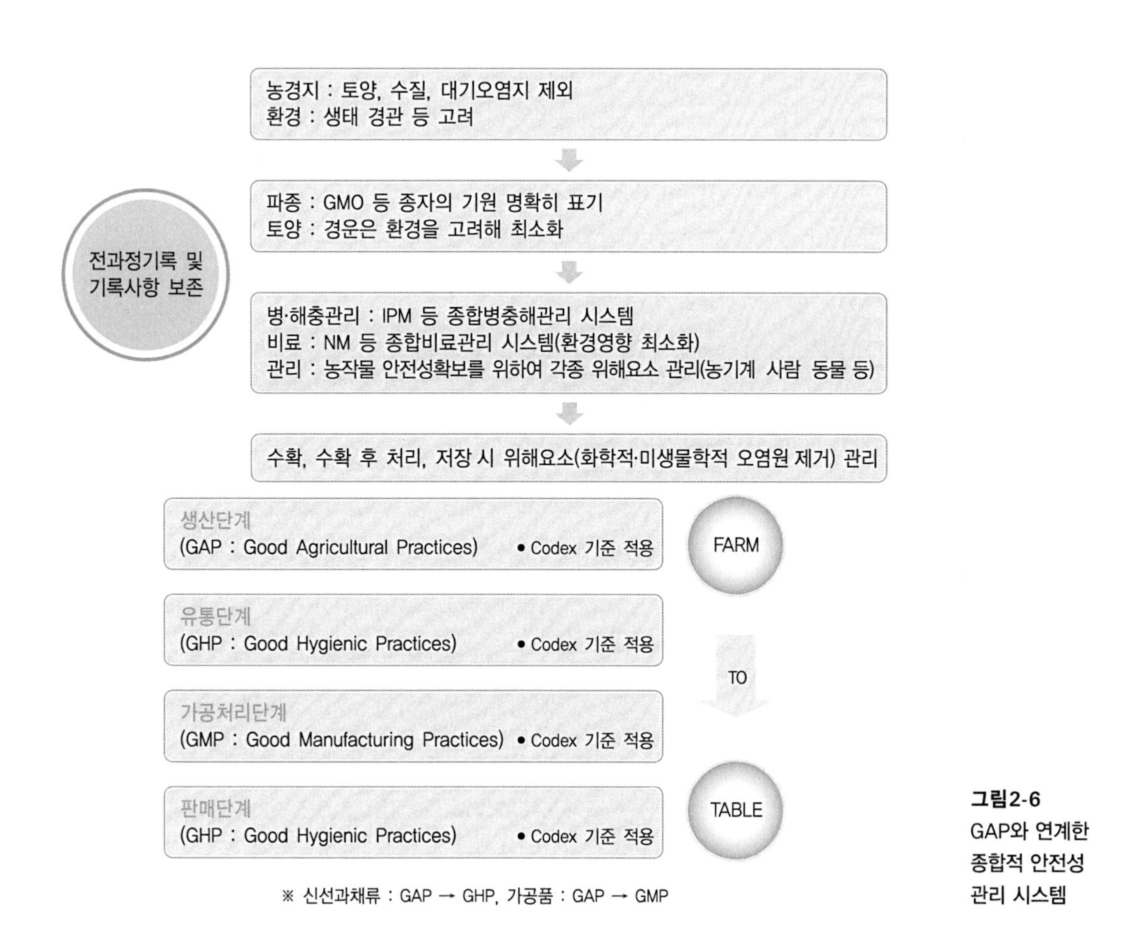

그림2-6
GAP와 연계한 종합적 안전성 관리 시스템

업과정의 식품안전관리(농약, 중금속, 미생물 등) 및 출하 전 단계까지의 위생관리를 주요 내용으로 하고 있다. 특히 생산이력사항 점검 및 기록이 필수사항이다.

(2) 친환경농축수산물인증

친환경농산물인증은 소비자에게 보다 안전한 친환경농산물을 전문인증기관이 엄격한 기준으로 선별·검사하여 정부가 그 안전성을 인증해 주는 제도이다. 친환경농산물은 합성농약과 화학비료 및 항생·항균제 등 화학자재를 전혀 사용하지 않거나 최소량만을 사용하여 생산한 농산물로 농업생태계와 환경을

유지, 보전하는 농산물임을 인증하는 것이며 최근에는 축산물도 포함하는 개념으로 확대되었다.

친환경농산물은 유기농산물과 무농약농산물로 구분된다. 유기농산물은 유기합성농약과 화학비료를 사용하지 않고 재배한 농산물, 무농약농산물은 유기합성농약은 사용하지 않고 화학비료는 권장량의 1/3 이하를 사용하여 재배한 농산물을 의미한다.

친환경축산물도 친환경농산물의 개념과 유사하여 유기축산물은 항생제, 합성항균제, 호르몬제가 포함되지 않은 유기사료를 급여하여 사육한 축산물, 무항생제축산물은 항생제, 합성항균제, 호르몬제가 포함되지 않은 무항생제사료를 급여하여 사육한 축산물을 의미한다.

친환경수산물은 유기수산물, 무항생제수산물, 활성처리제비사용수산물로 구분한다. 유기수산물은 유기적인 방법으로 생산되거나 식용으로 어획된 수산물의 부산물 또는 식용이 가능한 수산물로 구성된 사료를 급여하고 일정한 인증기준을 지켜 양식된 수산물, 무항생제수산물은 항생제, 합성항균제, 성장촉진제, 호르몬제 등을 사용하지 않고 일정한 인증기준을 지켜 양식한 수산물을 의미한다. 활성처리제비사용수산물은 유기산 등 화학물질이나 활성처리제를 사용하지 않고 일정한 인증기준을 지켜 생산된 양식수산물(해조류)을 의미한다.

(3) 유기가공식품인증

유기가공식품인증은 '친환경농업육성법'에 따라 유기농산물을 원료 또는 재료로 하여 제조·가공·유통된 유기가공식품에 대하여 식품산업진흥법에 근거하여 그 식품의 품질 향상, 생산 장려 및 소비자 보호를 위하여 공신력 있는 인증기관이 해당 사업자의 적합성을 평가하여 객관적인 보증을 하는 인증제도이다.

유기원료는 친환경법에 따라 인증 또는 동등성이 인정된 국내외 유기농산물 또는

표 2-2
각국의 유기농
농산물 인증마크

인증마크	인증기관	인증내용
	EU Organic Farming	유럽연합의 유기농 인증으로 제품 성분의 95% 이상 유기농 원료를 사용해야 인증 GMO 사용 시 로고를 사용할 수 없으나 GMO 성분이 비의도적이거나 함량이 0.9%를 넘지 않는 경우 제외(http://ec.europa.eu)
SOIL ASSOCIATION ORGANIC	Soil Association	영국 토양협회(Soil-Association). 농약, 화학비료 사용금지, 2년 이상 전환기간 경과 후 생산물 토양협회 마크 부착, 각 연도마다 심사 실시(http://www.soilassociation.org)
OREGON TILTH	OTCO	미국의 OTCO 유기농 인증마크(Oregon Tilth Certified Organic USDA National Oraganic Program) (http://www.tilth.org)
IFOAM	IFOAM	국제유기농업운동연맹. 1972년에 창립되어 2년마다 세계총회 개최, 유기농업 실시 후 3년째(2년 경과)부터 표시, 110여 개국 회원 확보(http://www.ifoam.org)
QUALITY ASSURANCE INTERNATIONAL	QAI	유기인증기관인 QAI(Quality Assurance Insternational). 미국 농무부의 엄격한 기준을 따라 원료가 자라나는 토양, 재배, 수확 후 제품이 가공되는 시설 관리, 95% 이상의 원료가 유기농이어야 제품 주요 표시란에 'ORGANIC' 표시 가능(http://www.qai-inc.com)
ECO CERT®	ECOCERT	에코서트 유기농 인증. 에코서트는 농산물 및 그 가공품이 관련법규에 따라 유기농제품 여부를 검사·인증해 주는 기관으로 유럽공동체 EEC의 법 2092/91조항의 유기품질관리의 규정에 따라 검사수행
ÖKO · GARANTIE BCS	BCS	독일의 유기농산물 인증 표시, IFOAM-국제유기농협회 가입
demeter biodynamic certification	Demeter	생태 유기농 인증. 일체의 화학비료와 농약사용 금지, [Demeter] 상표를 사용하기 위해서는 10년 정도 소요, 1924년에 시작, 화학적 합성물을 사용하지 않는 것 외에 자연법칙과 생태계를 고려한 농법 시행(http://www.demeter.net/)
CERTIFIED ORGANIC IBD www.ibd.com.br	IBD	브라질의 유기농산물 국제기준 인증, IFOAM-국제유기농협회 가입

유기가공식품을 의미하며, 동등성 인정은 외국에서 시행되고 있는 유기식품인증제도가 우리나라에서 같은 수준의 원칙과 기준으로 운영되고 있는지 검증하고 상대국의 유기가공식품 인증이 자국과 동등하다는 것을 협정체결을 통해 인정함으로서 별도의 인증절차 없이 유기가공식품으로 표시 및 수입이 가능토록 하는 것이다. 한·미간에는 2014년, 한·EU간에는 2015년부터 유기가공식품의 상호 동등성 인정 협정을 체결하여 대상국가의 유기가공식품을 별도의 인증 획득 없이 수출입을 할 수 있다.

(4) 농산물이력추적관리

농산물이력추적관리는 농산물의 생산부터 판매까지 각 단계별로 정보를 기록·관리하여 해당 농산물의 안전성 등에 문제가 발생할 경우 생산 및 유통 단계를 추적하여 원인 규명 및 필요한 조치를 할 수 있도록 관리하는 것을 말한다(농산물품질관리법 제2조). 추적제의 목적은 안전사고가 발생 시 신속하게 원인을 규명하고 빠르고 정확하게 회수하며, 표시의 신뢰성 확보에 의한 공정한 거래나 위험관리에 기여하고, 품질관리, 안전관리, 재고관리의 효율화에 목적이 있다.

농산물이력추적관리 시 기록·관리하는 내용은 농산물의 품목 및 품종, 생산자 정보, 포장정보(면적, 위치), 작부내용(파종 및 정식일, 수확개시일, 수확종료일 등), 재배방법(유기, 무농약, 저농약, 일반재배 등), 시비내용(비료의 종류 및 시비횟수), 농약살포(농약의 종류, 사용 횟수, 사용 시기 등), 잔류농약검사 유무 등의 정보를 소비자가 역으로 거슬러 올라가 확인할 수 있도록 각 단계에서 작성된 기록을 바코드, IC카드, 인터넷 등을 통하여 검색할 수 있다.

이력추적제도는 광우병 파동 이후 식품의 안전 문제에 관심이 증가하면서 축산물을 중심으로 실시되었고 이후 농산물로 확대되었다. 유럽에서는 쇠고기표시를 강제하는 규칙을 채택하고 2001년부터 소와 쇠고기에 대한 이력추적제도를 모든 회원국에 적용토록 하였으며 EU식품기본법에 따라 2005년 전체 농식품과 사료에 의무적으로 도입하였다. 일본은 2003년 쇠고기 이력추적 관리제도를 의무화하고 그 외 농산물에 대해 지역별, 품목별 자율도입을 추진하고 있다. 미국에서는 이력추적제도가 일부 포함된 식품회수프로그램이 이루어지고 있다. 우리나라에서는 농산물이력추적관

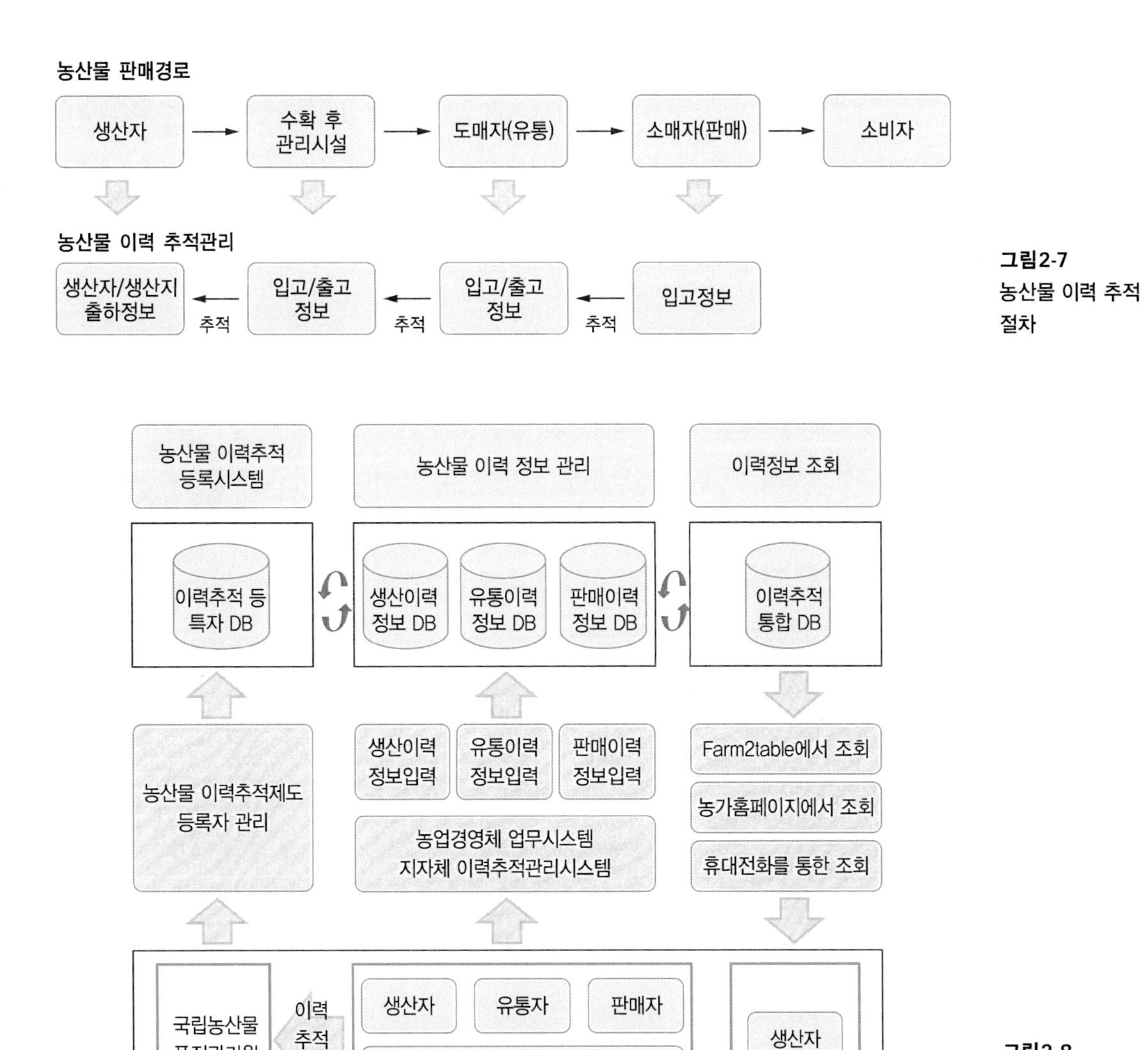

그림2-7
농산물 이력 추적 절차

그림2-8
농산물이력추적 시스템

리제도가 2003~2005년 GAP시범대상 농가에 시범사업으로 실시되었으며 농산물이력제가 2008년 GAP대상품목에 대해 실시되었다.

이력추적제는 축산물, 수산물, 가공식품에도 적용되고 있다. 축산물이력제(농림축산식품부)는 소의 출생에서부터 도축·가공·판매에 이르기까지의 각 단계별 정보를 기록·관리하여 위생과 안전상에 문제가 발생할 경우 그 이력을 추적하여 신속하게 대처하기 위한 제도로 2008년 12월부터 모든 소를 대상으로, 2009년 6월부터는 모든 쇠고기를 대상으로 실시하고 있다. 수산물이력제(해양수산부)는 2008년 국산수산물을 대상으로, 식품이력제(식품의약품안전처)는 2009년 가공식품 및 수입식품을 대상으로 이력관리가 이루어지고 있다.

(5) 가공식품산업표준 KS인증

가공식품 KS인증은 합리적인 식품 및 관련 서비스의 표준을 제정·보급함으로써 가공식품의 품질 고도화 및 관련 서비스의 향상, 생산 기술 혁신을 기하여 거래의 단순·공정화 및 소비의 합리화를 통하여 식품산업 경쟁력을 향상시키고 국민 경제발전에 이바지하고자 하는 제도이다.

생산자 및 서비스 공급자에게는 효율적인 품질관리 기술의 도입과 사내 표준화 확립으로 제품 및 서비스의 품질 향상과 생산성 향상을 유도하고, 국가가 그 품질을 보증해 줌으로써 판매를 촉진시켜 준다. 소비자에게는 다양한 식품 및 서비스 중에서 우수한 가공식품 또는 식품 관련 서비스를 자기의 취향에 맞게 선택할 수 있는 기회를 제공하여 안심하고 제품 및 서비스를 구입할 수 있게 한다. 국가적으로는 식품 및 관련 서비스의 공정거래 관행에 따른 유통질서를 확립하여 식품산업의 발전과 국제 경쟁력 강화에 기여하는 데 그 목적이 있다. 가공식품 KS인증 표시대상 품목 및 서비스는 산업표준화법에서 정한 바에 따라 기술표준원장이 농림수산식품부 장관과 협의하여 별도로 지정·고시하며, 사후관리는 시판품 조사 및 정기심사를 통해 이루어진다.

(6) 전통식품품질인증

전통식품품질인증은 국내산 농수산물을 주재료로 하여 제조·가공·조리되어 우리 고유의 맛과 향, 색을 내는 우수한 전통식품에 대하여 정부가 품질을 보증하는 제도이다. 생산자에게는 고품질의 제품생산을 유도하고, 소비자에게는 우수한 품질의 전통식품을 공급하는 데 그 목적이 있다.

전통식품의 품목은 농림수산식품부 장관이 직접 지정하거나 특별시장·광역시장·도지사의 추천을 받아 이를 지정하여 고시한다. 전통식품 산업의 지원과 육성을 위해 국산 농산물을 주원료로 하여 제조·가공하는데, 예로부터 전승되어 오는 고유의 맛과 향 및 색깔을 내는 전통식품의 개발과 그 계승·발전을 위해 필요하다고 인정하는 품목으로 지정된다. 전통식품품질인증 대상 품목은 농림수산식품부 장관이 지정하여 고시한 품목 중에서 전통식품의 상품화 촉진과 품질인증제도의 효율적 추진을 위하여 상품성과 대중성, 전통성 등을 종합적으로 검토하여 품질인증 대상품목으로 지정한다. 지정된 품목별로 한국전통식품 표준규격을 제정하여 고시하게 되며 현재 품질인증품목은 99개 품목이다.

(7) 술품질인증

"가"형

"나"형

술품질인증은 우리술의 품질고급화와 술산업의 경쟁력 강화를 위해 마련된 제도로 탁주(막걸리), 약주, 청주, 과실주, 증류식소주, 일반증류주, 리큐르, 기타 주류를 인증대상품목으로 한다. 품질인증기관은 국립농산물품질관리원장에게 지정 신청을 하고 기준에 따른 심사를 거치며 현재 한국식품연구원의 우리술연구센터가 품질인증기관으로 지정받아 우리술품질인증심사를 담당하고 있다. 술의 품질인증 적합판정기준은 탁주(막걸리) 36개 항목, 약주 38개 항목, 과실주 39개 항목, 증류식 소주 32개 항목 등 품목마다 차이가 있다. 품질인증의 유효기간은 품질인증을 받은 날부터 3년으로 하며 사후관리는 인증기관에서 인증받은 사업자가 위반행위를 하지 못하도록 관리하고, 국립농산물품질관리원은 인증업체별 연 1회 이상 현장조사와 연 2회 이상 시판품 조사를 실시한다.

품질인증마크는 '가'형과 '나'형으로 구분된다. '가'형은 품질인증을 받은 모든 제품에 사용할 수 있으나 '나'형은 품질인증을 받은 제품 중 주원료와 국의 제조에 사용된 농산물이 100% 국내산인 경우 사용할 수 있다.

(8) 지리적표시

지리적 표시제는 농산물 및 그 가공품(수산물을 주원료 또는 주재료로 한 가공품을 제외)의 명성, 품질, 기타 특징이 본질적으로 특정지역의 지리적 특성에 기인하는 경우 당해 농산물 및 그 가공품이 특정지역에서 생산된 특산물임을 표시하는 제도이다. 1995년 세계무역기구(WTO)의 무역관련지적재산권협정(TRIPS)에서 지리적표시 보호 움직임이 나타나면서 우리의 우수한 지리적 특산품을 보호하고 농산물 및 가공품의 품질향상과 지역특화산업을 육성코자 지리적표시 등록제도가 1999년에 도입되었으며 2002년 보성녹차가 제1호 지리적표시를 시작으로 확대되었다.

(9) 동물복지 축산농장 인증

동물복지 축산농장 인증제는 쾌적한 환경에서 동물의 고통과 스트레스를 최소화하는 등 높은 수준의 동물복지기준에 따라 인도적으로 동물을 사용하는 농장에 대해 국가에서 인증하고 인증농장에서 생산되는 축산물에 동물복지축산농장인증마크를 표시하는 제도이다. 2012년 산란계를 시작으로 돼지(2013), 육계(2014), 한·육우, 젖소, 염소(2015)로 확대 실시하고 있다. 이 제도는 동물의 건강과 복지에 대한 사회적 관심과 윤리적 소비에 대한 소비자 욕구를 충족시키기 위한 인증표시이다.

(10) 저탄소농축산물인증

저탄소농축산물인증은 친환경·GAP인증을 받은 농산물을 대상으로 온실가스 배출량을 줄이는 저탄소농업기술을 적용하여 생산된 농산물에 부여하는 인증제도이다.

저탄소농업기술은 비료 및 작물보호제 절감기술, 농기계에너지 절감, 난방에너지절감, 물관리 기술 등을 의미하며, 농식품 분야의 탄소배출량 감축을 위해 농가의 자발적인 감축을 유도하고 윤리적 소비의 선택권을 제공한다.

3) 어린이 기호식품 품질인증

어린이 기호식품은 과자, 초콜릿, 탄산음료 등과 같이 어린이들이 선호하고 자주 먹는 음식물을 의미하며, 어린이 기호식품 품질인증은 안전하고 영양적으로 우수한 어린이 기호식품을 제조·가공·유통·판매를 권장하기 위하여 식품의약품안전처장이 정한 품질인증기준에 적합한 어린이 기호식품에 대하여 품질인증을 하는 제도이다.

어린이 기호식품은 과자류, 빵류, 초콜릿류, 가공유류, 어육소시지, 과채주스, 탄산음료 등과 같은 가공식품과 제과제빵류, 아이스크림류, 햄버거, 피자, 어린이식품안전보호구역에서 조리, 판매하는 라면, 떡볶이, 튀김류와 같은 조리식품으로 구분할 수 있다.

어린이 기호식품 품질인증 제품은 안전기준, 영양기준, 식품첨가물 사용기준을 모두 충족해야 한다. 안전기준은 HACCP 기준에 적합한 식품 및 수입식품 등 사전 확인 등록된 가공식품과 모범업소 조리식품 및 모범업소 기준에 준하는 업소의 조리식품이어야 한다. 영양기준은 1회 섭취량당 열량, 포화지방, 당류와 같은 영양소기준치에 적합하거나 단백질과 식이섬유와 같은 영양소기준치의 10% 이상, 비타민, 무기질과 같은 영양성분기준치의 15% 이상 등의 기준에 2개 이상 함유식품, 당류를 첨가하지 않은 식품이 해당한다. 식품첨가물사용기준은 식용타르색소, 합성보존료, 화학적 합성품을 사용하지 않은 식품을 의미한다.

어린이 기호식품을 제조·가공·수입·조리하는 사람이 품질인증식품 표시를 하고자 하는 경우 식품의약품안전처장에게 신청하고 식품의약품안전처장은 신청한 식품이 품질인증기준에 적합한지를 심사해야 한다. 품질인증식품의 인증 유효기간은 인증을 받은 날부터 3년이다.

이외에도 어린이의 건강한 식생활을 위해 고열량·저영양식품관리, 고카페인함유식품관리, 정서저해식품관리가 이루어지고 있다.

고열량·저영양식품 식품 기준은 어린이가 즐겨 섭취하는 간식과 식사대용식품에 대해 열량과 포화지방, 당류, 단백질 등 영양성분의 기준을 마련한 것으로 고열량, 고열량·저영양 식품은 오후 5시~오후 7시까지 텔레비전 광고를 제한하고, 어린이를 주 시청대상으로 하는 방송프로그램의 중간광고를 금지하며, 식품 이외의 어린이의 구매를 부추길 수 있는 물건을 무료로 제공한다는 내용의 텔레비전, 라디오, 인터넷 광고를 금지하고 있다.

고카페인 함유식품은 녹차, 커피, 에너지 음료 등 ml당 카페인 함량이 0.15mg 이상 함유된 액체 식품을 말하며, 고카페인 함유 식품에 있는 "어린이 등 섭취주의 문구"와 "고카페인 함유 및 함량" 표시로 고카페인 함유 여부를 표시하고 있다. 어린이 기호식품 중 고카페인 함유 식품은 판매 금지와 해당 제품의 텔레비전 광고 및 텔레비전, 라디오, 인터넷을 이용한 구매 자극 광고를 금지하고 있다.

정서저해식품은 어린이의 사행심을 조장하거나 성적인 호기심을 유발하는 등 어린이의 정서를 저해할 우려가 있는 식품에 대해서 제조·수입·판매 등을 금지하고 있다.

4) 건강기능식품인증

건강기능식품인증은 부족하기 쉬운 영양소나 인체에 도움이 되는 기능을 가진 원료나 성분을 사용하여 제조한 식품에 부여하는 인증으로 동물시험, 인체적용시험 등을 통해 기능성과 안전성이 인정된 원료로 만든 제품임을 의미한다. 건강기능식품은 기능성에 따라 질병발생위험감소기능, 생리활성기능, 영양소기능으로 분류하고 식품의약품안전처장의 고시 여부에 따라 고시형 원료와 개별인정형 원료로 구분한다. 고시형 원료는 건강기능식품공전에 등재되어 이는 원료로 제조기준, 기능성 등 요건에 적합할 경우 누구나 사용가능한 원료이고, 개별 인정형 원료는 건강기능식품공전에 등재되어 있지 않은 원료로 영업자가 원료의 안전성, 기능성 기준규격 등의 자료를 제출하여 식약처장으로부터 인정을 받아야 하며 인정받은 업체만 사용이 가능하다.

건강기능식품도 이력추적관리가 이루어져야 한다. 건강기능식품 등을 제조, 가공부터 판매에 이르는 각 단계별로 이력추적정보를 기록, 관리하여 해당식품의 안전성에 문제가 발생할 경우 유통을 차단하고 회수조치를 할 수 있도록 관리한다.

CHAPTER 3

식품별 규격 및 품질관리

1 곡류, 두류 및 서류의 품질관리
2 과일 및 채소류의 품질관리
3 축산식품의 품질관리
4 우유의 품질관리
5 수산식품의 품질관리

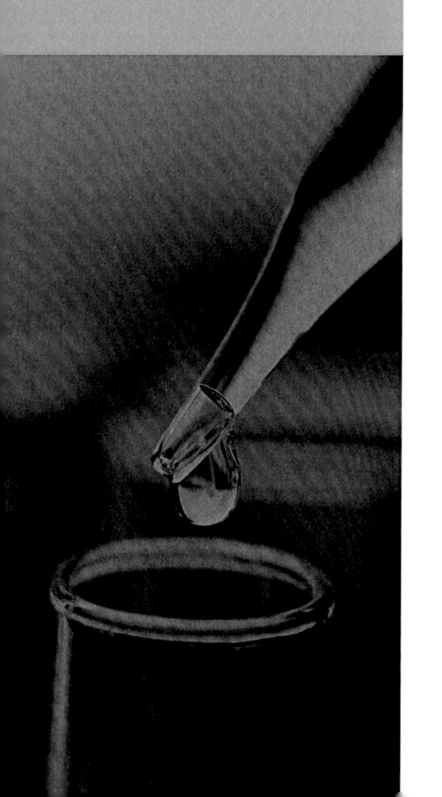

1. 곡류, 두류 및 서류의 품질관리

1) 쌀의 품질평가 방법

(1) 쌀의 품질요소

쌀의 품질요소는 식품으로서의 특성과 경제적 여건, 소비자의 선호도 등을 반영하여 쌀의 식미, 외관, 영양성, 안전성 그리고 취반특성의 5가지 요소를 들 수 있다. 과거에는 외관이 중시되었으나 최종소비자가 취반 후 먹어서 느끼는 식미와 영양가, 건강에 대한 기여도, 안전성 등이 점차 중요시되고 있다.

① 식미 사람이 입으로 먹어서 느끼는 맛(식미)은 품질을 가장 정확히 대변하지만 객관적 측정이 어렵다. 식미는 직접적인 맛(미각) 이외에 적당한 찰기(촉각), 텍스처(촉각), 구수한 향기(후각)에 의해 종합적으로 결정된다. 쌀의 경도, 점성, 호화 온도, 알칼리 붕괴도, 아밀로그램 특성 등의 물리적 성질은 맛과 감각에 크게 영향을 주는 품질요소이다.

② 외관 취반 전 쌀알의 크기, 모양, 심복백(心腹白)의 정도, 투명도, 색택 및 완전미의 비율 등이 중요하다. 우리나라에서 맛있는 쌀은 모양이 단원형이고, 심복백이 없으며, 투명하고 맑으며, 광택이 있는 것이다. 대체로 한국인과 일본인은 단립의 자포니카 품종을 좋아하고 유럽에서는 중립의 자포니카 품종을 선호하며, 열대아시아에서는 장립의 인디카 품종을 선호한다.

완전미는 벼 품종 고유의 형상과 색택을 보유하면서 등숙이 양호하고 병충해, 기계적 결함 등 장해가 없는 쌀을 말하며, 불완전미는 품종 고유의 형상과 색택을 나타내지 못하는 쌀을 일컫는다. 쌀의 식미를 높이고 상품성을 높이기 위해서는 완전미

자포니카 품종

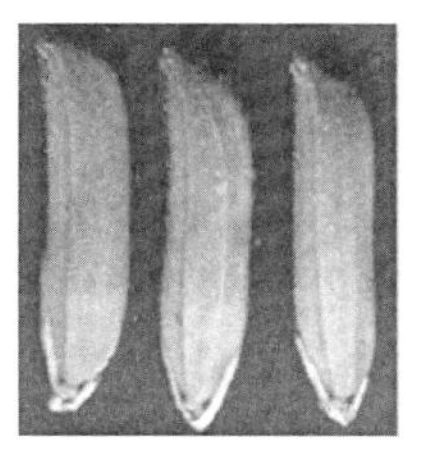
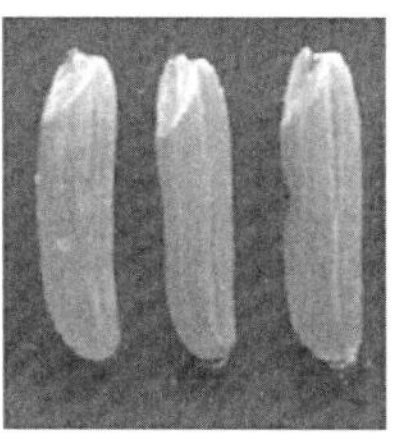

인디카 품종

그림3-1
자포니카 품종과 인디카 품종의 비교

가 생산·유통되어야 하며 불완전미의 함량이 높을수록 품위가 낮아지고 식미가 떨어진다.

③ 영양성 쌀은 전분이 많고 단백질, 지질 및 회분 함량은 비교적 적은 편이다. 쌀알 부위별 일반 성분의 분포는 표 3-1과 같다. 무기질과 비타민은 쌀겨와 쌀눈에는 다량 들어 있으나 백미에는 거의 존재하지 않는다. 쌀알의 구성 성분은 외층과 중심부가 달라서 쌀알의 내부는 전분이 주성분이나 외층부에는 전분 외에 단백질, 지질, 무기질, 비타민, 소당류, 유리아미노산 등 맛과 관련된 성분의 농도가 높다.

④ 안전성 쌀은 비교적 농약 사용이 적은 작물에 속하며 식물체 지상부를 직접 사용하지 않고 알곡을 이용하며 왕겨를 벗겨내고 도정하므로 식품 안전도가 매우 높다. 농약 잔류량이 허용 기준에 적합하도록 생산해야 하고 토양과 수질 관리를 잘하

표3-1
쌀알 부위별 일반 성분의 조성

(단위 : %)

구 분	전 분	단백질	조지방	조회분
벼	53.4	5.8~7.7	1.5~2.3	2.9~5.2
현 미	66.4	7.1~8.3	1.6~2.8	1.0~1.5
백 미	77.6	6.3~7.1	0.3~0.5	0.3~0.8
왕 겨	1.5	2.0~2.8	0.3~0.8	13.2~21.0
쌀 겨	13.8	11.3~14.9	15.0~19.7	6.6~9.9
쌀 눈	2.1	14.1~20.6	16.6~20.5	4.8~8.7

주) 단백질 : N×6.25

여 재배 환경이 오염되지 않도록 해야 한다.

쌀을 상온에 저장하면 5~10월 사이의 고온다습한 환경에서 자체 호흡과 미생물 활동으로 품질이 떨어진다. 저장 조건이 나쁘면 여름을 지나면서 점성이 크게 떨어지고 경도가 증가하여 식미가 크게 저하된다.

⑤ 취반특성 밥을 지을 때 수침 조건, 가수량, 취반 용량, 압력, 온도 조건 등에 따라 밥의 찰기, 경도, 응집성 등이 달라져서 식미가 달라진다. 취반 시의 가열 흡수율, 취반 팽창 용적, 호화온도, 취반 용출액, 고형물량 등이 식미와 밀접한 관련이 있는 것으로 알려져 있다.

(2) 쌀의 품질평가 방법

쌀의 품질은 취급하는 사람의 입장, 기호도, 관심도, 지역 및 시대에 따라서 달라질 수 있다. 그러나 쌀은 식품이므로 품질의 기준은 밥맛을 위주로 평가하는 것이 합리적이다.

① 고품질 쌀의 정의와 기준 고품질 쌀이란 외관 품위가 우수하고 도정 특성이 양호하며, 취반 후의 밥이 매우 옅은 담황색을 띠고 윤기가 있으며, 밥알의 모양이 온전하고, 구수한 밥 냄새와 맛이 나며, 찰기와 탄력이 있고, 씹히는 질감이 부드러운 쌀이다. 또한 쌀알이 단원형이고 온전하며, 충실하고 고르며, 심복백이 적고 이물이 없으며, 쌀겨층이 완전히 제거되어 맑고 투명하며 윤기가 있다. 신선한 쌀 고유의 향이 있고 묵은 냄새가 적다.

고품질 쌀의 이화학적 특성 기준은 도정도 75% 이상, 완전미율 90% 이상, 호화온도 65~72℃, 알칼리 붕괴도 5~7, 단백질 함량 6~8%, 아밀로스 함량은 17~18%, 수분 함량은 15.5~16.5%, 유리지방산가는 8~15mg KOH/100 g, Mg/K 함량비율이 높은 것으로 구분한다.

② 쌀의 외관 품위 검사법 쌀의 품질 평가법은 겉으로 보는 외관 품위 검사법, 기기로

성분을 분석하여 평가하는 성분 분석법, 그리고 사람이 직접 먹어서 느끼는 맛을 검정하는 식미 검정법의 3종류로 대별할 수 있다. 과거에는 품질을 외관 중심으로 평가하였으나 최근에는 식미 검정을 중시하며 기계에 의한 측정 기술이 발달하여 객관성이 증대되었다. 일반적으로 시장에서 쌀을 구매할 때에는 외관을 보고 구매하므로 외관 품질도 중요하다. 따라서 쌀의 외관 품질을 이해하려면 관련되는 용어의 뜻을 알고 조사방법을 이해할 필요가 있다.

쌀 품위 및 도정 관련 용어

- 수분 : 105℃ 건조법 또는 이와 동등한 값을 얻을 수 있는 방법에 의하여 측정한 함수율을 말한다.
- 형질 : 껍질의 얇음과 두꺼움, 충실도, 단단함과 무름, 색택, 낟알의 모양과 고르기, 껍질의 긁힌 정도, 심백 및 복백의 정도 등을 말한다.
- 용적중 : 쌀 1L의 무게를 말하며 보통 부라웰곡립계로 측정한다.
- 정립 : 피해립, 사미, 착색립, 미숙립, 뉘, 이종곡립 및 이물 등을 제외한 낟알을 말한다.
- 완전미 : 쌀의 외관 특성상 완전한 낟알 또는 완전한 낟알 평균 길이의 3/4 이상의 형태를 가지고 있는 온전한 쌀
- 큰싸라기 : 1호체로 쳐서 통과하지 않고 체 위에 남아 있는 싸라기로 그 길이가 완전한 낟알 평균 길이의 3/4 미만인 싸라기를 말한다.
- 잔싸라기 : 1호체로 치면 통과하되 2호체로 치면 통과하지 않는 싸라기를 말한다.
- 피해립 : 오염 또는 손상된 낟알(병해립·충해립·반점립·흑점립·생리장해립 등)을 말한다. 다만 피해가 경미하여 쌀의 품질에 영향을 미치지 않을 정도의 것은 제외한다.
- 착색립 : 표면의 전부 또는 일부가 갈색 또는 적색으로 착색된 낟알을 말하나, 쌀의 품질에 영향을 미치지 않을 정도의 것은 제외한다.
- 이물 : 곡립 이외의 것을 말하는데, 벼의 경우에는 곡립 이외의 모든 것을 말하

고, 현미의 경우에는 곡립 이외의 것과 1호체로 쳐서 통과한 것을 말하며, 백미의 경우에는 2호체로 쳐서 체를 통과한 것을 말한다.

- 돌 : 돌, 콘크리트 조각 등 광물성의 고형물로서 2호체로 칠 때 통과하지 않고 체 위에 남는 것을 말한다.
- 제현율 : 벼의 껍질을 벗기고 이를 1.6mm 줄체로 칠 때 체를 통과하지 않는 현미의 비율을 말한다.
- 도정률 : 도정된 백미량이 벼의 몇 %에 해당하는가로 나타낸다.
- 도감률 : 도정에 의해서 줄어든 양, 즉 쌀겨, 배아 등으로 떨어져 나가는 도정 감량(도정감)이 현미량의 몇 %에 해당하는가로 나타낸다.
- 도정도 : 쌀겨층이 완전히 벗겨진 것을 10분도미라 하고, 쌀겨층의 절반이 벗겨진 것을 5분도미라고 한다.

쌀 품위 검사 규격

쌀의 외관 품위 검사 시에는 농산물품질관리법에 의한 농산물 검사 기준의 벼, 현미 및 백미 품위검사규격에 따라 육안검사 외에 품위검정기, 백도계 등에 의한 기계적 검사가 가능하다.

우리나라의 벼 검사규격은 제현율 82%, 피해립 1%, 이종곡립 및 이물이 각각 0.2% 이하여야 한다.

현미의 품위 검사 규격은 용적중은 1등급이 L당 810g, 2등급이 800g, 등외가 780g이고, 정립은 1등급 75%, 2등급 70%, 등외 60%이다.

쌀의 품위 검사 규격은 우리나라의 경우 최저한도를 표준품 기준으로 정하고, 수분, 분상질립, 피해립, 착색립, 싸라기 등에 대한 최고한도를 정하여 5개 등급으로 구분하고 있다(표 3-2). 또한 쌀의 단백질 함량에 따라 6% 이하는 '수', 6.1~7.0%는 '우', 7.1% 이상은 '미'로 표시하도록 2013년부터 시행하고 있다. 일본은 품질등급을 4등급, 미국은 6등급으로 분류하고 있다. 수입쌀의 검사 규격은 중립종과 단립종은 국내산 백미와 동일하나 장립종은 피해립 40%, 싸라기 17%로 최고한도가 다소 높게 설정되어 있다.

항 목 / 등 급	최저한도(%)					
	수분	싸라기	분상질립	피해립	열손립	기타 이물
1등급	16.0	3.0	2.0	1.0	0.0	0.1
2등급		6.0	5.0	1.5	0.0	0.2
3등급		10.0	7.0	2.5	0.0	0.4
4등급		15.0	10.0	4.0	0.1	0.6
5등급		20.0	15.0	6.0	0.2	1.0

표3-2
쌀의 등급 규격 세부 기분(농산물 표준규격 : 7011)

[기타조건]

① 열손립은 시료 1kg 중 '1등급'은 3립 이하, '2등급'은 7립 이하, '3등급'은 15립 이하여야 한다.

② 기타 이물 중 '돌, 플라스틱, 유리, 쇳가루' 등 고형물은 시료 1kg을 3번 반복 조사 합산하여 1개 이내이어야 하며, '이종곡립(뉘 포함)'은 '1~3등급'은 2개 이하, '4~5등급'은 5개 이하여야 한다.

③ 완전립 비율이 96.0% 이상인 경우에 한하여 '1등급' 표시와는 별도로 포장에 '완전미(Head Rice)'라고 표시를 할 수 있다.

(3) 일본과 미국의 백미 품질 기준

일본의 기준은 기본적으로 한국과 유사하여 4등급으로 구분된다. 미국의 경우 장립과 단립을 구분하며 6등급을 기준으로 매기고 있다. 현미의 등급은 우리나라와 일본은 3등급이지만 미국은 벼혼입률, 열손상립, 적미, 찰벼혼입률, 백미혼입률 등에 따라 6등급으로 세분하고 있다.

등 급	제현율	수분 함량	피해립, 사미, 착색립, 이물혼입
1등미	70% 이상	15% 이하	15% 이하
2등미	60% 이상	15% 이하	20% 이하
3등미	45% 이상	15% 이하	30% 이하
규격 외	상기규격		

표3-3
일본의 백미 등급 규격 기준

2) 기타 곡류의 품질평가 방법

(1) 식용보리

식용보리의 품위 검사 규격은 겉보리와 쌀보리 모두 수분 함량이 14% 이하이고, 1등품 기준으로 피해립은 6% 이하, 이종곡립은 1.5% 이하, 이물 함량은 0.4% 이하여야 한다. 이 외에 입형·외관·색택·백도·신선도·제분율·종피중·종피율·할맥적성·소화율·아밀로펙틴 함량·β-글루칸·단백질·지질·비타민·회분·지방산·무기질 함량 등이 주요 품질 특성이다.

(2) 맥주보리

맥주보리의 품질 규격은 농산물품질관리원에서 실시하고 있는 등급규격과 맥주회사에서 자체적으로 실시하는 분석평가로 대별할 수 있다. 맥주보리의 1등급 규격은 정립률이 80% 이상이고, 20℃에서 96시간에 발아한 낟알 수의 비율인 발아세가 92% 이상이어야 한다. 또, 수분 함량 13% 이하이고, 세맥 8% 이하, 피해립 4% 이하, 이종곡립 1.5% 이하, 이물 함량은 0.5% 이하여야 한다.

(3) 밀

밀에 대한 품위 검사 규격은 수분 13% 이하, 정립률은 1등이 90%, 2등이 75%, 등외가 60% 이상이어야 한다. 그러나 밀은 품위 외에도 단백질 함량에 따라 가공 용도가 달라지므로 단백질 함량이 중요한 품질인자이다. 단백질 함량 11~14%는 강력분으로 제빵에 적합하고, 10~12%는 준강력분으로 국수, 크래커용으로 알맞다. 또 9~10%는 중력분으로 비스킷용으로 쓰이고, 7~9%는 박력분으로 쿠키용으로 적합하다.

(4) 옥수수

옥수수의 품위 검사 규격은 수분 함량이 16% 이하이고, 1등 표준품은 정립률이 85% 이상, 피해립은 15% 이하여야 한다. 옥수수는 경도, 비중, 마이코톡신 수준도 주요한 품질요소이다. 찰옥수수의 품질요소는 냄새, 정립, 피해립, 파쇄립, 메옥수수 혼입률, 이종곡립, 이물 등이고, 팝콘용 옥수수의 품질요소는 수분, 완전립, 피해립, 미숙립, 이종곡립, 이물 등이다.

3) 두류의 품질평가 방법

콩의 품위 검사 규격은 표 3-4와 같이 입종의 크기에 따라 품위기준이 다르나 낟알의 고르기는 모두 80% 이상이고 수분 함량은 공통적으로 14% 이하이다. 대립종의 특등급표준품은 정립률이 95% 이상이고, 피해립이 5% 이하여야 한다. 등급규격 외에 가공용도별 품질요소는 같이 단백질 함량, 아미노산 조성, 지방 함량, 지방산 조성 등이 중요하며, 장콩, 두부콩, 밥밑콩, 풋콩, 콩나물콩의 품질 특성이 각각 다르다.

표 3-4 콩 표준규격(규격번호 : 7051)

(단위 : %)

항 목 / 등 급	수분 (이하)	정립 (이상)	피해립 (이하)	이중곡립 (이하)	이종피색립 (이하)	이물 (이하)
특	14.0	95.0	5.0	0.0	0.0	0.0
상	14.0	85.0	15.0	0.1	0.2	0.2
보통	14.0	75.0	25.0	0.3	0.5	0.5

[기타조건]

① 껍질의 색깔에 따라 황색콩, 녹새콩, 갈색콩, 흑색콩 등으로 구분한다.

② 낟알의 고르기는 다음과 같이 해당 둥근눈의 판체로 치면 체 위에 남는 잔량에 대한 무게비율을 말하며, 콩의 굵기에 따라 대립종, 중립종, 소립종 순으로 우선 적용한다.

- 대립종 : 체눈의 직경이 7.10mm인 체 위에 남는 것 또는 100립중 31g 이상
- 중립종 : 체눈의 직경이 7.10mm인 체를 통과하고 5.60mm인 체 위에 남는 것 또는 100립중 21~31g
- 소립종(콩나물콩) : 체눈의 직경이 5.60mm인 체를 통과하고 4.00mm인 체 위에 남는 것 또는 100립중 20g 이하

4) 서류의 품질평가 방법

(1) 고구마

고구마의 등급 표준 규격은 특, 상, 보통 등급으로 구분하고 특등품은 중결점구가 없어야 하고 경결점구는 5% 이하여야 한다. 이 외에도 크기, 모양, 비중, 색이 중요하고, 그 밖에 건물률, 수분 함량, 조직감, 분질도, 당도, 향 등도 중요하다.

(2) 감 자

감자는 다듬기, 고르기 등 품질에 따라 특·상·보통으로 구분하고, 무게에 따라 3L, 2L, L, M, S, 2S의 6개 크기로 구분한다. 감자의 표준규격은 특품은 무게 구분표상 무게가 다른 것의 비율이 10% 이하이고 무게는 L 이상(수미 및 유사 품종 : 160g 이상), 가벼운 결점은 5% 이하라야 한다. 감자의 포장에는 품목, 산지, 품종, 등급, 무게 또는 개수, 생산자 또는 생산자 단체의 명칭 및 전화번호 등을 기재해야 한다. 품질 규격 외에 모양, 색, 건물률, 수분 함량, 조직감, 분질도, 향, 안토시아닌 등이 일반적 품질요소이다.

2. 과일 및 채소류의 품질관리

과일 및 채소류의 품질관리란 수확된 과일 및 채소류가 생산자의 손을 떠나 최종 소비자의 손에 도달되는 전 과정에서 과일 및 채소류의 품질을 유지하기 위한 목적으로 실시하는 각종 조치들을 말한다. 즉, 수확한 과일 및 채소류의 선별, 예냉, 저장, 포장, 수송 등에 이르는 전 과정에 대한 기술을 품질관리에 이용함으로써 상품성을 최대한 증진시키는 활동이다. 과일 및 채소류의 수확 후 관리가 중요한 이유는 과일 및 채소류는 수확 이후에도 살아 숨쉬는 생명체이기 때문에, 수확 후 생리활동을 정확히 파악하여 품질관리에 적절하게 이용함으로써 유통과정에서 발생하는 가치 손실을 최소화하면서 신선도와 안전성을 확보할 수 있기 때문이다.

1) 수확 후 생리작용

수확된 과일 및 채소류는 모체로부터 더 이상 양분과 수분을 공급받지 못하고, 재배되고 있는 상태와는 전혀 다른 환경에 처하게 되어 수확 당시 체내에 축적된 양분과 수분으로 생명활동을 유지해야 한다. 따라서 수확 후 대사작용의 많고 적음이 소비단계에서 품질을 결정하는 중요한 요인이 된다. 신선하고 품질이 좋은 과일 및 채소류를 공급하기 위해서는 과일 및 채소류의 대사적 특성을 고려하여 각각에 적합한 환경을 조성하여 관리하는 것이 필요하다.

과일 및 채소류의 수확 후 생리현상은 호흡작용과 증산작용이 근간이 되고, 종류에 따라 생장작용과 추숙작용이 있게 된다. 이에 따라 과일 및 채소류는 발아, 발근, 추대, 위조, 추숙, 조직의 연화 또는 경화, 영양손실 등 여러 형태로 품질이 저하된다.

호흡상승과의 공통점은 익으면서 에틸렌의 생성이 증가하며, 외부처리로부터 에틸렌 또는 에틸렌과 유사한 물질(프로필렌, 아세틸렌 등)을 처리하면 과일의 호흡이 증가한다는 것이다. 호흡속도는 온도, 습도, 대기조성을 달리함으로써 조절할 수 있다.

2) 선별기준

과일 및 채소류의 선별은 객관적인 품질평가 기준에 따라 등급을 분류하고 분류된 등급에 상응하는 품질을 보증함으로써 균일성으로 상품가치를 높이고 유통상의 상거래 질서를 공정하게 유지하는 기능을 갖는다(표 3-5). 과일 및 채소류를 크기, 무게, 모양, 색깔 등의 물리적 성질에 따라 분류하면 균일성을 높여 품질은 물론 상품가치를 향상시킬 뿐만 아니라 선별 후의 가공 조작을 원활하게 하며 저장성 향상에도 크게 기여한다.

표3-5
과일 및 채소류의 선별 기준

품 목	선별기준
사 과	사과 크기의 균일성, 색택, 당도, 신선도, 중결점과 및 경결점과 등의 품질과 무게에 따라 특·상·보통으로 등급을 정하고, 무게에 따라 3L~3S까지 7개 크기로 구분
배	외형을 일차 선별하고 꼭지 및 불순물을 제거한 후 당도 등의 품질과 무게에 따라 특·상·보통으로 등급을 정하고, 무게에 따라 3L~3S까지 7개 크기로 구분
단 감	기형과, 상처과, 생리장해과 등은 골라내고 착색된 색택비율 등의 품위에 따라 특·상·보통으로 등급을 정하고, 무게에 따라 3L~3S까지 7개 크기로 구분
포 도	미숙한 포도알, 작은 포도알, 열과, 병해를 입었거나 상한 포도알 등은 제거하고 송이 크기별로 품위에 따라 특·상·보통으로 등급을 정하고, 송이의 무게에 따라 2L, L, M, S의 4개 크기로 구분
감 귤	당도, 색택 등 품위에 따라 특·상·보통으로 등급을 정하고, 무게에 따라 2L~2S의 5개 크기로 구분
오 이	고르기, 모양, 맛 등의 품질에 따라 특·상·보통으로 등급을 정하고, 길이에 따라 2L, L, M, S의 4개 크기로 구분
토마토	품질에 따라 특·상·보통으로 등급을 정하고, 무게에 따라 3L~2S의 6개 크기로 구분
딸 기	색택, 신선도 등의 품위에 따라 특·상·보통으로 등급을 정하고, 무게에 따라 2L, L, M, S의 4개 크기로 구분
참 외	당도, 색택 등 품질과 무게에 따라 특·상·보통으로 등급을 정하고, 무게에 따라 3L~3S까지 7개 크기로 구분
고 추	고르기, 색택, 신선도 등 품질과 크기에 따라 특·상·보통으로 등급을 정하고, 3L~3S까지 7개 크기로 구분
마 늘	통마늘 줄기는 2cm 이내로 절단하여 품질과 무게에 따라 특·상·보통으로 등급을 정하고, 구의 지름에 따라 2L, L, M, S의 4개 크기로 구분
양 파	품종 고유의 모양 등 품질과 무게에 따라 특·상·보통으로 등급을 정하고, 편평형과 구형으로 나누어 1구의 지름에 따라 2L, L, M, S의 4개 크기로 구분
무	뿌리의 신선도 등 품질과 무게에 따라 특·상·보통으로 등급을 정하고, 무게에 따라 2L, L, M, S의 4개 크기로 구분
배 추	결구 상태와 잎의 신선도 등 품질과 무게에 따라 특·상·보통으로 등급을 정하고, 무게에 따라 2L, L, M, S의 4개 크기로 구분

3) 등급규격

과일 및 채소류의 등급 판정기준은 농산물표준규격에 규정된 등급규격에 따라 결정된다. 과일 및 채소류의 품목 또는 품종별 특성에 따라 수량, 크기, 색택, 신선도, 건조도, 결점과, 성분함량 또는 선별상태 등 품질구분에 필요한 다양한 요소가 종합적으로 고려되어 항목을 설정하여 특·상·보통의 3단계로 등급이 결정된다.

과일등급의 현행 규격은 크기 구분과 품질을 결합하여 등급을 설정토록 되어 있어 주로 크기 구분에 의해 등급이 좌우되므로 품질 위주의 생산, 소비실태에 부응하지 못하기 때문에 '품질'을 주요소로, '크기구분'을 보조요소로 분리·설정하고 있다.

(1) 등급규격의 항목

① 무게, 크기, 길이 무게, 직경, 길이, 크기를 계량기준으로 해서 2L, L, M, S, 2S 등의 4~5단계로 구분하여 특·상·보통의 3단계로 등급이 결정된다. 예를 들어, 포도 '특' 등급은 캠벨얼리(campbell early), 마스캇베일리에이(muscat bailey A)의 경우 무게 'L' 또는 'M'인 것에 붙이며 거봉, 새단(sheridan)의 경우 무게 'M' 이상인 것에 해당한다.

② 모양, 형태, 송이모양, 결구 포도, 오이, 방울토마토, 건고추, 결구배추 등에 적용되며 특·상·보통의 3단계로 등급이 결정된다. 예를 들어, 무의 '특' 등급은 모양(껍질)이 매끄러우며 잔뿌리가 적은 것에 해당한다.

③ 색택 품종 고유의 색택으로 낱개에 대한 색택 면적의 비율을 기준으로 특·상·보통의 3단계로 등급이 결정된다. 색택은 소비자에게 가장 강하게 느껴지는 품위 결정 요인의 하나로서 색택에 따른 품위를 결정할 때 영향을 주게 된다.

④ 당도 낱개에 대한 당도(포도는 송이)를 기준으로 특·상·보통의 3단계로 등급이 결정된다. 단맛의 감각적인 특성을 정량적으로 비교하기란 쉽지 않으나 현장에서 주로 굴절당도계를 이용한 가용성고형물(당도)로 나타낼 수 있다.

4) 과일의 품질평가

(1) 사 과

사과 포장 단위의 등급은 사과 크기의 균일성(신품종 및 신종의 농작물에 그 품질이 고르고 균일한 정도), 색택(빛나는 윤기), 당도, 신선도, 중결점과 및 경결점과 등의 기준에 의해 특, 상, 보통으로 분류하고 사과 낱개의 등급은 색택, 형상, 녹, 일소 및 병해충 피해증상 등의 기준에 의해 분류하고 있다.

표3-6 사과의 등급규격 (선별기준)

항목/등급	특	상	보 통
낱개의 고르기	• 별도로 정하는 크기 구분 • 표상 크기가 다른 것이 섞이지 않은 것	• 별도로 정하는 크기 구분 • 표상 크기가 다른 것이 5% 이하 섞이지 않은 것	특·상에 미달하는 것
색 택	별도로 정하는 품종별 착색비율로 '특' 이외의 것이 섞이지 않은 것	별도로 정하는 품종별 착색비율로 '상'에 미달하는 것이 섞이지 않은 것	별도로 정하는 품종별 착색비율로 '보통'에 미달하는 것이 섞이지 않은 것
당 도	• 후지북두는 14°Bx 이상인 것 • 홍월, 서광, 홍옥, 천추는 12°Bx 이상인 것 • 쓰가루는 10°Bx 이상인 것	• 후지 등은 12°Bx 이상 • 홍월, 서광, 홍옥은 10°Bx 이상 • 쓰가루는 8°Bx 이상	(적용하지 않음)
신선도	윤기가 나고 껍질의 수축현상이 나타나지 않는 것	껍질의 수축현상이 나타나지 않는 것	특·상에 미달하는 것
중결점과	없는 것	없는 것	5% 이하
경결점과	없는 것	10% 이하인 것	20% 이하

(2) 배

배 포장단위 등급 분류기준은 사과의 기준과 비슷하고 당도는 품종에 따라 다르게 적용되고 있다.

표3-7 배 포장단위의 등급규격

항목/등급	특	상	보 통
낱개의 고르기	• 별도로 정하는 크기 구분 • 표상 크기가 다른 것이 섞이지 않은 것	• 별도로 정하는 크기 구분 • 표상 크기가 다른 것이 50% 이상 섞이지 않은 것	특·상에 미달하는 것
색 택	품종 고유의 색택이 뛰어난 것	품종 고유의 색택이 양호한 것	특·상에 미달하는 것
당 도	• 황금, 단배는 12°Bx 이상인 것 • 신고는 11°Bx 이상인 것 • 만삼길 품종은 10°Bx 이상인 것	• 황금, 단배는 10°Bx 이상 • 신고는 9°Bx 이상 • 만삼길 등은 8°Bx 이상	(적용하지 않음)
신선도	껍질의 수축현상이 나타나지 않는 것	껍질의 수축현상이 나타나지 않는 것	특·상에 미달하는 것

주) 중결점과 경결점과는 사과와 동일함

(3) 감 귤

밀감의 등급은 낱개의 고르기, 크기, 색택, 당도, 형상, 과피 상태 등의 기준에 의해 특, 상, 보통으로 분류하고 있다. 또, 껍질 상태의 정도에 의해 특, 상 등으로 분류된다.

표3-8
온주밀감 등급규격

항목/등급	특	상	보 통
낱개의 고르기	• 별도로 정하는 크기 구분 • 표상 크기가 다른 것이 50% 이상 섞이지 않은 것	• 별도로 정하는 크기 구분 • 표상 크기가 다른 것이 10% 이상 섞이지 않은 것	특·상에 미달하는 것
색 택	별도로 정하는 착색비율에서 '특' 이외의 것이 섞이지 않은 것	별도로 정하는 착색비율에서 '상'에 미달하는 것이 섞이지 않은 것	별도로 정하는 착색비율에서 '보통'에 미달하는 것이 섞이지 않은 것
당 도	노지재배 온주밀감은 10°Bx 이상, 시설재배 온주밀감은 12°Bx 이상	노지재배 온주밀감은 9°Bx 이상, 시설재배 온주밀감은 11°Bx 이상	적용하지 않음
과일크기	크기 구분의 L, M, S에 해당하는 것	크기 구분의 L, M, S에 해당하는 것	적용하지 않음
형 상	품종 고유의 형상을 갖춘 것	품종 고유의 형상을 갖춘 것	특·상에 미달하는 것
과 피	품종고유의 과피로써, 수축현상이 나타나지 않는 것	품종고유의 과피로써, 수축현상이 나타나지 않는 것	특·상에 미달하는 것
껍질 뜬 것	그림 3-3, 껍질 뜬 정도에서 정하는 '없음(0)'에 해당하는 것	그림 3-3, 껍질 뜬 정도에서 정하는 '가벼움(1)' 이상에 해당하는 것	그림 3-3, 껍질 뜬 정도에서 정하는 '중간정도(2)' 이상에 해당하는 것
중결점과	없는 것	없는 것	5% 이하
경결점과	5% 이내	10% 이하	20% 이하

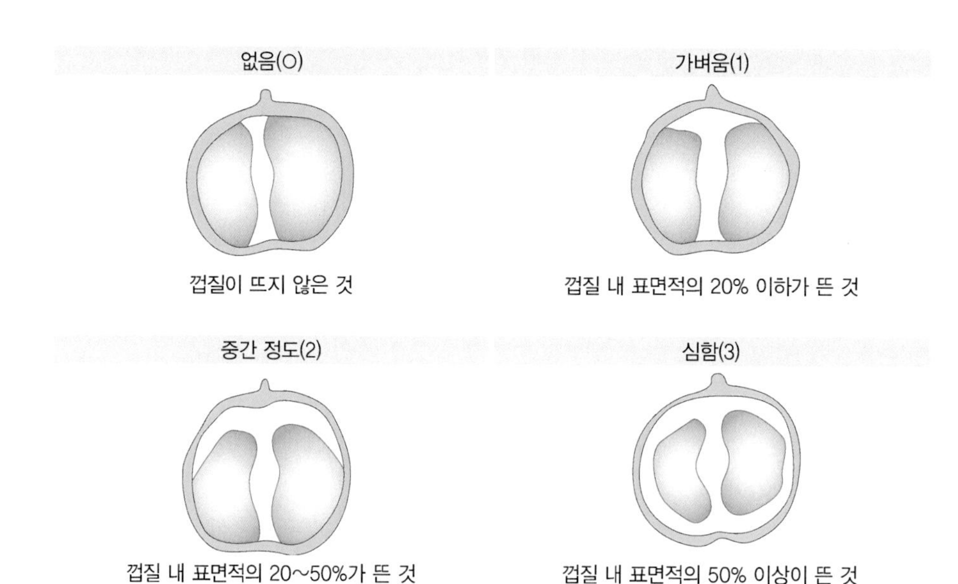

그림3-2 감귤 껍질의 뜬 정도

5) 과일 및 채소류의 안전성 관리

과일 및 채소류의 안전성에 대한 관심은 고품질 유지와 더불어 가장 중요한 문제이다. 농산물품질관리법에서도 농산물의 품질 향상과 안전한 농산물의 생산·공급을 위하여 토양·용수·자재 등과 생산·저장의 단계나 출하되어 거래되기 전 단계의 농산물에 대하여 잔류된 농약·중금속·곰팡이독소·식중독균 및 항생물질 기타 유해물질이 잔류허용기준을 초과하는지를 조사하고 있다.

과일 및 채소류에서는 특히 잔류농약, 중금속, 식중독균이 주요한 위해요소로 인식되고 있으며, 과일 및 채소류의 안전성 관리를 위해 친환경농산물인증제도, 우수농산물관리제도, 추적제, 위해요소중점관리제도 등을 운영하고 있다.

6) 외국의 품질관리

(1) 중 국

최근 중국에서는 '과품등급질량표준'을 마련하여 과일의 형태, 과종, 당도 및 광택에 따라서 4등급으로 분류하고 사과, 배, 복숭아, 감, 앵두, 살구, 자두 등 7종 과일의 40여 개 품종에 대해 안전식품, 환경보호제품 및 유기농식품으로 인정하였다. 예를 들어 부사사과는 품종 고유의 동그란 사과 형태로, 과종은 350~400g, 당도 16~17(보통 13 정도), 색깔률 95% 이상의 조건이 일치하면 특급으로 분류된다. 만약 과일이 200g 이하이면 외4급으로 지정된다.

(2) 일 본

일본은 전국농협협동조합의 과일담당부서에서 특별히 정한 과일의 기준등급은 없다. 각 현마다 각기 다른 기준을 설정하고 있다. 표 3-9는 아오모리현의 사과규격의 예이다.

표 3-9 일본 아오모리현의 사과규격

등 급	특 징
최고급품	• 색깔 모양에 거의 단점이 없는 사과
특 선	• 최고급품에 비해 색깔 혹은 모양에 약간의 단점이 있음
가정용	• 최고급품에 비해 색깔과 모양에 단점이 있지만 맛에는 문제가 없음 • 과육이 보이는 상처가 있거나 사과의 줄기 뿌리의 과육이 부서지고 있는 것은 포함되지 않음
요리, 주스, 잼류	• 과육이 보이는 작은 상처가 있는 것과 색깔이 약간 파랗거나 줄기의 뿌리가 부서진 것도 포함 • 외관상 좋지 않으나 먹어도 됨 • 가정용보다 당도는 낮으나 주스나 잼 제조용으로 최적
사비과	• 품질이 나쁘다는 뜻 • 사과의 과피에 심이 들어 있는 상태로 외관상 좋지 않으나 맛은 있음

(3) 미 국

미국의 농산물 표준규격제도는 농업의 상품화와 식품유통산업의 발전으로 그 역사가 오래 되었다. 19세기 말경 대륙횡단철도가 완공되는 한편 제빙기술의 발달로 과일 및 채소류 보냉이 가능하게 되어 과일 및 채소류를 비롯한 농산물의 장거리 수송이 시작되었으며, 출하량과 출하단위가 커짐에 따라 거래상 많은 문제점이 발생하여 표준규격화의 필요성이 크게 대두되었다. 1907년 과일 및 채소류의 표준규격화가 시작되었고 1912년에는 사과를 출하할 때 사용하는 상자와 사과의 크기를 정한 '美연방 과일규격에 관한 법(일명 Salzer법)'이 제정되어 과일 및 채소류의 표준규격이 처음으로 법제화되었다. 1930년까지 주요 농산물에 대한 표준규격의 제정이 완료되었으며 현재에는 유제품 13개, 과일 및 채소류 85개, 가공식품 225개, 곡물 18개, 축산물 18개, 담배 155개 등 300개 품목에 대한 연방 표준규격이 제정되어 있다.

미국에는 농산물의 품질규격을 관리하는 기구가 품목에 따라 3개로 분리되어 있다. 즉 미 농무성(USDA)의 농산물유통처(Agricultural Marketing Service)는 육류, 과일 및 채소류, 유제품, 면화, 양모, 담배 및 선박용 특수품의 품질규격을 담당하며, 미 농무성 연방곡물검사처(Federal Grain and Inspection Service)는 곡물, 두류, 건초, 짚 등을 담당하며, 국립해양수산처(National Marine Fisheries Service)는 각종 수산물을 담당한다.

과일 및 채소류의 등급화는 일반적으로 의무화되어 있지 않고 그 사용이 임의적이며 사용 여부는 상인 등 유통참가자의 자유재량이지만 상거래의 효율화를 위해 출하자가 등급화를 이행하고 있으며 소비자의 상품 선호도에 따라 영향을 받는다. 따라서 등급화의 비율은 품목에 따라 많은 차이가 있는데 과일 및 채소류는 도매단계에서 50%, 소매단계에서 5%만 표준등급에 의해 거래되는 것으로 알려져 있으나 우리나라처럼 과일별로 정확한 등급화가 활성화되어 있지 않다.

3. 축산식품의 품질관리

1) 도축 후 식육의 품질변화

소·돼지를 도축한 후 시간이 지나면서 근육이 단단하게 굳어지고 신전성(늘어나는 성질)이 없어지면서 연한 정도와 보수성이 떨어지는 현상을 사후강직(rigor mortis)이라고 한다. 사후강직은 도축, 방혈로 인해 에너지와 산소의 공급이 끊긴 상태에서 근육 내에 남아 있던 에너지의 고갈로 수축된 근육이 이완될 수 없을 때 3단계의 과정을 거치면서 일어난다.

사후강직 전 단계는 도살 후 최초 1~3시간 동안으로 근육 내에 잔류하는 글리코겐 및 ATP의 양이 많아 근원섬유의 수축과 이완이 쉽게 일어남으로써 이때의 식육은 유연하고 신전성이 높은 상태를 유지한다. 강직개시 단계에서는 근육 내 ATP량이 일정 수준 이하로 낮아지면서 근원섬유(actin과 myosin filament) 간의 상호결합으로 수축된 근원섬유가 다시 이완되지 않는 경우가 발생하기 시작한다. 최종단계인 강직완료는 글리코겐과 ATP가 완전히 소모됨으로써 수축되어 이완되지 않는 근원섬유가 많아지면서 단단하게 굳어진다. 또한 글리코겐이 산소공급이 없는 혐기성 대사(해당작용) 과정을 통해 분해되면서 최종 pH(5.6 정도)에 도달하게 되고 근원섬유 사이의 공간이 좁아져서 수분을 저장하는 능력도 낮아지게 된다.

이와 같은 이유로 강직된 고기를 요리할 경우 상당히 질겨질 뿐만 아니라 향미도 떨어짐에 따라 결과적으로 맛이 없게 된다. 그러나 일정기간 동안 숙성을 시키면 식육 고유의 효소에 의해서 육단백질이 자가소화를 일으켜 부드러워지고 풍미가 증가되며 보수력이 좋아져 고기맛이 좋아진다. 그러나 고기를 얼릴 경우에는 숙성이 진행되지 않는다. 숙성이 진행되면 고기가 연화하여 맛과 냄새가 증가되지만 자연 상태로 방치되면 부착된 미생물의 번식이 왕성하게 되고 분해되어 식용으로 부적당한 상태로 되는데 이것을 부패라고 한다. 가축은 도살하여 방혈, 탈모, 박피한 다음 내장 및 불가식부를 제거하고 거꾸로 매달아 반도체(半屠體)로 만든다. 가축을 도살한 후 방혈시키고 내장을 적출한 고기와 뼈 등을 포함한 생체를 지육이라 하고, 생체 무게에 대한 지육 무게의 비율을 지육률(dressing) 혹은 도체율이라 한다.

$$\text{지육률(\%)} = \frac{\text{지육무게(또는 도체중량)}}{\text{생체무게}} \times 100$$

지육에서 뼈를 빼낸 가식부의 고기를 정육이라 하며 지육 무게에 대한 정육 무게의 비율을 정육률(fresh)이라 한다. 지육 무게를 기준으로 하는 것이 보편적이나 생체 무게를 기준으로 하는 경우도 있다.

$$정육률(\%) = \frac{정육무게}{지육무게(혹은\ 생체무게)} \times 100$$

2) 축산물 품질관리 및 등급제

축산물 등급제란 우리 식생활에 이용되는 축산물(쇠고기, 돼지고기, 계란)의 품질을 정부가 정한 일정기준에 따라 구분하여 차별화하는 제도로서 지역, 축산물의 종류, 형태 및 시행시기 등을 농림부장관이 정하여 고시한다.

등급에 의한 차등 거래 실시로 소비자·유통업자·생산자를 보호할 수 있게 되는데 소비자에게는 고기의 품질을 식별할 수 있는 구매지표를 제공하고 생산자에게는 보다 좋은 품질의 축산물을 생산하게 하며 유통업자에게는 고객 수준에 맞는 품질의 고기를 제공하여 축산물 유통을 원활하게 할 수 있다. 축산물등급판정의 세부기준은 '축산법시행규칙' 별표 5 제3호의 규정(농림부고시 제2007-40호, 개정 2011년)에 정해져 있다.

(1) 쇠고기의 품질등급

① 쇠고기의 육량등급 판정기준 쇠고기의 육량등급 판정은 등지방두께, 배최장근 단면적, 도체의 중량을 측정한 후 육량지수에 따라 A, B, C의 3개 등급으로 구분한다. 육량지수는 소를 도축한 후 2등분할된 왼쪽의 반도체(半屠體)에 마지막등뼈(흉추)와 제1허리뼈(요추) 사이를 절개한 후 등심쪽의 절개면에 대하여 등지방 두께, 배최장근 단면적 및 도체중량을 측정하여 산정한다.

표 3-10 육량등급 판정기준

육량등급	A	B	C
육량지수*	67.50 이상	62.00 이상~67.50 미만	62.00 미만

* 육량지수=68.184-[0.625×등지방두께(mm)]+[0.130×배최장근단면적(㎠)]-[0.024×도체중량(kg)]
(단, 한우의 도체는 3.23을 가산하여 육량기준 지수로 한다)

② 쇠고기의 육질등급 판정기준 쇠고기의 육질등급판정은 등급판정부위에서 측정되는

근내지방도(marbling), 육색, 지방색, 조직감, 성숙도에 따라 1^{++}, 1^{+}, 1, 2, 3의 5개 등급으로 구분한다.

표3-11 쇠고기의 육질등급 판정기준

구 분		육질 등급					
		1++등급	1+등급	1등급	2등급	3등급	등외
육량등급	A등급	1^{++}A	1^{+}A	1A	2A	3A	
	B등급	1^{++}B	1^{+}B	1B	2B	3B	
	C등급	1^{++}C	1^{+}C	1C	2C	3C	
	등외	D					

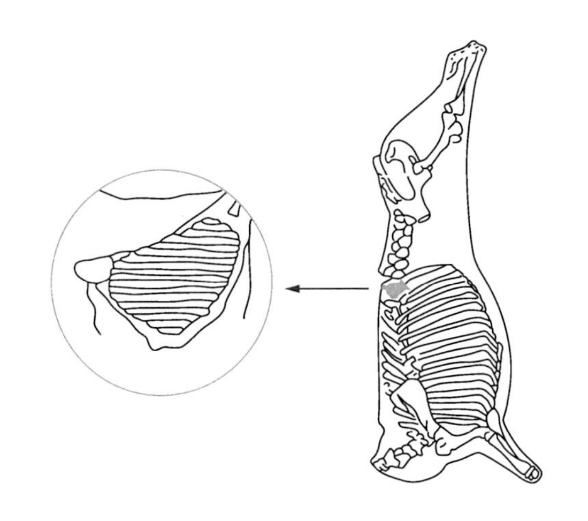

그림3-3 등급판정 부위

근내지방도

등급판정부위에서 배최장근단면에 나타난 지방분포정도로 그림의 기준과 비교하여 예비등급으로 판정한다.

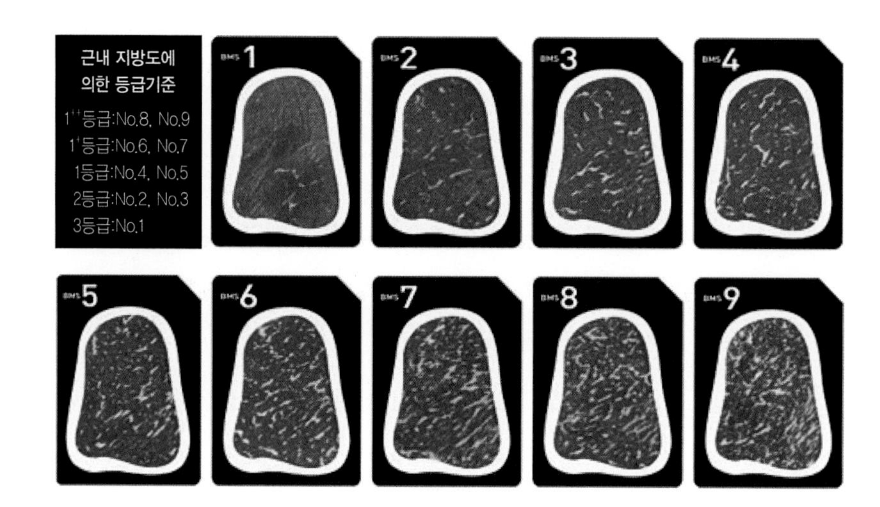

그림3-4
쇠고기의 근내 지방도

표3-12
육질등급 예비판정 기준

근내지방도	예비등급
근내지방도 번호 6 또는 7에 해당되는 것	1^{+}등급
근내지방도 번호 4 또는 5에 해당되는 것	1등급
근내지방도 번호 2 또는 3에 해당되는 것	2등급
근내지방도 번호 1에 해당되는 것	3등급
근내지방도 번호 8 또는 9에 해당되는 것	1^{++}등급

육 색

등급판정부위에서 배최장근단면의 고기 색깔을 육색기준과 비교하여 해당되는 기준의 번호로 판정하며 정상의 범위는 No.2~No.6과 같은 색을 지닌다.

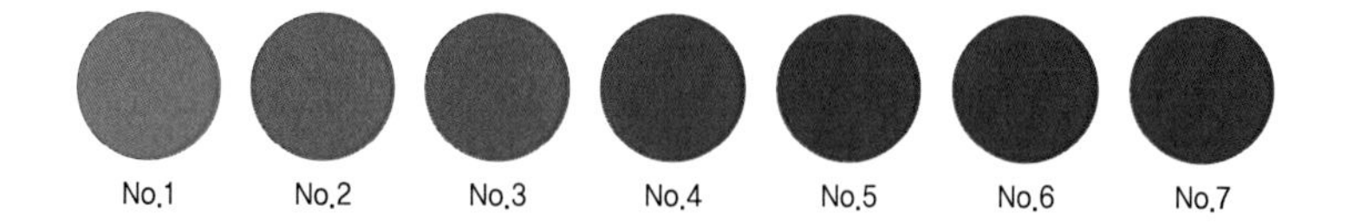

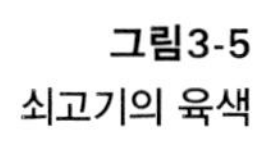

그림3-5
쇠고기의 육색

지방색

등급판정부위에서 배최장근단면의 근내지방, 주위의 근간지방 및 등지방의 색깔을 기준으로 하여 해당되는 기준의 번호로 판정하며 정상 범위는 No.1~No.6이다.

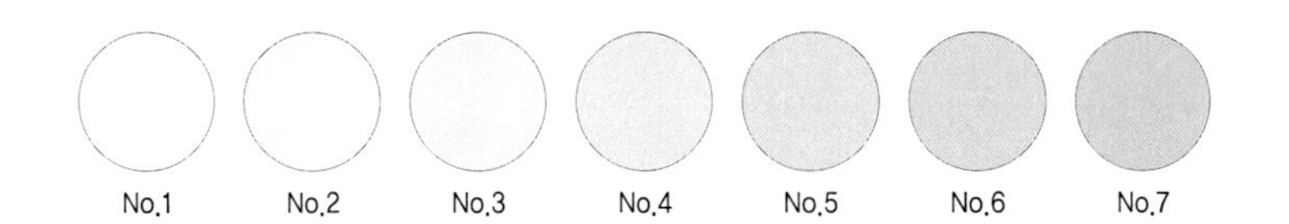

그림3-6
쇠고기의 지방색

조직감

등급판정부위에서 배최장근단면의 보수력과 탄력성을 말한다.

표3-13
쇠고기 조직감 구분 기준

번호	구분 기준
1	수분이 알맞게 침출되고 탄력성이 좋으며 결이 곱고 섬세하며 고기의 광택이 좋고 지방의 질이 좋은 것
2	수분의 침출 정도가 약간 많거나 적고 탄력성이 보통이며 결이 적당하고 고기의 광택 및 지방의 질이 보통인 것
3	수분의 침출 정도가 아주 많거나 적고 탄력성이 좋지 않으며 결이 거칠고 고기의 광택 및 지방의 질이 좋지 않은 것

성숙도

왼쪽 반도체(半屠體) 척추 가시돌기에서 연골의 골화 정도를 기준으로 한다.

표3-14
등외판정의 기준

번호	판정 기준
1	성숙도 구분기준 번호 8, 9에 해당하는 경우로서 비육 상태가 매우 불량한 노폐우 도체이거나, 성숙도 구분기준 번호 8, 9에 해당되지 않으나 비육 상태가 불량하여 육질이 극히 떨어진다고 인정되는 도체
2	방혈이 불량하거나 외부가 오염되어 육질이 극히 떨어진다고 인정되는 도체
3	부분폐기 정도가 심하다고 인정되는 도체
4	도체 중량이 150kg 미만인 왜소한 도체로서 비육 상태가 불량한 경우
5	수해, 화재, 정전 등으로 냉도체 등급판정방법을 적용할 수 없다고 시·도지사가 인정하는 사고 당일 도축된 도체

표3-15 DFD육(Dark, Firm, Dry Meat; 쇠고기암적색육)

항목	내용
정의	도살 전 스트레스를 받은 소의 육색이 지나치게 암적색으로 검고(dark), 고기가 단단(firm)하며, 건조(dry)한 상태인 것
발생	· 주로 소에서 나타나며, 도살 전에 근육 내의 글리코겐이 고갈되어 발생함 · 가축이 스트레스 등으로 인하여 글리코겐이 감소된 상태에서 도축될 경우 근육 중의 낮은 글리코겐 함량으로 인하여 해당 작용이 정지되고 그 결과 미오글로빈의 산소결합력이 낮아져 암적색을 나타내는 것
용도	· 암적색육은 다른 고기보다 pH가 높아 미생물이 신속히 발육하여 저장성이 떨어지며, 생육 또는 가공육으로서 적합하지 못함 · DFD육은 쇠고기 등급판정 시에도 좋은 등급을 받을 수 없을 뿐만 아니라 구매 선호도가 낮아 가치가 떨어짐
예방	가축 운송과정에서의 스트레스를 최소화하고 도축장에서의 충분한 휴식 등을 통해 DFD육 발생을 예방할 수 있음

③ 미국의 쇠고기 품질등급 미국의 쇠고기 품질등급(quality grade)은 고기의 근내 지방도, 성숙도 및 육색 등을 고려하여 prime, choice, select, standard, commercial, utility, cutter, canner의 8개 등급으로 구분되어 있다. 수율등급(yield grade)은 1, 2, 3, 4, 5등급으로 지방의 두께, 갈비심단면적, 체강지방량, 도체중량을 감안하여 매기며 수율이 좋은 것을 1등급으로 한다. 한편 등급판정을 매기지 않은 도체는 ungrade(또는 no roll)로 표시한다.

품질등급마크

수율등급마크

그림3-7 미국의 쇠고기 등급마크

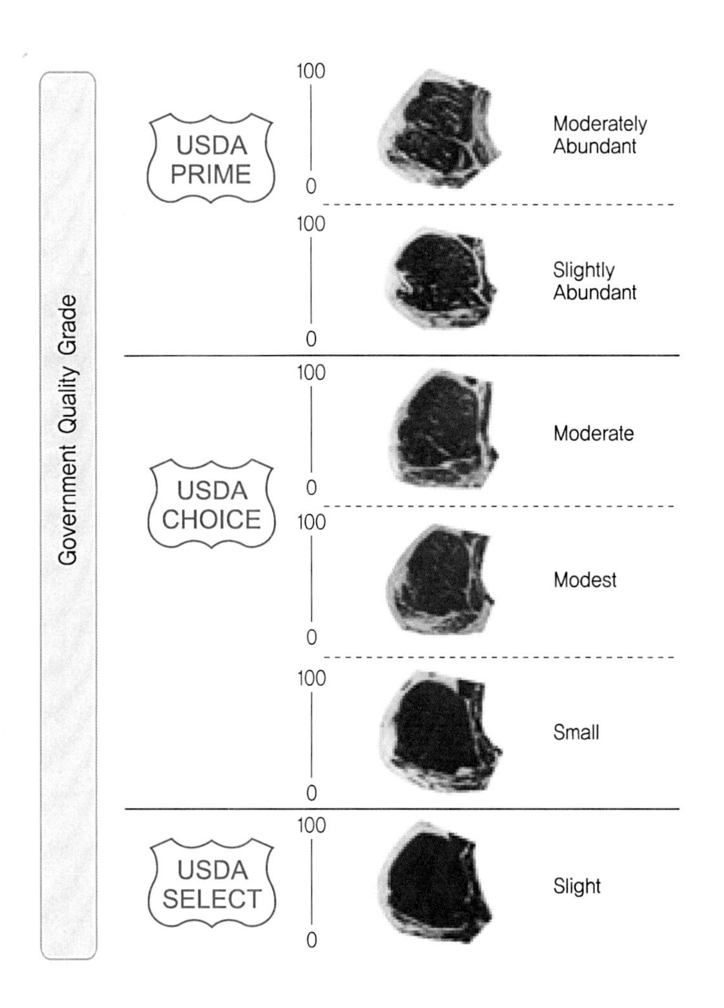

그림3-8
미국의 쇠고기 품질등급기준(근내지방도(마블링)에 따른 분류)

(2) 돼지고기의 품질등급

돼지고기의 등급은 육질등급과 규격등급으로 구분된다. 육질등급은 육색, 지방색과 질, 조직감, 지방침착도, 삼겹살 상태, 결함에 따라 1^+, 1, 2등급으로 판정한다. 규격등급은 도체 중량과 등지방두께 및 외관(균형, 비육상태, 지방부착상태, 마무리)을 종합적으로 고려하여 A, B, C등급으로 판정한다.

돼지고기의 등급판정방법은 작업장과 가공장의 여건 등을 고려하여 온도체 또는 냉도체 등급판정방법으로 한다. 온도체 등급판정방법은 인력등급판정 또는 기계등급판정 중 한 가지를 선택하여 적용할 수 있는데 다만 기계등급판정을 실시하고 있는 작업장에서 기계의 고장 등으로 기계판정이 불가능한 경우에는 인력등급판정기준을 적용하여 판정한다.

인력등급판정 시 규격등급은 1차 판정(부록 참조)과 2차 판정(부록 참조)을 한 후 1차 판정결과와 2차 판정결과 중 가장 낮은 등급으로 최종 판정한다. 육질등급은 1차 판정결과(부록 참조)를 기본으로 하여 2차 판정결과(부록 참조)에 따라 최종 등급 으로 한다.

표3-16 돼지고기의 등급 표시

구 분		육질 등급			
		1+등급	1등급	2등급	등외*
규격등급	A등급	1+A	1A	2A	
	B등급	1+B	1B	2B	
	C등급	1+C	1C	2C	
	등외				

*돼지고기의 등외판정 1. 거세하지 않은 수퇘지 특유의 냄새가 심하게 나는 도체 / 2. 상처 또는 화농 등으로 도려내는 정도가 심하다고 인정되는 도체 / 3. 도체 중량이 40kg 미만으로서 왜소한 도체 / 4. 새끼를 분만한 어미돼지(경산모돈) 또는 씨수퇘지(종모돈)의 도체 / 5. 등지방 및 복부지방이 진한 황색이거나 연지방으로 품질이 매우 좋지 않은 도체 / 6. 비육 상태가 아주 불량하며 등지방 및 복부지방 부착상태가 빈약한 도체 / 7. 고유의 목적을 위해 이분할하지 않은 학술연구용, 바베큐 또는 제수용 등의 도체 / 8. 검사관이 자가소비용으로 인정한 도체

등급표시는 등급판정 결과에 따라 규격등급을 'A, B, C'로, 육질등급을 '1^+, 1, 2'로 표시한다. 등급표시는 쉽게 알아볼 수 있도록 도체표면에 구분 표시하여야 한다.

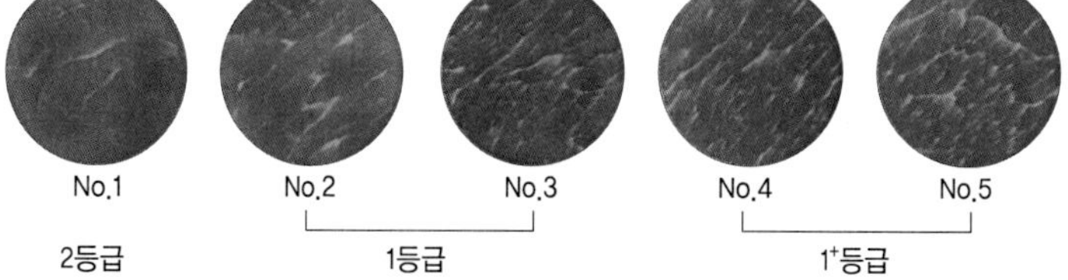

No.1 No.2 No.3 No.4 No.5

2등급 1등급 1^+등급

그림3-9 돼지고기의 근내 지방도 기준

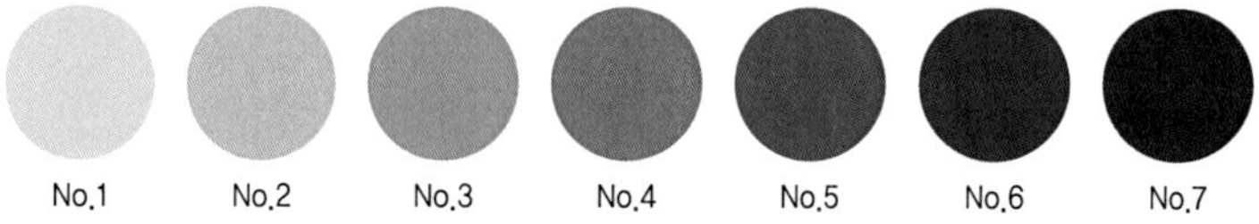

No.1 No.2 No.3 No.4 No.5 No.6 No.7

그림3-10 돼지고기의 육색 기준

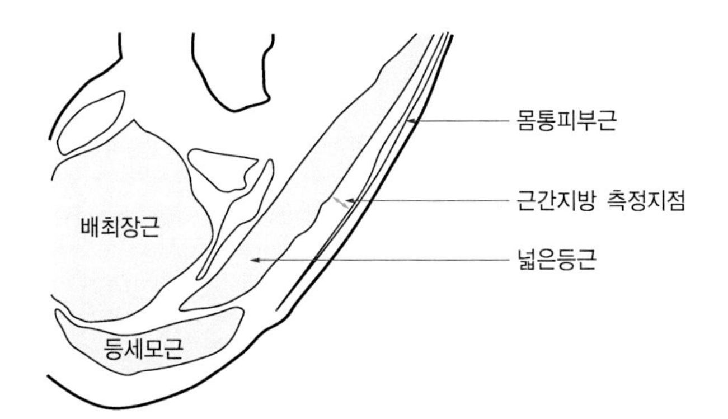

그림3-11
돼지고기 삼겹살의 근간지방두께 측정 부위

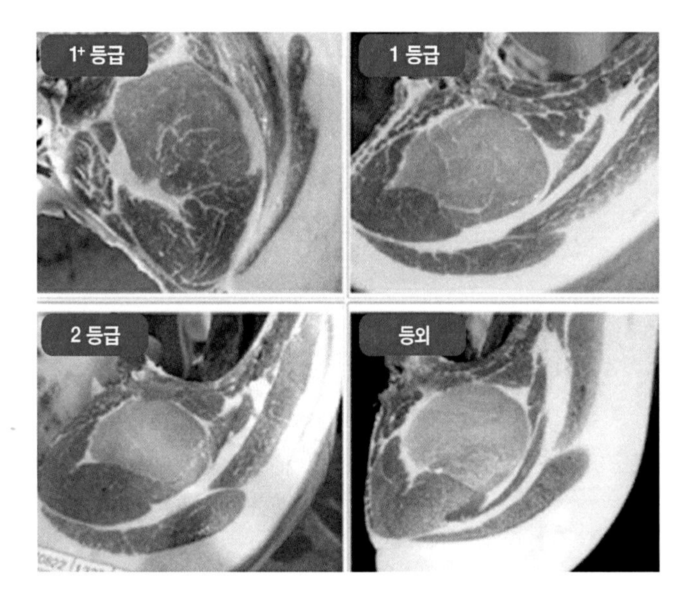

그림3-12
돼지고기 등급별 근내지방도

표3-17
돼지고기의 중량과 등지방두께 등에 의한 육질등급 1차 판정기준

구 분	인력판정				기계판정	
	박피도체		탕박도체		탕박도체	
	도체중량 (kg)	등지방두께 (mm)	도체중 (kg)	등지방두께 (mm)	도체중 (kg)	등지방두께 (mm)
1등급	67 이상	10 이상	76 이상	15 이상	76 이상	12 이상
2등급	67 미만	10 미만	76 미만	15 미만	76 미만	12 미만
3등급	거세하지 않은 수퇘지					

(3) 닭고기의 품질등급

닭고기의 등급판정은 중량규격과 품질등급으로 구분한다.

① 중량규격

중량규격의 구분

닭고기의 중량규격은 신청인이 제시하는 닭고기의 중량에 따른 호수를 기준으로 소(5~6호), 중소(7~9호), 중(10~12호), 대(13~14호), 특대(15~17호)의 5개 규격으로 구분하며, 중량규격별 중량범위는 표 3-18과 같다.

표 3-18 닭고기 호수별 중량범위

(단위 : g/마리)

중량규격	소		중 소			중			대		특 대		
해당호수	5호	6호	7호	8호	9호	10호	11호	12호	13호	14호	15호	16호	17호
중량범위	451 ~ 550	551 ~ 650	651 ~ 750	751 ~ 850	851 ~ 950	951 ~ 1,050	1,051 ~ 1,150	1,151 ~ 1,250	1,251 ~ 1,350	1,351 ~ 1,450	1,451 ~ 1,550	1,551 ~ 1,650	1,651 이상

중량규격 확인방법

축산물등급판정사는 신청인이 제시한 닭고기의 중량규격이 맞는지를 확인하기 위하여 표본추출된 닭고기에 대하여 중량을 칭량하여, 중량범위에서 2% 이상 미달하는 닭고기의 수가 5%를 초과하는 경우에는 해당 롯트에 대한 중량규격의 재선별을 신청인에게 요구한다.

중량규격의 표시

중량규격은 품질등급 크기에 맞추어 잘 보이도록 특대, 대, 중, 중소, 소로 표시하여야 한다. 다만, 축산물가공처리법 규정에 의하여 g 또는 kg으로 중량을 표시하는 경우에는 생략할 수 있다.

② **품질등급** 닭고기의 품질등급은 1^+등급, 1등급, 2등급의 3개 등급으로 판정한다.

품질등급 판정방법

등급판정사는 등급판정이 신청된 롯트의 크기에 따라 적정수의 표본을 무작위로 추출하는 표본판정방법 적용을 원칙으로 하되, 롯트의 크기가 작거나 정확한 등급판정을 위해 등급판정사가 필요하다고 판단한 경우에는 전수판정방법을 적용한다. 닭고기의 품질등급판정을 위한 항목별 품질기준과 품질등급 부여방법은 별도로 마련되어 있으며 닭고기 등급판정의 결과는 절단육에도 그대로 적용할 수 있다.

등급의 부여방법

닭고기의 품질등급 부여방법은 등급판정 방법에 따라 전수등급판정과 표본등급판정으로 부여한다. 전수등급판정 결과는 1^+등급, 1등급, 2등급의 3개 등급으로 부여하고 표본등급판정은 등급판정 결과의 구성비율에 따라 신청물량 전체에 품질등급을 부여한다.

품질등급의 표시

표시의 종류는 1^+등급, 1등급, 2등급이며 포장지의 종류에 따라 크기를 조절할 수 있다.

(4) 계란의 품질등급

① **계란의 위생처리** 양계장에서 수집되어 온 신선란은 먼저 오염란과 기형란을 골라내고 온수와 소독수를 사용하여 자동세척하며 급속송풍건조시킨 후 검사한다. 검사는 투광검란과정에서 혈반란, 변질란, 이상란 등을 가려낸 다음, 계란 무게에 따라 컴퓨터 평량기로 선란하여 같은 크기로 구분한다.

② 계란의 품질변화

중량 및 비중의 감소

계란은 산란과 동시에 내용물이 변화되기 시작하는데 주로 난백에 있는 수분이 증발하여 중량이 감소한다. 그러나 난백 속의 수분은 난황으로 옮아가는 성질도 있어 난백의 중량은 감소되지만 난황의 중량은 커지는 경우도 있다. 이런 현상은 계란을 고온저습한 곳에 저장할 때 뚜렷하게 나타나며 수분이 증발하기 때문에 기실이 커지고 비중이 줄어든다.

난황 및 난백의 변화

난백에서 난황으로 수분이 이동되는 경우에는 난황 용적이 커지고 난황막이 터지기 쉽게 된다. 또한 알끈에 의해서 난백에 고정되어 있던 난황이 흔들리게 된다. 한편 난백에 녹아 있던 CO_2는 난각 밖으로 발산되어 난백의 pH가 상승하고 그 결과 난백의 품질은 떨어진다. 저장 중에 난백의 점성이 약해져서 물처럼 퍼지기 쉽게 되고 노란 빛을 내게 된다.

표면변화 및 냄새 흡수

초자막의 피막이 남아있는 신선란은 표면이 거칠지만 저장 중에는 피막이 벗겨져서 매끈해지며 저장 중 주위에 있는 냄새를 계란 내부에 흡수하여 품질이 저하된다.

계란의 부패

산란 직후의 계란은 무균상태이나 점차 미생물에 오염되면서 난각 표면의 기공을 통하여 내부로 침투해간다. 내용물은 미생물의 좋은 영양공급원이 되어 미생물 번식이 급격히 이루어진다. 신선한 계란 표면의 초자막은 기공을 막고 있어서 오랫동안 미생물 침입을 막아주지만 이 초자막이 고온, 고습, 장기저장 및 기계적인 마찰 등으로 벗겨지면 미생물의 침입을 막지 못하게 된다. 계란 내부로 침입되는 미생물은 주로 살모넬라균 및 연쇄상구균 등의 세균과 효모, 곰팡이며, 특히 대장균이 침입했을 때는 난황과 난백이 혼합되어 점성이 없어지고 나쁜 냄새를 내게 된다.

③ 계란의 등급판정 계란의 등급판정은 품질등급과 중량규격으로 구분한다.

품질등급

계란의 품질등급은 외부형태, 기실 크기, 난백 및 난황의 상태를 종합적으로 고려하여 1^+등급, 1등급, 2등급, 3등급의 4개 등급으로 구분하며 롯트 크기에 따라 무작위로 표본을 추출하는 표본판정방법을 적용한다. 외관, 투광 및 할란판정의 3가지 기준에 의해 계란의 품질등급을 판정한다. 외관은 난각의 청결상태나 조직의 이상여부로 판정하며 투광판정은 기실의 깊이, 난황의 위치 및 난백의 투명도 등을 기준으로 판정한다(표 3-19). 할란판정 시에는 난황과 난백의 퍼짐성 등을 기준하고 이와 관련된 호우단위를 이용한다. 호우단위(haugh units)란 계란의 무게와 농후난백의 높이를 측정하여 다음 공식에 의해 산출한 값을 말한다.

$$\text{호우단위(H.U.)} = 100 \log(H+7.57-1.7W^{0.37})$$

H : 난백높이(mm), W : 계란중량(g)

표 3-19 계란의 품질기준

판정항목		품질기준			
		A급	B급	C급	D급
외관 판정	난각	청결하며 상처가 없고 계란의 모양과 난각의 조직에 이상이 없는 것	청결하며 상처가 없고 계란의 모양에 이상이 없으며 난각의 조직에 약간의 이상이 있는 것	약간 오염되거나 상처가 없으며 계란의 모양과 난각의 조직에 이상이 있는 것	오염되어 있는 것, 상처가 있는 것, 계란의 모양과 난각의 조직이 현저하게 불량한 것
투광 판정	기실	깊이가 4mm 이내	깊이가 8mm 이내	깊이가 12mm 이내	깊이가 12mm 이상
	난황	중심에 위치하며 윤곽이 흐리나 퍼져 보이지 않는 것	거의 중심에 위치하며 윤곽이 뚜렷하고 약간 퍼져 보이는 것	중심에서 상당히 벗어나 있으며 현저하게 퍼져 보이는 것	중심에서 상당히 벗어나 있으며 완전히 퍼져 보이는 것
	난백	맑고 결착력이 강한 것	맑고 결착력이 약간 떨어진 것	맑고 결착력이 거의 없는 것	맑고 결착력이 전혀 없는 것
할란 판정	난황	위로 솟음	약간 평평함	평평함	중심에서 완전히 벗어나 있는 것

(계속)

<table>
<tr><th colspan="2" rowspan="2">판정항목</th><th colspan="4">품질기준</th></tr>
<tr><th>A급</th><th>B급</th><th>C급</th><th>D급</th></tr>
<tr><td rowspan="4">할란
판정</td><td>농후
난백</td><td>많은 양의 난백이 난황을 에워싸고 있음</td><td>소량의 난백이 난황 주위에 퍼져 있음</td><td>거의 보이지 않음</td><td rowspan="2">이취가 나거나 변색되어 있는 것</td></tr>
<tr><td>수양
난백</td><td>약간 나타남</td><td>많이 나타남</td><td>아주 많이 나타남</td></tr>
<tr><td>이물질</td><td>크기가 3mm 미만</td><td>크기가 5mm 미만</td><td>크기가 7mm 미만</td><td>크기가 7mm 이상</td></tr>
<tr><td>호우
단위</td><td>72 이상</td><td>60 이상~72 미만</td><td>40 이상~60 미만</td><td>40 미만</td></tr>
</table>

롯트 크기에 따른 표본수와 판정방법

표본추출된 계란 중 100개 이상의 계란에 대하여 외관 및 투광판정을 실시하여야 하며 단, 표본수가 100개 미만인 경우에는 전량의 계란에 대하여 외관 및 투광판정을 실시한다. 또 외관 및 투광판정이 실시된 계란 중 20개 이상에 대하여는 할란판정을 실시한다.

계란의 품질등급 부여방법 등급판정 신청된 롯트의 표본에 대한 등급판정 결과에 따라 신청 롯트 전체에 등급을 부여한다.

파각란의 허용범위 각 품질등급별 파각란의 허용범위는 1+등급 7% 이하, 1등급 9% 이하, 2등급 12% 이하, 3등급 12% 초과의 범위내이다. 등급판정사는 등급판정을 실시한 결과 해당 롯트가 신청인이 희망하는 품질등급에 미달되는 경우에는 등급판정을 보류하고 그 사실을 신청인에게 통보하여야 한다.

중량규격

계란의 중량규격은 계란의 무게에 따라 구분한다. 등급판정사는 신청인이 제시한 롯트의 중량규격을 확인하기 위하여 표 3-20과 같은 규정에 따라 외관·투광판정을 실시하는 계란에 대하여 중량을 칭량하여 중량 범위에서 2g 이상 미달하는 계란의 수가 표본수의 5%를 초과하는 경우에는 해당 롯트에 대하여 중량규격의 재선별을 신청인에게 요구한다. 신청인은 등급판정이 보류되거나 중량규격 재분류가 요구된 계란의 롯트에 대하여는 중량규격 및 품질평가 기준에 적합하도록 다시 선별한 후 등급의 재판정을 신청할 수 있다.

표3-20
계란의 중량규격

규 격	왕 란	특 란	대 란	중 란	소 란
중 량	68g 이상	68g 미만~ 60g 이상	60g 미만~ 52g 이상	52g 미만~ 44g 이상	44g 미만

등급표시 및 포장

계란의 등급표시는 품질등급과 중량규격을 포장용기에 등급판정일자, 축산물등급판정소장 인영(또는 축산물등급판정사 성명) 등과 병행하여 표시한다. 중량규격 및 등급판정일자는 신청인이 속포장지와 겉포장지에 별도로 표시하는 경우에는 생략 가능하다. 신청인은 등급판정 받는 모든 계란의 난각에 식용색소로 부등급판정 확인표시를 하여야 한다.

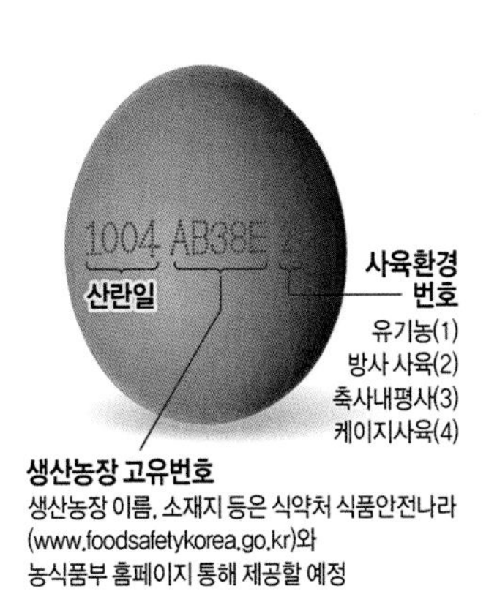

그림3-13
계란 껍데기의
표시사항

4. 우유의 품질관리

우유는 완전에 가까운 식품으로서 심한 열처리를 하게 되면 변질되어 가치를 상실한다. 우유의 품질보전 원리는 미생물 오염의 방지, 오염된 미생물의 활동 및 성장억제, 오염된 미생물의 물리적 제거, 오염된 미생물의 파괴로 미생물을 관리하는 것이다. 이러한 품질보존의 원리를 실천하기 위하여 사용되는 방법으로 위생적 생산·여과·가열·농축·건조·냉장·냉동·보존제 첨가·자외선 조사 등이 있다.

1) 우유의 품질관리

우유의 생산 후 가공 전까지 오염량과 오염균종은 그 후 제품의 품질에 절대적인 영향을 미치게 된다. 이것은 제품의 저장성과 살균 및 멸균효과에 크게 영향을 미치게 되므로, 모든 과정에서의 오염량 저하에 최대한 노력해야 한다. 특히 소 몸의 청결과 착유 등 우유 취급기구의 청결도는 우유의 오염량에 절대적인 영향을 미치므로 더욱 세심한 주의가 필요하다.

여름철에 우유를 즉시 냉각 저장시키기 위해서는 농가에 냉장시설 설치와 집유차의 냉각설비 설치가 중요하다. 일단 식품에 오염된 미생물을 제거하기는 상당히 어려운 일이다. 우유를 고속원심분리에 의해 청징작업을 하거나 여과에 의해 상당량의 미생물을 제거할 수 있지만, 이것은 미생물의 제거목적보다 생산 중에 우유에 혼입된 이물질과 백혈구 등을 제거함으로써 얻어지는 부수적 효과이다. 우유를 약 10,000xg에서 고속원심분리함으로써 99%의 포자와 50% 이상의 생육형 박테리아를 제거할 수 있다. 세균 수에 의한 우유의 등급은 1등급에서 4등급으로 나눈다. 식품의약품안전처의 '원유의 위생등급기준' 고시에서 1등급은 원유 1mL당 총 세균 수가 10만 마리 미만이어야 하며 이것은 다시 1등급A(3만 마리 미만), 1등급B(3만~10만 마리 미만)로 세분화된다. 체세포 수에 의한 등급은 3등급으로 나뉘는데 1등급은 원유 1mL당 체세포 수 20만 개 미만이 기준이다.

2) 우유의 살균방법

(1) 살 균

살균은 우유에 존재하는 대부분의 미생물을 사멸시키는 방법으로서, 일반적으로 열처리가 이용되며 살균된 식품은 냉각과 포장에 의한 오염방지, 연유에서와 같이 다량의 설탕 첨가, 유기산의 첨가 등으로써 2차적 보존법을 강구하는 것이 일반적이다. 우유의 살균목적은 우유 영양분의 열에 의한 파괴를 최소화하면서 우유에 존재하거나 존재할 가능성이 있는 병원균과 부패균을 사멸시켜서 제품의 저장성을 증가시키는 것이다. 또 치즈 제조에서와 같이 젖산균 발효를 시킬 때 다른 미생물을 사멸시켜 원하는 발효가 되도록 도와주며, 우유를 변질시킬 수 있는 우유 내의 효소를 파괴하는 데 있다.

우유의 살균방법에는 저온장시간살균법(LTLT)과 고온단시간살균법(HTST)이 있는데, 전자는 65℃에서 30분간 열처리함으로써 살균효과를 얻고, 후자는 75℃에서 15초 정도 열처리함으로써 살균효과를 얻는다. 최근에는 135℃에서 2초간 처리하는 초고온살균법(UHT)이 많이 쓰인다. 원유로부터 사람에 전염될 수 있는 질병은 우결핵, 부루셀라, Q열 등이 있으며, 우유의 살균온도와 시간은 이중 내열성이 높은 Coxiella burnetii의 사멸효과를 기초로 하여 정해진 것이다. 살균의 효과는 내열성균의 종류와 오염량, 우유의 고형분량 등에 좌우되고 표준살균처리를 함으로써 우유 내의 미생물은 90~99%가 사멸된다. 살균처리의 지표로서 살균우유 내의 alkaline phosphotase 검정이 사용되고 있으며 표준살균처리에 의해 이 효소는 쉽게 파괴된다.

(2) 멸 균

멸균은 우유를 130~150℃ 범위에서 최소 1초 이상 열처리함으로써 상업적으로 멸균된 우유를 생산하는 과정을 말한다. 멸균된 우유는 무균적 충전포장장치에 의해 멸균된 포장용기에 충전포장됨으로써 멸균의 가치를 발휘할 수 있게 된다. 이렇게 제조된 멸균유는 상온에서도 1~3개월간 품질의 변화없이 보존될 수 있으므로 열대지역, 농촌지역, 전장 등지에서 편리하게 사용할 수 있다. 열에 민감한 우유를 품질에 큰 변화없이 높은 온도에서 멸균시킬 수 있는 원리는, 10℃ 증가당 화학반응속도의 증가(Q_{10})는 2~3배로서 열에 의한 우유성분의 변질속도 증가율은 일정하지만, 내열성 미생물 및 포자의 사멸속도 증가율은 10℃ 증가당 8~30배로서, 온도증가에 따른 미생물포자의 사멸속도 증가율이 우유성분의 화학변화속도의 증가율보다 몇 십 배 빠른 사실에 근거하고 있다. 따라서 높은 온도에서 극히 짧은 시간 열처리함으로써 영양분의 파괴나 원하지 않는 화학반응을 억제하면서 멸균의 효과를 높일 수 있는 것이다.

UHT 처리장치는 그 가열방법에 따라 직접가열방법과 간접가열방법이 있으며, 멸균된 우유는 무균충전 포장장치에 의해 멸균된 병, 양철관 또는 여러 겹으로 된 특수포장지에 포장된다.

3) 우유의 저장방법

(1) 저온저장

우유는 착유 후 2시간 내에 5℃ 정도로 냉각시켜서 가공 전까지의 저장 및 수송 시에 유지되어야 한다. 냉장된 우유 내에서도 호냉성 미생물은 생육하므로 우유를 냉장함으로써 미생물의 성장속도를 지연하는 것이지 성장을 정지시키는 것은 아니다. 살균된 우유도 저온에서 성장할 수 있는 미생물을 함유하고 있으므로 소비되기 전까지는 반드시 냉장되어야 하며 냉장상태에서도 4~5일을 넘지 않아야 한다.

(2) 건 조

우유에서 수분을 제거하여 미생물의 성장을 억제하는 방법으로는 연유제품과 분유제품이 대표적이다.

① 연유 연유는 우유를 농축시킨 제품으로서 유당 함량이 10% 내외로 농축되고 염류도 두 배로 되어서 수분 함량이 74% 내외가 된다. 연유는 몇 가지 미생물에게는 성장 억제효과가 있으나 억제능력이 우수하지는 못하다. 제과원료로 제조되는 연유는 냉장시켜 공장에 판매되지만, 소비자용 연유는 통조림 상태로 멸균되어 저장·판매되므로 열처리상의 문제가 없으면 저장성이 상당히 높다. 가당연유는 제품에 43~45%의 설탕을 첨가하여 제조되며 수분활성도가 낮아서 삼투성 효모나 곰팡이는 성장하지 못한다.

② 분유 우유를 롤러건조법이나 분무건조법으로 건조하며, 롤러건조에서는 4~5배로, 분무건조에서는 2~3배로 미리 농축하여 건조효율을 좋게 하고 있다. 우유는 농축과정에서 상당한 예비가열을 받게 되어 대부분의 미생물은 사멸하게 되지만 포자

형성균은 살아남게 된다. 분무건조과정에서는 분무건조실에 유입되는 열풍의 온도는 121~260℃가 되지만, 우유입자가 실제로 받는 온도는 상당히 낮아서 내열성 미생물 포자는 생존하게 된다.

5. 수산식품의 품질관리

1) 수산식품의 품질특성

생선은 육류와 함께 양질의 단백질 급원으로, 칼슘, 비타민 B_2, 비타민 D 등이 함유되어 있다. 특히 생선의 단백질은 근섬유가 적기 때문에 위에서 소화되는 시간이 적으므로 소화가 잘되는 장점을 가지고 있다. 생선은 살의 색깔에 따라 흰살생선과 붉은살생선으로 나뉘는데 도미, 광어, 가자미, 조기 등은 흰살생선이고 고등어, 꽁치, 멸치, 참치 등은 붉은살생선이다.

생선은 100g 중에 17~20g의 단백질이 들어 있고 지질은 육류에 비해 적은 편이다. 생선에 함유된 지질은 육류의 지질과는 달리 불포화지방산이 많아서 동맥경화 등 성인병을 예방하는 효과가 있다. 고등어, 꽁치 등의 등푸른생선에 비하여 도미, 넙치 등의 흰살생선은 일반적으로 지질이 적고 소화하기 쉬운 것이 특징이다.

생선의 맛은 몸의 성분에 영향을 미치는 요인 즉 부위, 나이, 성장정도, 회유성, 환경, 계절, 어육의 종류 등에 따라 좌우된다. 특히 계절에 따라 성분의 차이가 크며 수온의 변화와 산란기와도 관계가 깊으므로 제철에 나는 것이 맛이 있다.

2) 수산물의 선도판정법

(1) 관능적 판정법

오감에 의하여 판정하는 방법이므로 객관성은 낮으나, 간편하고 신속하여 현장에서 많이 이용된다. 사후강직 중에 있는 것은 아주 신선한 것이다. 아가미색은 신선한 것은 담적색 또는 암적색이고 조직은 단단하게 보인다. 악취가 없고 해수어 냄새가 난다. 신선한 생선의 눈은 맑고 아름다우며 정상위치에 있으나 선도가 떨어지면 혼탁해지고 내부도 침침하게 된다. 어피는 신선한 것은 광택이 있고 어종에 따른 특유의 색채를 가지고 있으나 점차 갈색으로 된다. 복부의 경우 신선한 것은 내장이 단단하게 붙어 있어 손가락으로 눌러 보아도 연약한 감이 없다. 신선한 어육은 투명감이 있으나 오래 되면 광택이 없어지고 혼탁해져 불투명하게 된다. 또 육을 잘게 썰면 신선한 것은 껍질부분이 활모양으로 말려든다.

(2) 미생물학적 판정법

어육에 부착된 세균 수를 측정함으로써 선도를 판정하는 방법으로 어육 1g 중의 세균수가 10^5CFU/g 이하이면 신선하고 10^7~10^8CFU/g 정도면 부패가 일어난다고 할 수 있다.

(3) 물리적 판정법

물리적 판정은 어육의 경도 측정, 어체의 전기저항 측정, 안구 수정체의 혼탁도를 유리 표준수정체와 비교하거나 어육 압착즙의 점도 측정 등의 방법으로 판정하며 신속하여 실용화할 수 있는 방법이다.

(4) 화학적 판정법

① K값 생선은 죽으면 ATP가 ADP, AMP, IMP, 이노신을 생성하는 방향으로 빠르게 분해되어 크산틴으로 변한다. 이 ATP 분해과정 생성물 중의 이노신과 히포크산틴의 양을 ATP분해 전 과정의 생성물 총량으로 나눈 값을 K값이라고 하며, 화학적 선도판정의 기준이 된다. K값이 낮을수록 선도가 좋다. 보통 활어는 5%, 생선회는 5~20%, 가공 및 저장 어류는 20~50%이다.

② 휘발성 염기질소 선도저하에 수반해서 어육 중에 생성되어 증가하는 암모니아, 트리메틸아민, 디메틸아민 등을 총괄해서 휘발성 염기질소라 하며, 이를 측정하여 선도를 판정하는 방법이다. 이들 암모니아, 아민 등의 휘발성 염기는 어획 직후의 근육 중에는 적으나, 선도의 저하와 더불어 증가하므로 이들 휘발성 염기질소량을 측정하여

선도를 판정할 수 있다.

휘발성 염기질소량은 아주 신선한 어육에는 5~10mg%, 보통 선도의 어육에서는 15~25mg%, 초기 부패의 어육에서는 30~40mg%, 부패한 어육에서는 50mg% 이상이다. 그러나 상어나 가오리의 어육에는 원래 다량의 요소를 함유하여 암모니아의 생성이 많으므로 이 판정기준을 그대로 적용할 수 없다.

③ 트리메틸아민 트리메틸아민(Trimethylamine; TMA)은 신선육에는 거의 존재하지 않으나 사후 세균의 환원작용에 의하여 TMAO(trimethylamineoxide)가 환원되어 생성되는 것이다. 그 증가율이 암모니아보다 커서 선도판정의 좋은 지표가 된다. 일반적으로 TMA 함량이 3~4mg%를 넘어서면 초기 부패로 보는데, 초기 부패의 한계치는 어종에 따라 달라서 청어는 7mg%, 가다랭이는 2mg%이다.

④ pH 어육은 사후 pH가 내려갔다가 선도의 저하와 더불어 다시 상승하는데, 이때 일반적으로 붉은살어류에 있어서는 6.2~6.4, 흰살어류에 있어서는 6.7~6.8이 되었을 때를 초기 부패점으로 보고 있다. 일반적으로 선도판정의 대상이 되는 어체는 상승기에 있는 것이 보통이다.

3) 수산식품의 위생검사 기준

우리나라를 비롯한 각국의 수산물 품질인증제도는 생산되는 수산물의 품질관리를 기본으로 하며 소비자에게 시중에 유통되는 수산물의 안전과 위생, 생산과정, 원산지, 특성 등의 정보를 제공하여 구매 과정을 보다 수월하게 하고 투명하게 하는 데 그 의의가 있다. 그러나 우리나라의 수산물 품질인증제도는 소비자의 인식 부족으로 거의 그 기능을 다하지 못하고 있는 경우가 대부분이다. 유럽의 경우에는 이러한 품질인증제도가 소비자의 구매과정과 매우 밀접한 관계를 맺고 있어 프랑스 소비자의 85%, 전체 유럽 소비자 인구의 59%가 이러한 식품의 품질인증제도를 알고 있으며 식품 구매결정요인 중의 하나로 인식하고 있다.

각 국의 수산식품 국제위생(검사) 기준은 기본적으로 Codex가 규정하고 있으며 한국의 식품의약품안전청 '식품공전', '수입수산물 검사업무지침', 일본의 후생노동성 '식품위생법', '식품 및 식품첨가물등의 규격기준', 미국의 식품의약품국(FDA) '수산물 및 수산제품 위해요소 관리지침', EU의 유럽공동체 집행위원회의 '식료품내 위해물질의 최대한계치 설정(규정 No 466/2001)'을 비교한 결과는 다음과 같다.

식품안전성에 대한 한국의 규제수준은 외국과 비교해 보았을 때 비슷한 수준이다. 그러나 국제기준 및 타국에 비하여 장관독소원성 대장균과 분변계 대장균 등의 12개 위생기준이 마련되어 있지 않다. 구체적으로 총 수은의 경우 해산어패류를 포함한 일반 수산물에 대한 기준은 한국, EU, 캐나다, 호주 등이 0.5ppm으로 동일한 기준이나 일본은 보다 세분화되고 강화된 기준을 가지고 있다. 옥시테트라싸이클린 항생물질 기준은 우리나라를 비롯한 일본, 미국, 호주 등이 대체로 0.2ppm의 위생기준을 가지고 있는 반면, 캐나다는 보다 낮은 0.1ppm으로 다른 국가들보다 강화된 기준을 가지고 있다.

CHAPTER 4

식품의 이화학적 특성 평가

CHAPTER 4

식품의 이화학적 특성 평가

1. 식품의 색 평가

식품의 외형적 특성은 우리의 시각을 통해 인식되며 식품의 색, 광택, 형태나 크기, 조밀감 등에 의해 식품의 외형적 특징이 나타난다. 식품의 모양을 인식하기 위해서는 빛이 필요하며, 눈은 빛과 물질과의 상호작용에 의한 현상을 감지한다.

1) 빛의 특징

빛이 물체에 조사되면 특정 파장을 가진 빛이 흡수되거나 반사되면서 물체의 광택(gloss), 탁도(turbidity), 투명도(transparency) 등이 나타난다. 빛이 물체에 도달하면 반사, 굴절, 투과, 확산, 흡수 등의 현상이 일어날 수 있다.

(1) 반 사

물체의 표면이 매끄러우면 반사가 많이 일어나 광택이 나고, 표면이 거칠면 반사가 적게 일어난다. 또한 물체가 반사하는 가시광선의 파장에 따라 물체의 색이 결정된다. 파장 380~760nm 사이에서 반사하는 파장의 크기에 따라 보라색에서부터 적색으로 나타난다.

(2) 굴 절

물질은 고유의 굴절률을 가지고 있으며, 복합 구성체들의 상대적인 굴절률(relative refraction index)의 차이가 클수록 광선의 분산이 크게 일어나 탁도가 높아진다.

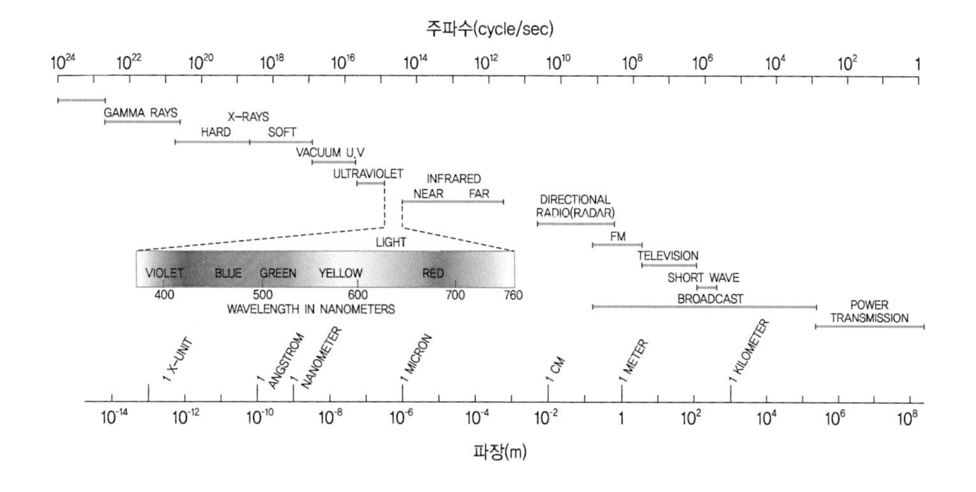

그림4-1
파장에 따른 광선의 분류

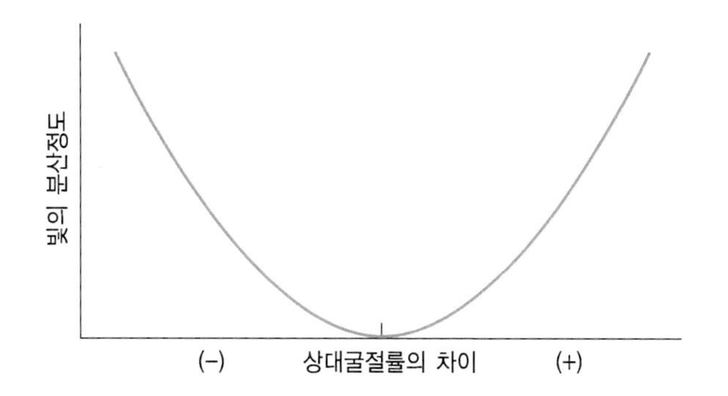

그림4-2
상대 굴절률과 광선의 분산

(3) 투 과

빛이 물체에 닿을 때 물질의 밀도가 낮으면 투과가 잘 일어나고 투과성(transmission)이 클수록 투명도는 높아진다.

(4) 확 산

빛이 조사되었을 때 물질의 성질에 따라 표면 확산과 내부 확산이 일어날 수 있다. 표면의 물질을 구성하는 입자의 크기에 따라 빛의 확산도가 달라지며 확산의 크기는 입자 직경의 제곱에 반비례한다. 확산이 크면 빛의 분산도 크게 일어난다. 입자의 크기가 0.1㎛ 정도일 때 분산이 가장 크게 일어나며 입자의 크기가 0.1㎛보다 클 때에는 주로 반사나 굴절이 일어난다.

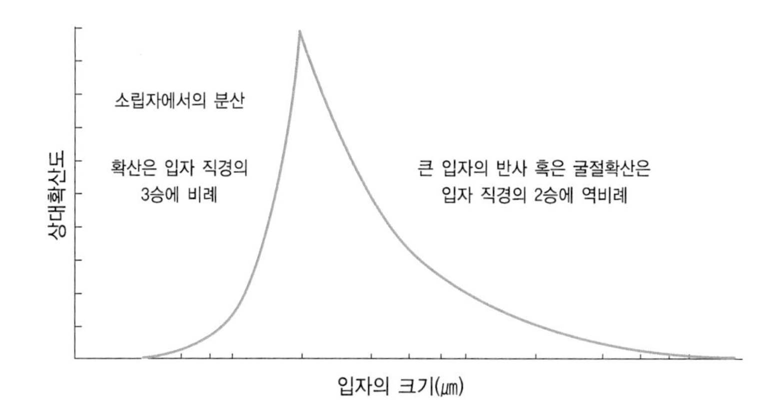

그림4-3
조사물질의 입자 크기와 빛의 분산과의 관계

(5) 흡 수

빛이 조사되면 물체는 특정 파장의 빛을 선택적으로 흡수하는데 이때 그것에 해당하는 보색을 나타내게 된다. 그림 4-4에서 서로 마주보고 있는 색은 보색관계에 있다. 예를 들어 흡수되는 파장의 색이 노란색이면 그 노란색과 보색관계에 있는 남색으로 보인다.

표 4-1은 각 파장에 따라 흡수되는 용액의 색과 이때 눈에 보이는 용액의 색을 제시하고 있다.

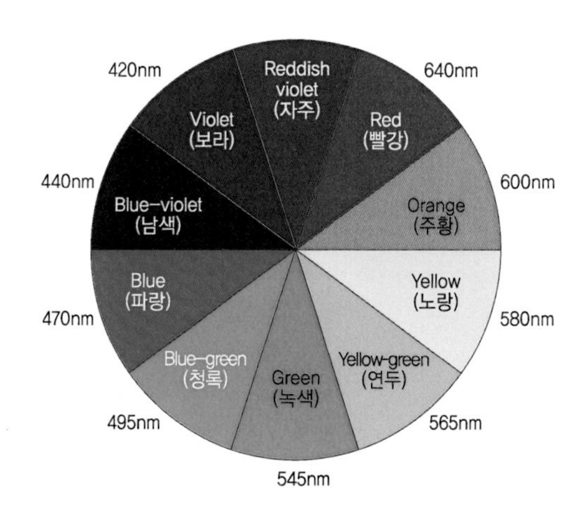

그림4-4
뉴턴의 색깔원

파장(nm)	흡수되는 용액의 색	보이는 용액의 색
400~465	Violet	Yellow-green
465~482	Blue	Yellow
482~487	Greenish blue	Orange
487~493	Blue-green	Red-orange
493~498	Bluish green	Red
498~530	Green	Red-purple
530~559	Yellowish green	Reddish purple
559~571	Yellow-green	Purple
571~576	Greenish yellow	Violet
576~580	Yellow	Blue
580~587	Yellowish orange	Blue
587~597	Orange	Greenish blue
597~617	Reddish orange	Blue-green
617~780	Red	Blue-green

표4-1
파장에서 흡수되는 용액의 색과 눈에 보이는 용액의 색

2) 색의 표시법

(1) CIE 표준색체계

① **표준광** 색의 감지를 위해서는 어느 수준 이상의 에너지를 가진 광원이 필요하다. 국제조명위원회(Commission Internationale de I'Eclairage, CIE)는 세 가지 광원의 기준 광량을 표 4-2와 같이 정하였다.

표준광	광 원
Illuminant A	백열램프(2854K)
Illuminant B	정오의 태양광(4780K)
Illuminant C	흐린 날의 밝기(6740K)

표4-2
CIE 표준광

② **CIE 표준색체계 원리** 가시광선의 파장에 대하여 인간의 망막이 반응하는 정도를 측정하여 적색, 녹색, 청색에 대한 감응관계를 보여주는 것을 표준관찰자곡선

(standard observer curve)이라고 한다. 또한 가시광선에 대하여 표준관찰자곡선과 같이 반응하는 필터를 $\overline{X}$(적색필터), $\overline{Y}$(녹색필터), $\overline{Z}$(청색필터)로 하고 물질로부터 반사되는 방사에너지 중에서 이들 필터를 투과하는 방사에너지의 크기를 숫자로 나타내는 것이 삼자극색도계(tristimulus colorimeter)의 원리이다.

CIE 표준색체계는 국제조명위원회에 의하여 정해진 것으로 모든 색을 적색(700nm), 녹색(516nm), 청색(435nm)의 세 가지 원색을 혼합하여 나타낼 수 있다는 원칙에 기초를 두고 있으며, 어떤 색을 나타낼 때 필요한 세 가지 원색의 상대적 비율을 삼자극값(tristimulus value)이라고 한다.

원색인 적색, 녹색, 청색을 X, Y, Z로 표시하면 어떤 색에 있어서 원색의 비율은

$$x = \frac{X}{X+Y+Z} \times 100 \quad y = \frac{Y}{X+Y+Z} \times 100 \quad z = 1-(x+y)$$

로 나타낼 수 있다. x와 y의 양을 색도좌표(chromaticity coordinates)라고 부르며 z값은 z=1−(x+y)로 계산될 수 있다. CIE 색도도는 그림 4-6과 같다.

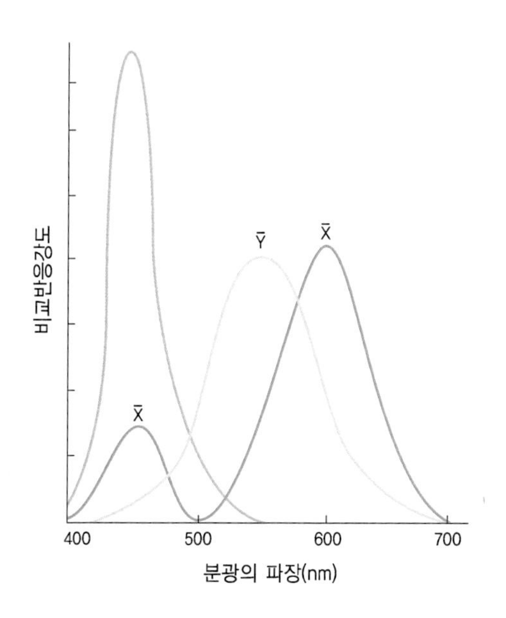

그림4-5
표준관찰자곡선

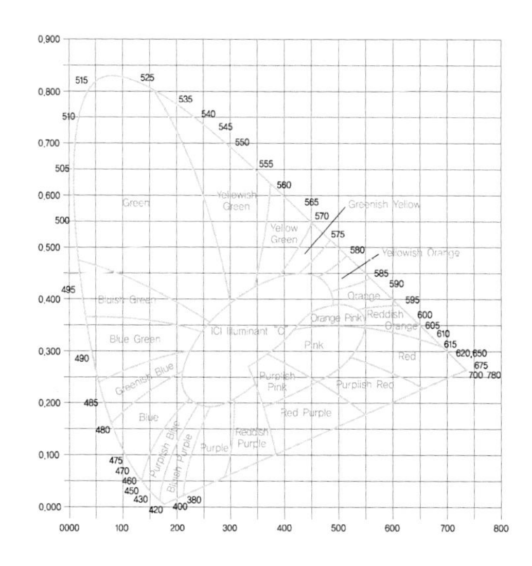

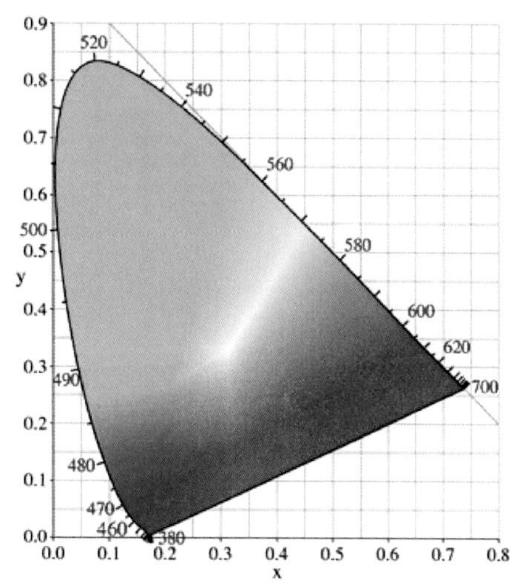

그림4-6
CIE 색도도

(2) 먼셀 색체계

먼셀(Munsell) 색체계는 프랑스의 화가 Munsell이 고안한 것으로 먼셀 색체계의 기본은 색상(hue), 채도(chroma), 명도(value)의 3요소로 구성되어 있다. 먼셀의 색입체는 그림 4-7과 같으며, 색상은 원주에 10가지 색이 배열되고 기본색은 빨강(red), 노랑(yellow), 초록(green), 파랑(blue), 보라(purple)로 이들 사이에 5가지 중간색인 YR, GY, BG, PB, RP가 배열된다. 또한 각 색상을 다시 1에서 10까지 등분하여 영문자의 색상 앞에 표시한다. 명도는 중심의 세로축에 나타내며 하단의 검은색(0)에서 상단의 백색(10)으로 나타낸다(그림 4-8). 채도는 원의 중심으로부터 떨어진 거리에 따라 회색의 정도가 달라지며 바깥쪽으로 갈수록 채도가 증가한다.

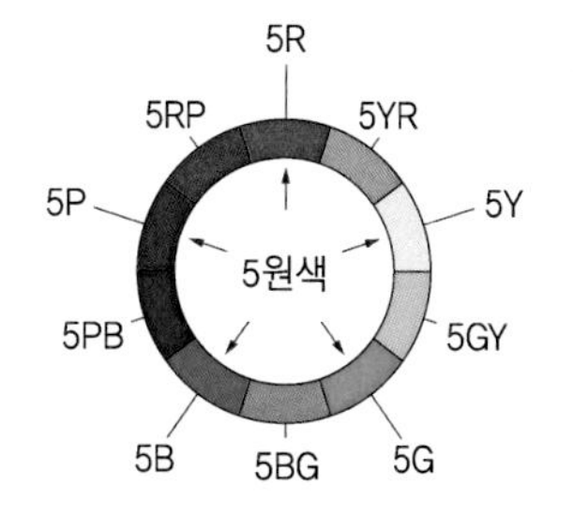

그림4-7
먼셀의 색상환

먼셀의 색체계에서는 색을 H V/C로 나타낸다. 즉, 색상(H)을 나타내는 숫자와 영문, 명도(V), 채도(C)의 숫자로 색을 표시한다. 예를 들어 5R 6/8은 5R의 빨강에 명도는 6, 채도는 8인 밝은 빨간색을 나타낸다.

TIP

색의 3요소

- 색상(hue) : 어떤 빛깔을 다른 빛깔과 구별하는 데 근거가 되는 특성으로 특정 파장의 빛을 선택적으로 반사하여 특정한 색을 나타내게 되는데 이를 색상이라고 함
- 명도(value) : 물체에서 색의 명암을 나타내는 것으로 모든 파장의 빛을 전부 반사하면 백색, 모든 파장의 빛을 모두 흡수하면 검은색을 띠게 됨. 즉 파장의 종류와 관계없이 빛의 반사 정도를 나타내는 특성임
- 채도(chroma) : 색의 포화도(saturation)를 의미하는 것으로 총 반사된 빛 중에서 특정 파장의 빛이 반사되는 양을 말함

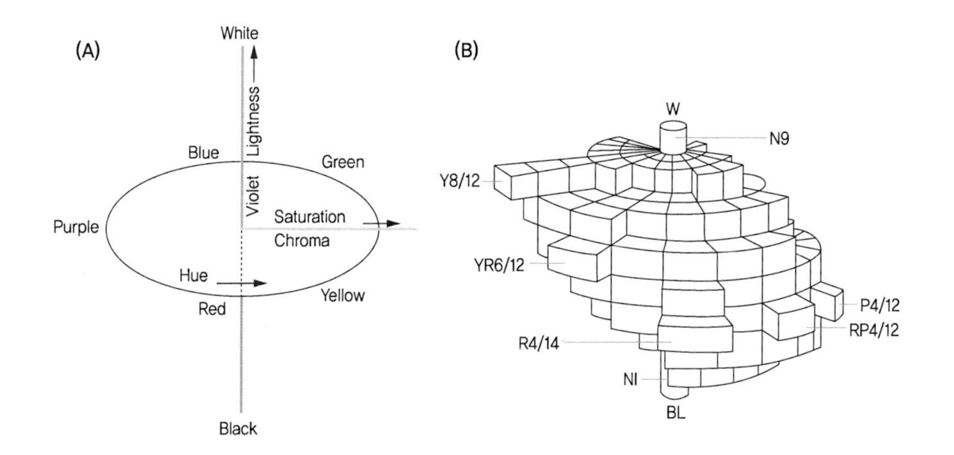

그림4-8 먼셀 색체계의 입체구조

먼셀의 색채기호에 따른 색조각(color chip)을 모아 표준색표집으로 사용하고 있다. 그러나 색의 종류는 무한대이므로 먼셀의 색채기호로 모든 색을 표시할 수는 없다. 따라서 색조각에 나타나지 않는 색은 인접한 색조각들을 비교해 더 세분화하여 표시하거나 색조각의 혼합색을 만들어 표시할 수 있으며, 먼셀의 색채기호는 CIE 색체계의 X, Y, Z값으로 환산할 수 있다.

우리나라에서는 1,519가지의 표준색에 대해 국제적으로 통용되는 색좌표에 따라 색상의 오차범위를 최소화하고 색채를 정확히 비교할 수 있도록 바탕색을 선정해 한국표준색표집을 제작하였다.

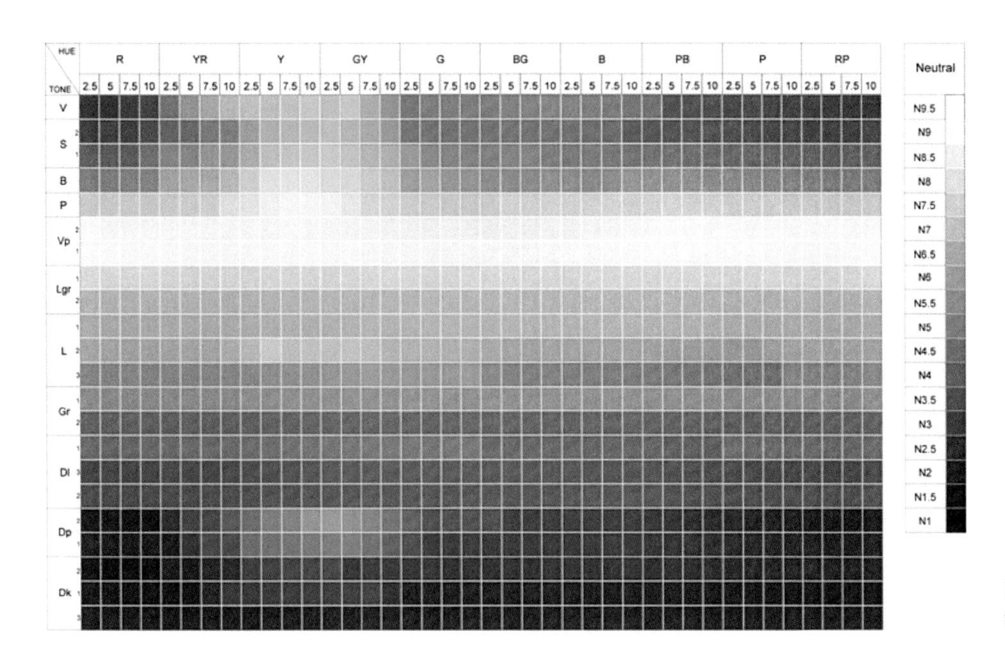

그림4-9
한국표준색도

(3) 헌터 색체계

헌터(Hunter) 색체계는 L, a, b값으로 표시하며 그림 4–10과 같이 나타낼 수 있다. L값은 명도를 나타내며 흑색의 0에서 백색의 100까지로 나타내고 a값은 적색이 진할수록 0에서부터 +100으로 증가하며, 녹색이 진할수록 0에서부터 –80으로 감소한다. 또한 b값은 황색이 진할수록 0에서 +70으로 증가하고, 청색이 진할수록 0에서 –70으로 감소한다.

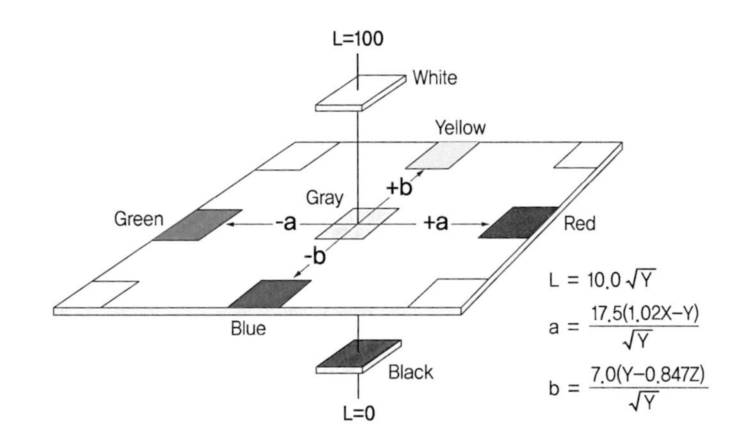

그림4-10
헌터 L, a, b 색체계

헌터 색체계의 값들은 아래의 식에 의해 CIE 표준색체계의 X, Y, Z로 환산할 수 있다.

$$X = 0.9804(Y + \frac{0.01aL}{175})$$

$$Y = (0.01L)^2$$

$$Z = 1.181(Y - \frac{0.01bL}{70})$$

또한 헌터 색체계의 값들은 먼셀 색체계의 값으로도 환산할 수 있다.

두 가지 색 차이의 정도를 정량적으로 표시하기 위해서 색차지수인 ΔE값을 사용하며 헌터 색체계에서는 색차지수를 다음과 같이 구할 수 있다.

$$\Delta E = \sqrt{\Delta L^2 + \Delta a^2 + \Delta b^2}$$

ΔE: 색차지수

$\Delta L, \Delta a, \Delta b$: 색표준 도자기판을 기준으로 한 시료의 L, a, b값

색차지수값이 0.5 미만이면 거의 색 차이가 없는 것이고, 0.5~1.5이면 근소한 색 차이를 나타내며 1.5 이상이 되면 감지할 수 있는 색 차이를 나타내는 것이다.

2. 식품의 향미 평가

1) 냄새 성분의 평가

식품이 가지고 있는 냄새 성분을 분석하기 위해서 가스크로마토그래피(Gas Chromatography, GC), 핵자기공명분광기(Nuclear Magnetic Resonance, NMR), 질량분석기(Mass Spectrometry, MS), 전자코(Electronic Nose) 등 여러 가지 기기들이 이용된다. 가스크로마토그래피를 통해 분리된 성분은 NMR과 MS 등을 병행하여 화학적 구조를 동정할 수 있다.

(1) 가스크로마토그래피

식품의 냄새 성분 분석 시 가장 널리 사용되는 기기 분석법으로 미량 성분의 분석도 가능하다. 식품에 들어 있는 냄새 성분들은 대부분이 미량이므로 이를 분석하기 전에 식품으로부터 추출하여 농축하는 과정을 거친다. 시료를 가스크로마토그래프(Gas chromatograph)에 주입하여 성분들을 분리하고, 표준물질이나 다른 기기분석을 함께 이용하여 각 성분을 동정하게 된다.

① 가스크로마토그래피의 원리 가스크로마토그래프에서는 이동상(mobile phase)으로 가스가 사용되며, 고정상(stationary phase)으로는 충전재가 들어있는 컬럼을 사용한다. 시료가 가스크로마토그래프의 컬럼을 통과하면서 시료의 각 성분은 고정상인 충전물질과의 친화력 차이에 의해 분리되어 다른 머무름 시간(retention time)에서 피크를 나타낸다. 분리된 각각의 피크는 표준물질과 비교하여 확인하거나, GC-MS(Gas chromatography-Mass Spectrometry), 적외선 분광기(Infrared Spectroscopy), NMR 등의 분석을 함께 수행하여 분자구조를 확인할 수도 있다.

② 가스크로마토그래프의 구조 가스크로마토그래프에서 운반 기체(carrier gas)는 시료를 이동시켜 주는 이동상으로 작용하며 많이 사용되는 운반 기체로는 헬륨, 질소, 수소, 아르곤 등이 있다. 운반 기체는 순도가 높고 건조한 것으로 불활성의 성질을 가지고 있어야 한다. 시료를 주입하는 곳을 시료 주입구(injector)라 하며 시료 주입구에 주입된 시료는 열에 의해 기화되어 컬럼으로 이동한다.

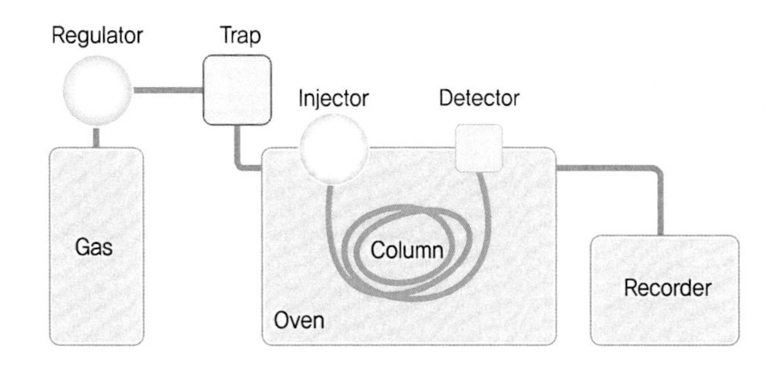

그림4-11 가스크로마토그래프의 구조

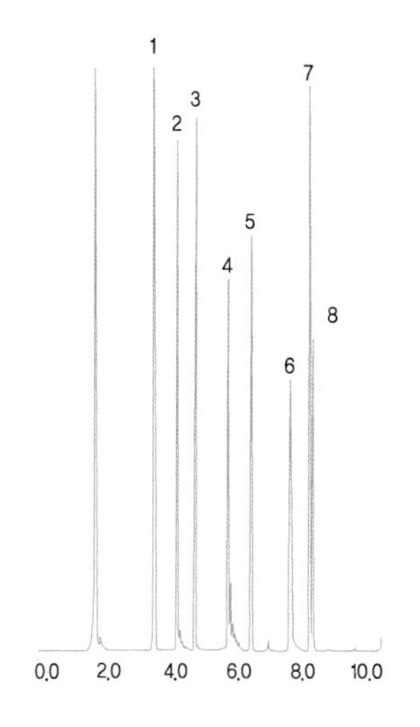

1. Ethyl caproate
2. C-8 aldehyde
3. Ethyl heptoate
4. C-9 aldehyde
5. Ethyl caprylate
6. C-10 aldehyde
7. Benzaldehyde
8. Ethyl Pelargonatd

그림4-12
알데히드류의
가스크로마토그램 예

시료 주입구를 통해 들어온 시료는 컬럼을 이동하면서 각 성분으로 분리된다. 분리된 성분은 검출기(detector)에 의해 전류값으로 기록된다. 검출기의 종류로는 FID(Flame Ionization Detector), TCD(Thermal Conductivity Detector), ECD(Electron Capture Detector), MSD(Mass Selective Detector) 등이 있다. 검출기에서 분리된 성분들은 recorder를 통해 크로마토그램으로 나타난다.

(2) 전자코

GC나 GC-MS는 식품의 냄새 성분을 각각 분석할 수는 있으나 각 성분들의 상호 작용에 의한 냄새의 특성을 표현할 수 없는 단점을 가지고 있다. 전자코는 인간의 후각 감지 시스템을 모방하여 만든 기기로서, 화학적 신호를 고성능 복합 다중센서배열(multisensor arrays)을 사용하여 냄새 성분들을 전기화학적 신호로 나타내 냄새를 분석할 수 있는 장치이다.

전자코는 1980년대 영국의 Warwick 대학에서 처음 개발되었으며, 음료, 주류 등 각종 식품의 냄새 성분을 분석하는 데 이용되고 있다. 전자코는 분석 시 시료의 전처리 과정이 필요하지 않고, 패턴 분석을 통하여 신속하게 냄새를 평가할 수 있다는 장점을 가지고 있다.

전자코는 사람의 후각 수용체에 해당하는 가스 센서와 이를 인지하는 과정에 해당하는 분석 시스템을 가지고 있다. 냄새 검출을 위한 센서 종류로는 금속산화물(metal oxide, MO) 센서, 전도성 고분자(conducting polymer, CP) 센서, 표면 탄성 파소자(surface acoustic wave, SAW) 센서, 수정 진동자(quartz crystal microbalance, QMB) 센서 등이 있다. MO 센서는 기기가 작동하면 산소가 센서에 접촉하여 전기전도도가 상승하는데 냄새 성분에 환원성 물질이 포함되어 있으면 전기전도도의 상승이 감소하는 원리를 이용한 것이다. MO 센서는 감도가 높고 소형화가 가능한 장점을 가지나 황화합물이나 산에 의해 손상을 입을 수 있으며 에탄올에 민감하며 시료에 에탄올 성분이 있을 경우 다른 성분의 검출이 어려운 단점을 가진다. CP 센서는 고분자 물질, 용매, 이온 등의 변화에 따라 달라지는 선택성을 센서의 저항으로 나타내 시료간의 차이를 보여준다. CP 센서는 실온에서 작동하며 성분에 대한 선택성이 큰 장점을 가지나 온도와 습도에 민감하다. QMB 센서는 진동하고 있는 수정체에 냄새성분들이 흡착되면서 진동수의 변화가 일어나는 것을 기초로 하고 있다. SAW 센서와 QMB 센서는 선택성이 매우 우수하며 1ng까지 측정이 가능하다. 전자코의 패턴인식 방법으로는 다변량 통계분석과 인공신경망 방법이 사용되며 많은 데이터를 가지고 있어야 시료 간의 차이를 판별할 수 있다.

2) 맛 성분의 평가

사람이 감지하는 맛 성분을 객관적으로 평가하기 위하여 기기를 이용한 여러 가지 방법들이 사용되고 있다.

(1) 단맛의 평가

빛이 당 용액을 통과할 때 굴절되는 원리를 이용하여 굴절계(refractometer)로 당도를 측정할 수 있다. 단위는 Brix이며 hand refractometer, Abbe 굴절계 등이 있다.

(2) 짠맛의 평가

식품에 짠맛을 주는 NaCl의 농도를 측정하기 위해 염도계나 비중계를 사용한다. 염분의 화학적 정량법으로는 Mohr법에 의해 염소이온을 정량하는 방법과 불꽃 분광

광도계(flame photometer)로 나트륨 이온의 농도를 측정하는 방법이 있다.

(3) 신맛의 평가

식품의 신맛을 평가하기 위해 산도(acidity)를 많이 사용하는데 이는 중화적정할 때 소비되는 알칼리 용액의 양을 구연산, 젖산, 주석산 등의 값으로 환산하여 표시하는 방법이다.

산 용액의 신맛은 주로 수소이온에 의해 나타내나 신맛과 수소이온농도(pH)가 반드시 일치하는 것은 아니다. 산의 농도가 동일할 때는 강산이 약산에 비해 더 강한 신맛을 나타내나, 같은 수소이온농도에서는 유기산이 무기산보다 더 강한 신맛을 나타낸다. 무기산은 해리상수가 커서 용액 중에서 대부분 해리되어 수소이온농도는 높으나 혀에 접촉하면 바로 중화되기 때문에 신맛이 빨리 없어진다. 그러나 유기산의 경우에는 무기산과 동일한 수소이온이 되기 위해서는 더 많은 몰 수의 산을 녹여야 하며, 유기산의 해리상수는 작으나 혀에 접촉된 수소이온이 중화되고 난 후에도 해리되지 않았던 산이 계속 해리되어 수소이온에 의해 신맛이 나타난다.

(4) 쓴맛의 평가

식품에서 쓴맛을 나타내는 성분은 매우 다양하기 때문에 한 가지 물질만을 측정하여 쓴맛의 정도를 나타내기는 어렵다. 일반적으로 무기염, 알칼로이드, 일부 아미노산, 일부 펩타이드 등이 쓴맛을 가지고 있다고 알려져 있어 이들 성분들을 분석하여 쓴맛 성분을 확인할 수 있다.

(5) HPLC를 이용한 맛 성분의 분석

위에서 언급한 기본 맛 외에 식품에서 맛을 나타내는 당 등의 개별 성분을 분석하기 위해서 고속액체크로마토그래피(High Performance Liquid Chromatography, HPLC)가 이용된다.

① HPLC의 원리 HPLC는 혼합물에서 물질을 분리하는 원리를 가진 크로마토그래피

의 한 종류로 이동상으로 액체를 사용하고, 고정상으로 충진제를 넣은 컬럼을 사용한다. HPLC는 상온에서 분리하기 때문에 열변성이나 열분해에 민감한 시료에도 적용할 수 있으며, 휘발성이 없는 분자량이 큰 물질의 분석에도 사용할 수 있다. 시료를 HPLC로 분석하면 성분들이 피크로 나타나는데 이때 각 피크를 분취하고 이를 농축하여 MS나 NMR로 분석함으로써 성분의 구조를 확인할 수 있다.

② HPLC의 구성 HPLC는 용매전달장치, 시료주입기, 컬럼, 검출기, 기록기로 구성되어 있다. 용매전달장치는 HPLC에 용매를 계속적으로 공급하는 장치로 용매의 흐름을 조절한다. 시료는 시료주입기를 통해 주입되며 충진제가 채워진 컬럼에서 물질의 분리가 이루어진다. 컬럼을 통과한 물질은 검출기에서 인지되어 전기적 신호로 전환되고, 기록기는 검출기에서 나온 전기적 신호를 크로마토그램으로 나타낸다. 시료에 들어있는 성분들은 머무름 시간(retention time)이 다른 피크로 나타나는데 크로마토그램 피크의 높이나 면적으로 성분을 정량할 수 있다.

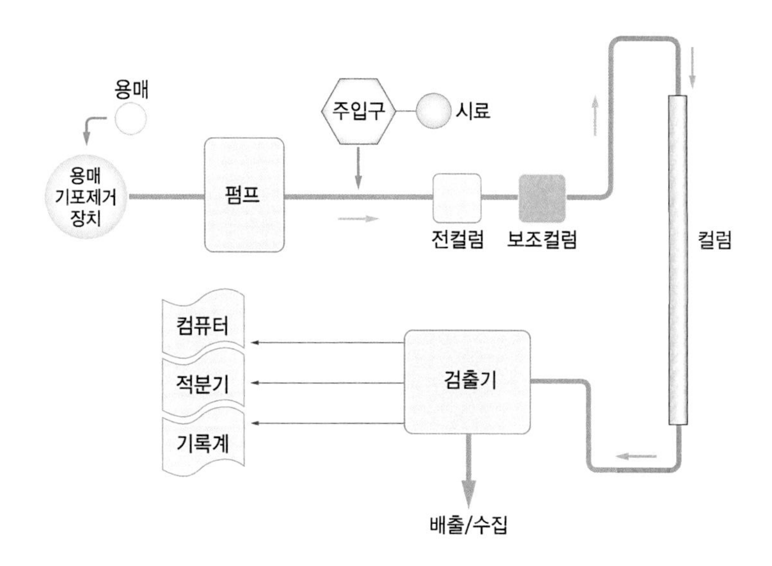

그림4-13
고속액체크로마토그래피(HPLC)의 구성도

(6) 전자혀

인간이 감지하는 맛을 판별할 수 있는 기능을 가진 전자혀를 이용하여 객관적이고 연속적으로 맛을 분석할 수 있다. 전자혀는 맛을 감지하는 인공수용체인 미각 센서를 이용하여 인간의 혀를 모방한 전자장치로, 맛을 내는 분자와 미각 센서가 결합할 때 발생하는 전기신호를 데이터 인식 처리 장치를 통해 맛을 판별한다. 미각 세포와 그래핀을 이용한 장치, 초박막고분자와 이온을 함유한 장치, 전도성 고분자 나노튜브를 트랜지스터로 이용한 장치 등 다양한 기술을 이용한 전자혀가 개발되었다. 전자혀의 센서는 감도가 매우 높아 인간의 혀보다 수천에서 수만 배 이상 민감하게 맛을 감지하고 맛을 정량적인 수치로 표현할 수 있다는 장점을 갖는다. 전자혀를 이용하여 맛 차이를 평가할 수 있으며, 불쾌감이나 안전성 문제로 사람이 맛을 보기 어려운 물질에 대해서도 분석이 가능하므로 식품의 품질관리와 적합성 등을 판단하는 데 유용하게 활용될 수 있다.

3. 식품의 점성 평가

1) 뉴턴성 유체와 비뉴턴성 유체의 특성

점도(viscosity)란 액체에 힘을 주었을 때 그 힘에 대한 액체 흐름의 저항력을 말한다. 즉 액체가 일정한 방향으로 운동하고 그 흐름에 수직인 방향에 속도의 차이가 있을 때 흐름에 평행한 평면의 양측에 내부 마찰력이 생긴다. 액체식품들은 구성하고 있는 성분과 농도에 따라 각각 다른 흐름 특성을 가진다. 예를 들어 물, 우유, 식초 등은 숟가락으로 떠서 흘릴 때 쉽게 흘러내리지만, 꿀, 시럽, 기름 등은 잘 흘러내리지 않는다. 실제로 유체의 흐름은 쌓여 있는 분자들이 층층이 밀려 움직이는 것인데 이를 층밀림(shearing) 또는 전단이라고 한다. 또한 이런 층밀림을 일으키도록 작용하는 힘을 층밀림 응력(shear stress) 또는 전단력이라고 하며 이는 흐름에 평행한 평면의 단위 면적당 내부 마찰력이다. 층밀림이 일어나는 속도를 층밀림 속도(shear rate, rate of shear) 또는 전단 속도라고 한다.

외부에서 가해지는 층밀림 응력에 비례하여 액체의 층밀림 속도가 같은 비율로 증감할 때 이를 뉴턴성 유체(Newtonian fluid)라 하며 액체에 가해지는 힘과 흐름의 변화가 비례적이지 않은 경우 이를 비뉴턴성 유체(non-Newtonian fluid)라 한다.

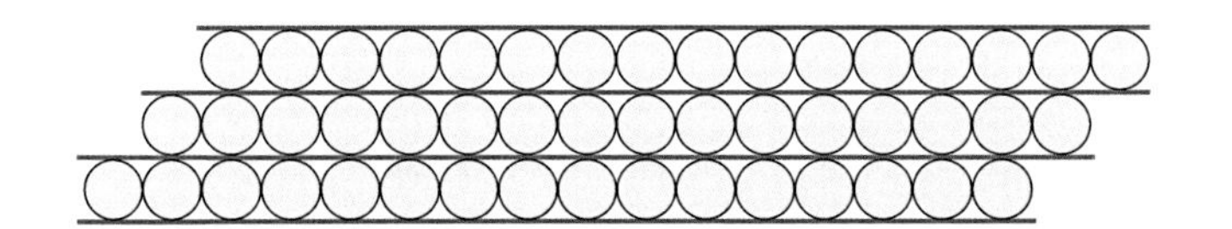

그림4-14
뉴턴성 유체의 기하학적 유동 특성(층밀림)

(1) 뉴턴성 유체

뉴턴성 유체는 층밀림 응력이 증가함에 따라 층밀림 속도가 일정하게 증가하는 유체로서 층밀림 응력과 층밀림 속도는 비례관계에 있으며, 이때의 비례계수가 점도이다. 즉, 뉴턴성 유체의 점도는 흐름에 대한 저항을 나타내는 수치로 전단 속도와 상관없이 일정하다.

$$\tau = \eta \times \dot{\gamma}$$

τ : 층밀림 응력(shear stress, dyne/cm^2)
η : 절대 점도(absolute viscosity, dyne×sec/cm^2, poise)
$\dot{\gamma}$: 층밀림 속도(shear rate, sec^{-1})

뉴턴성 유체는 층밀림 속도가 변해도 항상 일정한 점도를 갖는다. 균일한 상태의 용액으로 물, 농도가 낮은 설탕용액, 시럽, 식용유 등이 뉴턴성 유체에 속한다.

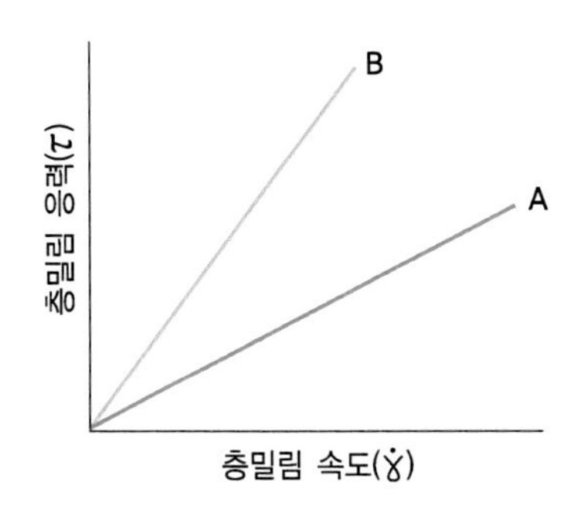

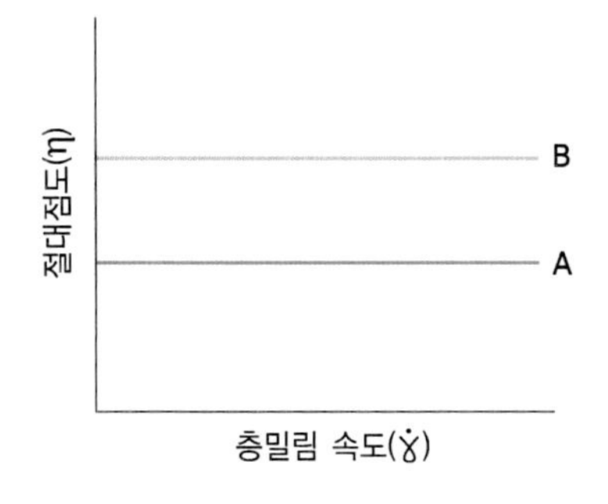

그림4-15
뉴턴성 유체의 유동 특성

(2) 비뉴턴성 유체

비뉴턴성 유체의 층밀림 속도는 층밀림 응력에 비례하지는 않으며 이들 사이는 곡선관계로 나타난다. 비뉴턴성 유체의 점도는 층밀림 속도에 따라 변하므로 비뉴턴성 유체에서는 점도라는 용어 대신 일정한 층밀림 속도에서 측정한 겉보기 점도(apparent viscosity, η_a)를 사용한다. 비뉴턴성 유체에는 빙검가소성(Bingham plastic), 의가소성(pseudoplastic), 딜라탄트(dilatant) 유체가 있다.

$$\tau = k \times \dot{\gamma}^n + \tau_0$$

τ : 층밀림 응력(shear stress, $dyne/cm^2$)
k : 점조도 지수(consistency coefficient)
$\dot{\gamma}$: 층밀림 속도(shear rate, sec^{-1})
n : 유동성 지수(flow behavior index)
τ_0 : 항복치(yield value)
$\tau_0 = 0$이며 $n > 1$: dilatant　$n < 1$: pseudoplastic　$n = 1$: Newtonian
$\tau_0 > 0$이며, $n = 1$: Bingham plastic

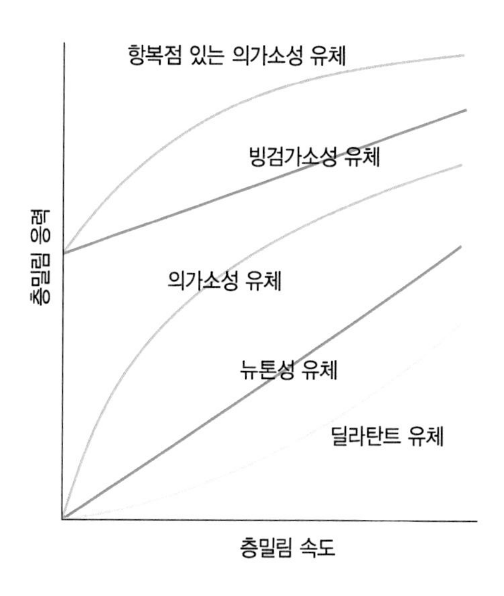

그림4-16
유체 종류에 따른 전단응력과 전단 속도

① **빙검가소성 유체**　빙검가소성 유체는 일정한 크기의 전단력이 작용할 때까지는 변형이 일어나지 않으나 그 이상의 전단력이 작용하면 뉴턴성 유체와 같은 직선관계를 나타낸다. 유체의 흐름이 일어날 때까지의 층밀림 응력의 크기, 즉 유체 흐름에 필요

한 최소한의 층밀림 응력을 항복치(τ_0, yield value, yield strength)라고 한다. 토마토 케첩이나 마요네즈 등은 빙검가소성 유체에 속한다.

② 의가소성 유체 의가소성 유체는 항복치를 나타내지 않으며 겉보기 점도는 초기에는 층밀림 응력의 함수로 층밀림 속도의 증가율에 대하여 층밀림 변형률의 증가율이 높으나, 증가 비율은 층밀림 속도에 따라 점점 감소한다. 즉, 층밀림 속도가 증가함에 따라 점도가 감소하는 shear-thinning 현상을 보이는 유체로서 유동지수 n은 1보다 작다. 또한 의가소성 유체에서는 낮은 층밀림 속도 영역에서 층밀림 속도와 층밀림 응력이 거의 정비례하는 것으로 나타나는데 이 영역을 뉴턴영역이라고 한다. 샐러드 드레싱, 채소 스프, 각종 소스, 토마토 퓨레 등이 여기에 속한다.

③ 딜라탄트 유체 딜라탄트 유체는 층밀림 응력이 증가함에 따라 전단속도가 증가하는 현상을 보인다. 층밀림 속도의 증가폭에 대한 층밀림 응력의 증가폭이 작으며, 층밀림 응력의 증가 비율은 전단 속도에 따라 점차 증가한다. 딜라탄트 유체는 교반을 중단하면 원래의 점도로 돌아가는 성질을 갖고 있으며 유동지수 n은 1보다 크다. 딜라탄트 유체의 예로서는 40~70%의 전분 현탁액, 초콜릿 시럽 등이 있다.

2) 시간비의존성 유체와 시간의존성 유체의 특성

액체의 흐름과 시간 사이의 관계에 따라 유체를 시간비의존성 유체(time independent fluid)와 시간의존성 유체(time dependent fluid)로 분류할 수 있다. 시간의존성 유체는 틱소트로픽(thixotropic, 의액성), 레오펙틱(rheopectic), 쉐어티닝(shear thinning), 쉐어티크닝(shear thickening) 유체로 나눌 수 있다.

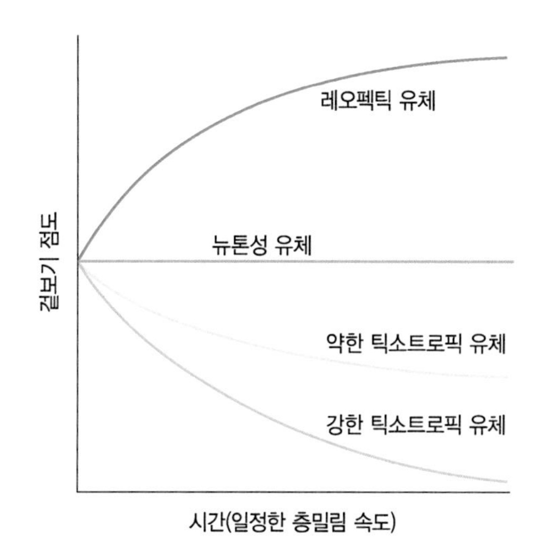

그림4-17
시간의존성 유체의 유동특성

① **틱소트로픽 유체** 틱소트로픽 유체의 겉보기 점도는 층밀림 응력에 따라 변하지만 시간에 따라서도 변한다. 틱소트로픽 유체는 층밀림 속도가 증가함에 따라 겉보기 점도가 감소하나 외부에서 힘이 중지되면 다시 원상태로 되돌아온다. 그러나 원상태로 돌아올 때는 같은 경로를 거치지 않고 히스테리시스(hysterisis) 곡선을 나타낸다(그림 4-18). 틱소트로픽 액체의 예로는 토마토케첩이나 마요네즈를 들 수 있는데 이들은 병에 담아 둔 채 오래 두면 병을 기울여도 잘 흘러나오지 않으나 병을 흔들어 준 후에 기울이면 쉽게 흘러나온다. 그러나 이것을 다시 오래 정치해 두면 유동하기 어려운 상태로 된다.

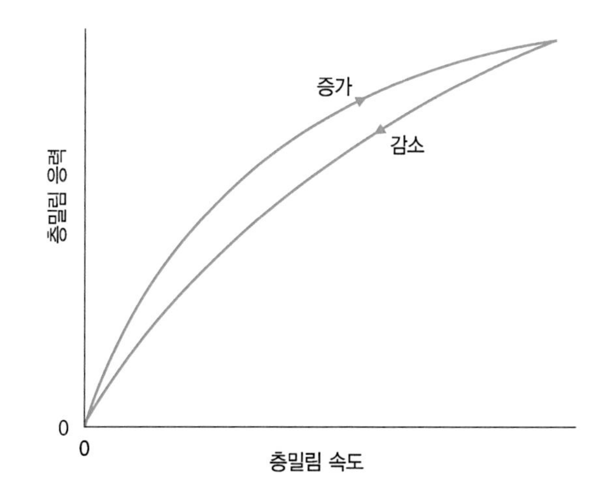

그림4-18
틱소트로픽 유체의 히스테리시스 곡선

② 레오펙틱 유체 틱소트로픽 유체와는 반대로 시간이 경과함에 따라 겉보기 점도가 증가하는 성질을 보이는 액체로 이 변화는 가역적이다. 즉 이 액체는 정치시켜 놓으면 본래의 겉보기 점도로 돌아간다. 이러한 형태의 유체는 식품에서 보기 어렵다.

③ 쉐어티닝 유체 쉐어티닝 유체는 시간이 지남에 따라 겉보기 점도가 감소하는 형태의 액체로 이 변화는 비가역적이다. 일부 검 용액과 전분 페이스트가 이 형태에 속한다.

④ 쉐어티크닝 유체 쉐어티크닝 유체는 시간이 지남에 따라 겉보기 점도가 증가하는 형태의 액체로 이 변화는 비가역적이다. 즉 액체는 시간이 지나도 점도가 증가한 상태로 남아 있다. 쉐어티크닝 유체의 예로는 달걀 흰자나 헤비 크림(heavy cream)에 거품을 내면 거품이 굳어질 때까지 점도가 증가하는 것을 들 수 있다.

3) 점도의 표시

점도의 단위로는 포아즈(poise)를 사용하며, 1포아즈는 1dyne·s/cm^{2}이고 1센티포아즈(1cP)는 1/100포아즈이다. 20.5℃에서 순수한 물의 점도는 1.00cP이다. 점도의 역수를 유동도라 하고 액체가 흐르기 쉬운 정도를 나타낸다. 유동도의 단위로 rhe를 사용한다(rhe=1/(Pa·s)).

(1) 절대점도

절대점도(absolute viscosity)는 보통 η로 표시하는데, 액체의 내부마찰 또는 흐름을 저항하는 경향을 나타내며 중력에 관계없이 측정되는 점도로 뉴턴성 유체에서 나타나는 점도이다.

(2) 겉보기 점도

비뉴턴성 유체의 점도는 층밀림 속도에 따라 여러 가지로 변화하므로 이를 겉보기 점도(apparent viscosity)라 한다. 겉보기 점도는 비뉴턴성 유체를 뉴턴성 유체처럼 생각하고 점도를 계산한 것으로 η_{app}로 표시하며, 층밀림 응력을 이것에 대응하는 층밀림 속도로 나누어 구한다. 유체의 층밀림 속도와 층밀림 응력의 비율이 일정하지 않아 겉보기 점도는 측정에 사용되는 층밀림 응력 또는 층밀림 속도의 값과 함께 표시한다. 층밀림 속도와 겉보기 점도의 관계가 얻어지면 비뉴턴성 액체의 유동특성을 알 수 있다.

(3) 운동성 점도

운동성 점도(동점도, kinematic viscosity)는 액체의 점도(η)를 밀도(ρ)로 나눈 값으로 단위는 stokes(cm^2/sec)이다. 중력이 존재하여 나타내는 점도로서 주로 모세관 점도계로 측정하며 1Stokes(St)=100cSt(centistokes)이다.

$$v = \frac{\eta}{\rho}$$

v : 운동성 점도, η : 점도, ρ : 밀도

(4) 상대점도

상대점도(relative viscosity)란 순수용매의 점도(η_0)에 대한 용액의 점도(η)를 나타낸 값이며 점도의 증가를 나타낼 때 사용한다.

$$\eta_r = \frac{\eta}{\eta_0} = 1 + a\varphi_1 + b\varphi_2 + c\varphi_3 + \cdots\cdots$$

η_r : 상대점도
η : 용액의 점도
η_0 : 순수용매의 점도
φ : 분산질의 체적 분률
a : 분산입자의 형태인자(완전 구일 때 2.5)
b, c : 분산입자 상호 간의 작용상수(일반적으로 무시)

(5) 비점도

비점도(specific viscosity)는 기준물질의 점도에 대한 특정 액체의 점도의 비율을 나타내는 것으로 η_{sp}로 표시한다. 예를 들면 용액의 점도가 η이고 순수용매의 점도가 η_0일 때 상대점도는 η/η_0이며, 비점도는 $(\eta-\eta_0)/\eta_0$이다. 따라서 비점도는 단위가 없고 상대점도에서 1을 뺀 값과 같다. 예를 들면 20℃ 물의 점도인 1cP를 기준으로 했을 때 글리세롤의 비점도는 1.759이다.

(6) 고유점도

고유점도(intrinsic viscosity)는 용질입자 사이의 상호 작용을 없앴을 때의 점성계수로서 극한점도라고도 한다. 고유점도[η]는 다음과 같은 식에 의해 구한다.

$$[\eta] = \frac{5}{2}\left[\frac{1\left(\frac{2\eta_r}{5\eta_0}\right)}{1\left(\frac{\eta_r}{\eta_0}\right)}\right]$$

[η] : 고유점도, η_0 : 용매의 점도, η_r : 상대점도

4) 점성의 기계적 측정법

유체의 유동특성을 기계적으로 측정하는 방법에는 여러 가지가 있으며, 기계장치의 구조에 따라 그 측정값의 물리적 의미에 차이가 생긴다. 절대점도(absolute viscosity) 및 항복력(yield stress) 등은 물리적 수량으로 직접 표현될 수 있으나 일부의 비교 점조도(relative consistency)는 물리적 의미가 있는 값으로 환산하기 어렵다.

(1) 모세관 점도계

모세관 점도계(capillary viscometer) 사용 시에는 일정한 길이의 모세관에 일정한 부피의 액체가 흐르는 시간을 측정하여 점도를 측정할 수 있다. Hagen–Poiseuille 법칙에 따라 점도는 모세관 반지름의 4제곱(r^4)과 압력차(P), 유체의 흐르는 시간(t)

에 비례하며, 모세관 길이(L)와 단위시간 내에 흐른 액체의 부피(V)에 반비례한다.

$P=hg\rho$(h : 액체의 높이, g : 중력가속도, ρ : 액체의 밀도)이므로 다음과 같은 식이 성립한다.

$$\eta = \frac{\pi r^4 Pt}{8LV} = \frac{\pi r^4 \rho ght}{8LV}$$

이 공식에 의해서 유체의 절대점도를 구할 수는 있으나 모세관 반지름, 압력차, 용액의 밀도 등을 정확하게 알아야 하므로 사용이 복잡하고 불편하다. 따라서 점도계를 제작하는 회사에서 $\pi r^4 pgh/8LV$를 미리 계산하여 상수(B)로 제공하는 표시점도계(calibrated viscometer)를 사용하면 좀 더 편리하게 점도를 측정할 수 있다.

$$\eta = \frac{\pi r^4 \rho gh}{8LV} \times t = B \times t$$

모세관 점도계를 이용하여 물과 같이 이미 점도를 알고 있는 액체를 기준액체로 하여 다른 액체 시료의 흐르는 시간과 시료의 흐르는 시간을 비교함으로써 비교점도를 계산할 수 있다. 액체가 흐르는 시간은 액체의 점도에 비례하고 밀도에 반비례한다. 또한 액체가 모세관을 흘러가는 시간은 모세관 직경 크기에 의존한다.

$$\frac{\rho_1 t_1}{\rho_2 t_2} = \frac{\eta_1}{\eta_2}$$

ρ_1 : 시료의 밀도 ρ_2 : 기준 액체의 밀도
t_1 : 시료 통과시간 t_2 : 기준 액체의 통과시간
η_1 : 시료의 점도 η_2 : 기준 액체의 점도

모세관 점도계를 사용할 때는 모세관을 잘 세척하여 액체의 흐름에 방해가 되는 물질이 남아있지 않도록 주의해야 한다.

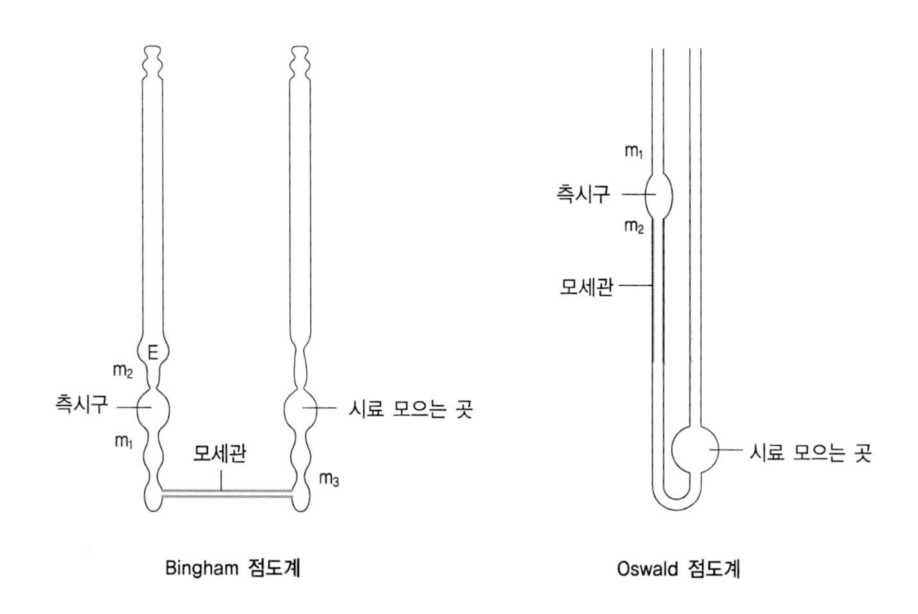

그림4-19
모세관 점도계

(2) 원통형 회전점도계

원통형 회전점도계는 액체 내부에서 일정한 각속도로 회전하는 로터에 작용하는 힘(토크; torque)을 용수철의 비틀리는 정도로 검출하여 점도를 측정하는 기구이다. 원통형 회전점도계에는 단일원통형 회전점도계와 공축이중원통형 회전점도계가 있다.

① **단일원통형 회전점도계** 단일원통형 회전점도계는 액체 속에서 원통형의 모터를 일정한 속도로 회전시킬 때의 토크를 측정하여 점도를 구하는 점도계이다. 미리 점도계교정용 표준용액을 사용하여 시험적으로 장치정수를 구해 액체의 점도를 구한다.

② **공축이중원통형 회전점도계** 공축이중원통형 회전점도계는 같은 중심축을 갖는 안쪽통과 바깥통 사이에 액체시료를 넣고 안쪽통 또는 바깥통을 일정 속도로 회전시킬 때 원통 사이에 전달되는 점성에 의한 토크를 측정하여 점도를 구하는 점도계이다.

원통형 회전점도계는 원추평판형 회전점도계보다 시료를 다소 많이 요구하지만

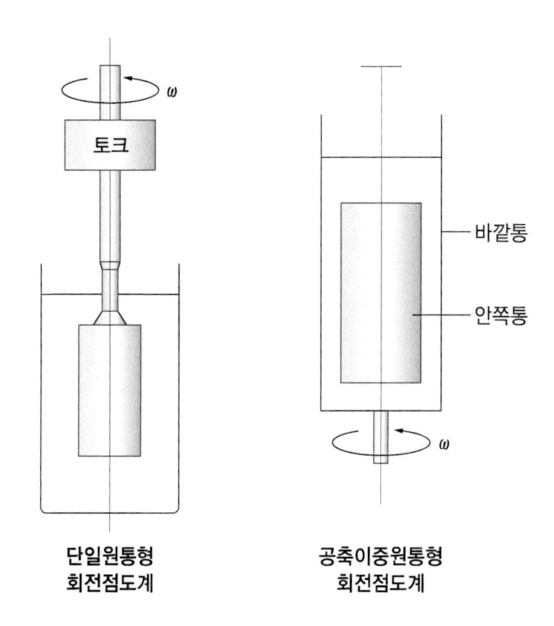

그림4-20
원통형 회전점도계

비교적 불균질한 용액에서도 사용할 수 있다. 시료용액의 층밀림 속도(rotation of spindle, RPM)를 일정하게 유지시킬 수 있으므로 뉴톤 유체와 비뉴톤 유체의 점도 측정에 모두 유용하게 사용할 수 있으며, 회전속도를 변경시켜줄 수 있으므로 비뉴톤 유체의 경우 층밀림 속도의 변화에 따른 점도값의 변화를 측정할 수 있다. 대표적인 제품으로는 Brookfield Synchroelectric Viscometer, Haake Rotovisko, Stomer Viscometer 등이 있다.

(3) 원추평판형 회전점도계

원추평판형 회전점도계는 같은 회전축을 갖는 원형의 평판과 위쪽의 각도가 큰 원추 사이의 작은 각(φ) 사이에 액체시료를 넣고 한 쪽을 일정한 속도로 회전시켜 다른 쪽이 받는 점성토크를 측정해서 점도를 구하는 점도계이다. 이 점도계는 적은 양의 시료(1ml 이하)도 측정이 가능하며, 대부분의 비뉴턴성 유체의 점도 측정에 사용할 수 있다. 대표적인 제품으로는 Brookfield Cone and Plate Viscometer, Haake Cone and Plate Viscometer 등이 있다.

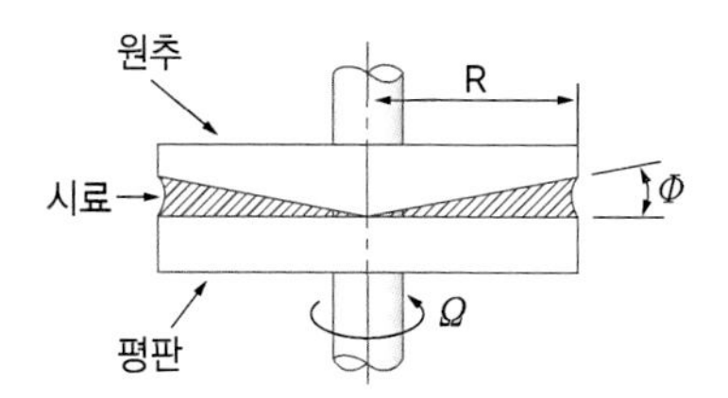

그림4-21
원추평판형 회전 점도계

(4) 아밀로그래프

아밀로그래프(Visco/Amylograph)는 시료 현탁액을 일정한 속도로 가열하거나 호화된 풀(paste)을 냉각시킬 때 나타나는 점도를 자동으로 기록하는 장치로, 회전토크를 이용하여 전분질의 호화온도와 호화점도를 측정하는 데 많이 사용되며 가열에 따른 전분의 팽윤과 점도변화 등을 알 수 있다. 점도가 급격히 상승하기 시작하는 점을 호화개시 온도라고 하고, 그래프의 높이가 최고일 때의 온도를 최고점 온도라고 하며 이때의 점도를 최고점도라고 한다.

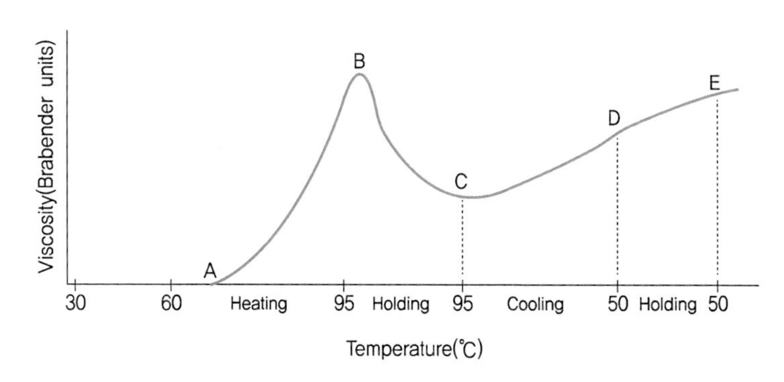

A : 호화 개시 온도
B : 최대점도 및 온도(peak viscosity)
C : 최저점도(fragility)
D : 최종점도
B–C : 붕괴도(breakdown)
D–B : 노화도(setback)
D–C : 점조도(consistency)
E : paste의 안정성 반영

그림4-22
전분의 아밀로그램 예

(5) 점조도 측정기

점조도 측정기는 식품의 흐르는 성질이나 퍼지는 성질을 측정하기 위한 기구로 일정 시간 동안 시료가 흐르는 거리를 측정하거나 퍼지는 면적을 측정함으로써 그 물질의 비교점도를 구할 수 있다. 대표적인 점조도 측정기로는 Bostwick Consistometer와

Adams Consistometer 등이 있다.

Bostwick Consistometer는 직사각형 모양의 용기를 수평으로 놓고 한쪽 격자를 막은 뒤 일정량의 시료를 담고 격자를 순차적으로 들어 올렸을 때부터 일정시간 동안 시료가 흘러간 거리를 측정하는 기구로 시료가 흘러간 진행 거리는 점조도의 크기에 반비례한다. 이 방법은 미국 농업부(USDA)가 토마토케첩에 대한 공인품질평가 방법으로 채택하였다.

Adams Consistometer는 일정량의 시료를 순간적으로 20개의 간격선이 그어진 원형 평판 위에 올렸을 때 컵을 올린 시간으로부터 3초 내에 시료가 사방으로 퍼진 거리를 측정하는 방법이다.

이들 Consistometer는 토마토케첩, 마요네즈, 크림 등 페이스트 상태의 식품 점조도를 측정하는 데 사용된다.

4. 식품의 텍스처 평가

1) 텍스처의 정의

텍스처(texture)에 대하여 A. S. Szczesniak은 "텍스처란 식품의 구성요소가 가지는 물리·구조적 특징인 유체 변형성(rheological property)을 경험과 생리적 감각이라는 여러 가지 요소가 복잡하게 작용하는 것으로, 이를 심리적 작용에 의하여 감지한다."라고 정의하였다. 국제표준기구에 따르면 "텍스처란 기계적 촉각, 경우에 따라서는 시각과 청각의 감각기관에 의하여 감지할 수 있는 식품의 모든 물성학적 및 구조적 특성이다."라고 정의하고 있다.

2) 텍스처의 분류

텍스처는 표 4-3과 같이 크게 기계적 특성(mechanical property), 기하학적 특성(geo-metrical property), 기타 특성으로 분류한다.

유 별	1차 특성	2차 특성
기계적 특성	• 경도(hardness) • 응집성(cohesiveness) • 점성(viscosity) • 탄성(elasticity) • 부착성(adhesiveness)	• 부서짐성 • 씹힘성 • 검성
기하학적 특성	• 입자의 크기와 모양 : 분말상(powery), 과립상(grainy), 모래 모양(gritty), 거친 모양(coarse), 덩어리 모양(lumpy) • 입자의 배열 : 박편상(flaky), 섬유질상(fibrous),펄프상(pulpy), 기포상(aerated), 팽화상(puffy),결정상(crystalline)	
기타 특성	• 수분 함량 • 지방 함량	• 유상(oily) • 기름진 정도(greasy)

표4-3
식품의 텍스처를 구성하는 특성과 용어

3) 텍스처의 평가

식품의 텍스처를 평가하는 기본적인 특성은 압축(compression), 압출(extrusion), 침투(punction), 층밀림(shearing), 절단(cutting), 인장강도(tensile strength) 등으로 이들의 측정 모형은 그림 4-23과 같다.

(1) 압축시험(compression test)

시료를 일정한 변형에 이르도록 압축할 때까지 필요한 힘을 측정하는 방법이다.

(2) 압출시험(extrusion test)

시료를 압출시험기의 출구를 통해 사출될 때까지의 힘을 측정하는 방법이다.

(3) 침투실험(puncture test)

일정한 힘으로 시료에 침이 뚫고 들어가는 깊이를 측정하는 방법으로 침투실험을 통해 식품의 단단한 정도를 평가할 수 있다.

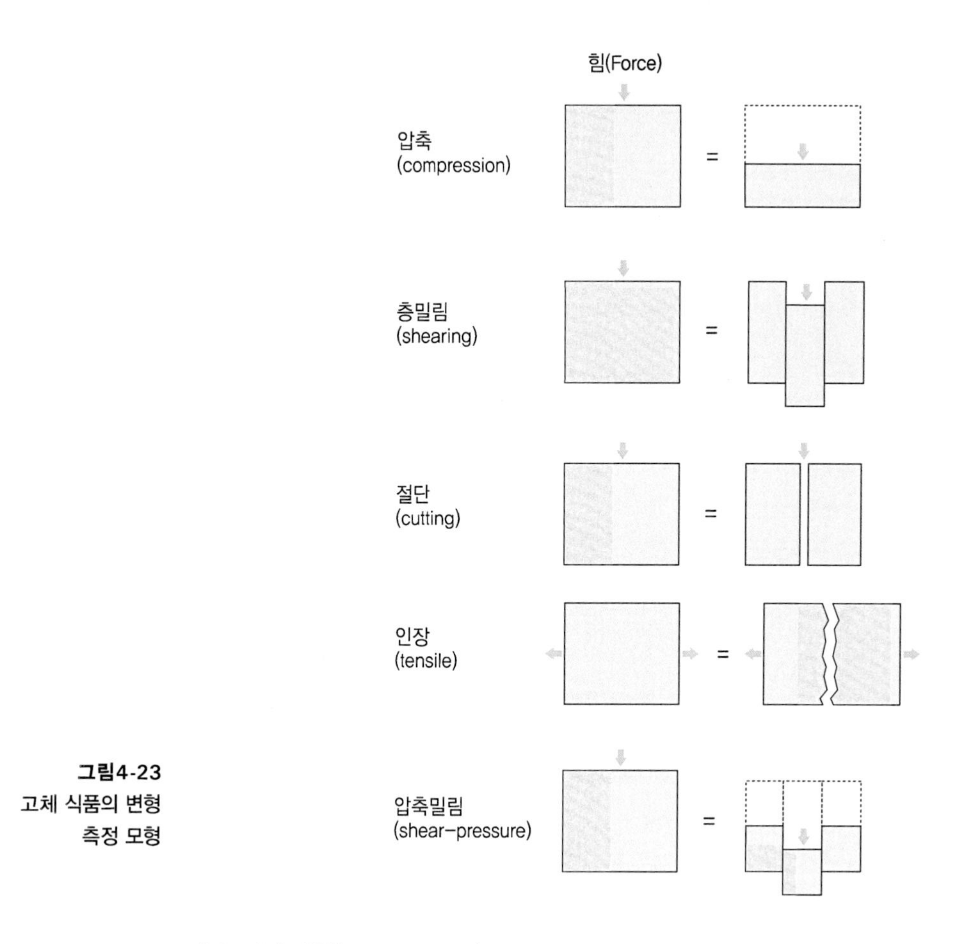

그림4-23
고체 식품의 변형 측정 모형

(4) 절단시험(cutting test)

칼날이나 철사줄로 만들어진 탐침을 이용하여 시료를 자르는 데 필요한 힘을 측정하는 것으로 육류의 질긴 정도, 섬유질 식품의 질긴 정도를 평가할 수 있다.

(5) 관통시험(penetration test)

시료에 침이 뚫고 나가는 데 드는 힘을 측정한다.

(6) 텍스처 측정시험

식품의 텍스처를 평가하기 위해 널리 사용되는 기기로는 Universal Testing Machine과 Texturometer 등이 있다. 사람이 음식을 씹는 동작과 유사하게 만들어진 이들 기기로 식품의 여러 가지 텍스처를 수치로 나타내어 종합적으로 평가할 수 있다. 이들 기기에 의해 나타나는 일반적인 texture profile analysis(TPA)는 그림 4-24에 나타나 있다.

TPA는 M. A. Brandt 등에 의하여 고안되었고, A. S. Szczesniak에 의하여 관능검사의 객관적 분석방법으로 정립되었다. 그 후 M. C. Bourne은 Universal Testing Machine으로 식품의 기계적 평가로서 TPA를 적용하였다. TPA에 사용되는 parameter는 모두 8가지로 아래와 같다.

- 1차적 요소(Primary parameter) : 경도(hardness), 응집성(cohesiveness), 탄력성(springi-ness, elasticity), 부착성(adhesiveness)
- 2차적 요소(Secondary parameter) : 파쇄성(fractuability), 씹힘성(chewiness), 검성(gum-miness)
- 3차적 요소(Third parameter) : 회복성(resilience)

위에서 6개의 변수(경도, 응집성, 탄력성, 부착성, 파쇄성, 회복성)는 기기로 측정하여 얻은 결과 또는 그것을 분석하여 나타난 데이터이고 나머지 2개의 변수(씹힘성,

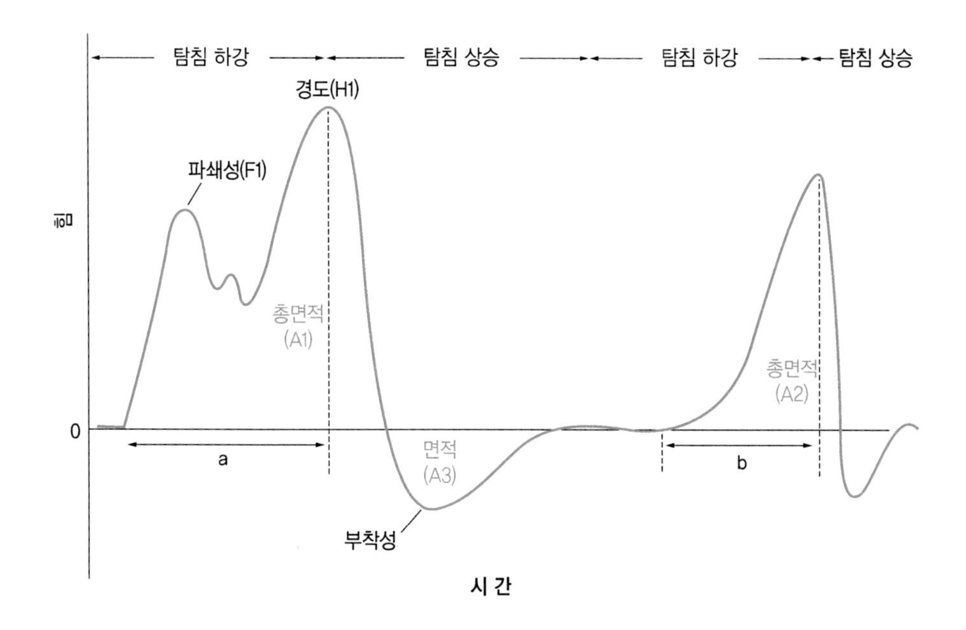

그림4-24
전형적인 TPA 곡선

검성)는 이 데이터를 이용하여 계산된 변수이다.

표4-4 TPA에 의한 텍스처 특성의 분석 방법

특 성	의 미	분석 방법
경도 (hardness)	일정한 변형에 도달하는 데 필요한 힘	첫 번째 압축과정에서 나타나는 최대 피크(H1)
응집성 (cohesiveness)	물체가 있는 그대로의 형태를 유지하려는 힘	첫 번째와 두 번째 압축 시 면적 비율 (Area 2/Area 1)
탄력성 (springiness, elasticity)	변형된 시료에 힘이 제거된 후에 시료가 원래의 상태로 돌아가려는 성질	첫 번째 그래프의 시작점에서 피크까지의 시간/두 번째 그래프의 시작점에서 피크까지의 시간 (b/a)
부착성 (adhesiveness)	탐침이 시료에서 떼어지는 데 필요한 힘	첫 번째 씹힘에서 음의 힘에 의한 면적 (Area 3)
파쇄성 (fracturability)	시료가 부서지거나 깨뜨려지는 데 필요한 힘	첫 번째 씹힘 곡선에서 유의적인 파쇄가 일어날 때의 힘 (F1)
검성 (gumminess)	반고체 상태의 시료를 삼킬 수 있는 상태로 만드는 성질	경도×응집성
씹힘성 (chewiness)	고체 상태의 시료를 삼킬 수 있는 상태로 만드는 성질	검성×탄력성

4) 텍스터 측정기에 의한 측정값과 관능검사와의 관계

기계적 분석(texturometer)에 의해 측정된 식품의 텍스처는 객관적이기는 하지만 실제 식품을 섭취하는 사람들에 의해 느껴지는 감각과 차이가 있을 수 있으며, 어떤 경우에는 기기보다 사람이 더욱 예민하게 느낄 수 있는 부분도 있어 식품 텍스처 평가 시 기계적인 분석에만 의존하기는 어렵다. 그러나 사람에 의한 관능검사는 주관적인 측정이므로 패널의 훈련 및 평가 조건과 환경의 통제로 보다 객관적인 값을 얻도록 하고 있다. 따라서 식품의 텍스처 평가는 사람에 의한 관능검사와 기기에 의한 기계적 평가가 종합적으로 이루어지는 것이 바람직하며, 이들 사이에 상관관계가 있는지 살피는 것이 필요하다.

5. 식품의 구조 및 열적 특성 평가

1) 시차주사현미경

(1) 원리 및 구성

시차주사현미경(Scanning Electron Microscope, SEM)은 1942년에 개발되었으며 1965년에 상업용 기기가 시판되었다. 시차주사현미경은 진공 상태(10~3Pa 이상)에서 1~100nm 정도의 미세한 전자선(전자 probe)으로 시료 표면을 x-y의 2차원 방향으로 주사(scanning)하여 시료 표면에서 발생하는 2차전자(secondary electron), 반사전자(backscattered electron) 등의 신호를 검출하여 음극선관(브라운관) 화면상에 시료로부터 발생한 신호를 검출기에서 검출, 증폭하여 영상으로 보여준다.

시차주사현미경은 투과전자현미경(TEM)과는 달리 시료를 투과하지 않고 시료 표면의 한 점을 초점으로 맞추어 주사할 때 사용하고 깊이에 따라 이차전자가 발생되므로 시료를 입체적으로 관찰할 수 있다. 시차주사현미경은 광학현미경에 비해 화상의 초점심도가 2배 이상 깊으며, 2배 이상의 높은 분해능을 얻을 수 있다. 열전자총 대신에 Field Emmission(FE) 전자총을 장착한 FE-SEM은 1.5nm 이하의 고분해능으로 고화질의 화상을 얻을 수 있기 때문에 형상관찰에 폭넓게 이용되고 있다. 시차주사현미경은 시료 표면의 형태나 미세구조를 관찰하거나 구성원소의 분포, 정성, 정량 등을 분석하는 데 이용되며, 주로 금속 등의 도체, 산화물 등의 반도체, 고분자 재료나 세라믹 등의 절연물의 고체, 분말, 박막시료의 표면을 관찰할 때 사용된다.

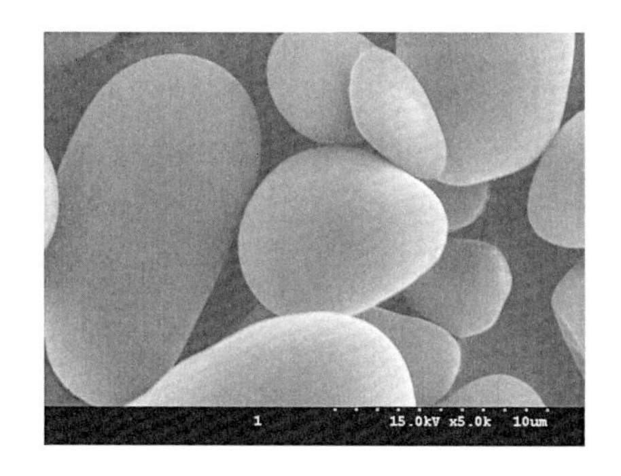

그림4-25 시차주사현미경(SEM)으로 관찰한 감자 전분의 구조

2) 투과전자현미경

독일 과학자 E. Ruska는 1931년 전자선을 사용하여 최초의 투과전자현미경(Transmission Electron Microscope, TEM)을 만들었다. 투과전자현미경은 고에너지를 갖는 전자선이 전기장에 의해 가속화되어 전자렌즈계를 거쳐 시료를 통과해 형광판에 상을 만들게 하는 장치로 시료의 밀도, 두께 등의 차이에 따른 명암(contrast)상을 얻을 수 있다.

투과전자현미경으로 관찰하려고 하는 시료의 두께는 매우 얇아야 하며 시료에 도달하는 전자선을 회절시켜 회절상을 얻을 수 있으므로 원소 내부의 정보도 얻을 수 있다. 또한, 투과전자현미경은 해상력과 확대율이 좋아 세포조직 및 미세구조를 관찰할 수 있으며, 단백질과 같은 작은 구조도 관찰할 수 있다. 금속, 세라믹, 반도체, 고분자합성체 등의 재료분야, 의학 등의 생체시료조직 관찰에 이용되고 있다.

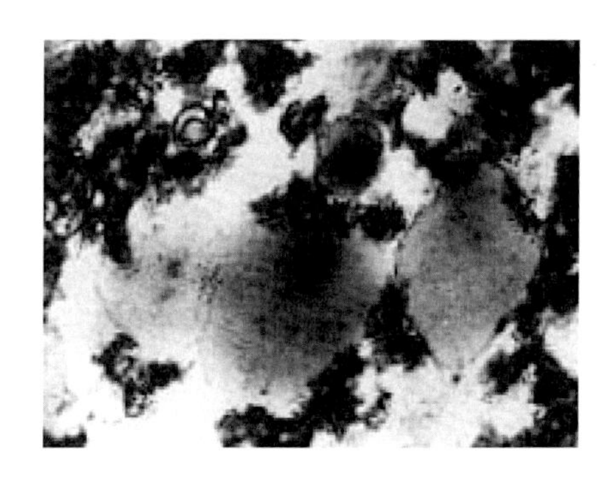

그림4-26
투과전자현미경 (TEM)으로 관찰한 두부 표면의 구조

3) 시차주사열량법

열적 특성 분석이란 일정 조건하에서 온도에 따른 시료의 무게, 호화온도, 엔탈피 등 물리, 화학적 특성의 변화를 측정하는 분석 방법을 말하며, 온도나 시간에 따른 함수로 측정한다. 열적 특성 분석 방법 중 시차주사열량법(Difference Scanning Calorimeter, DSC)은 시료와 기준시료(reference)의 온도를 변화시키면서 에너지차를 온도 함수로 측정하는 방법이다.

DSC thermogram으로부터 유리전이 온도(glass transition temperature, Tg), 냉결정화 온도(cold crystallization temperature, Tcc), 녹는 온도(melting

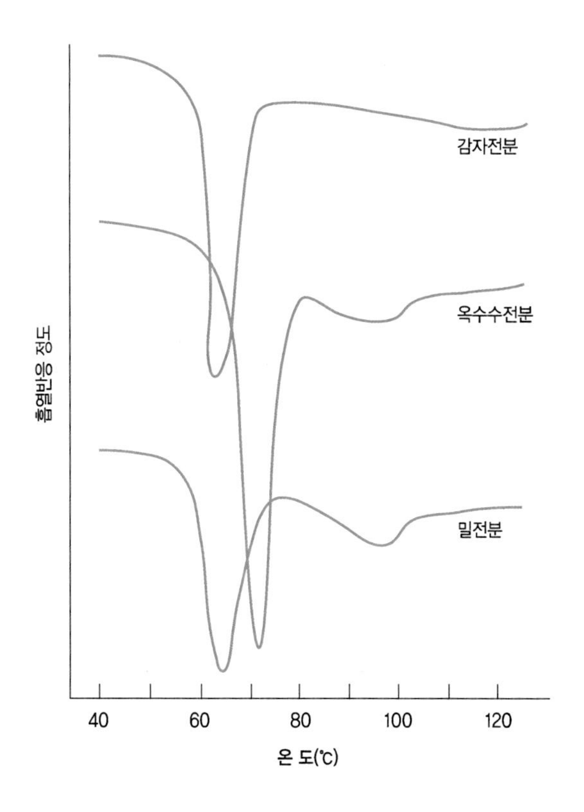

그림4-27
전분의 DSC 열적 특성 곡선

temperature, Tm), 결정화 온도(crystallization temperature, Tc) 등 고분자의 열적 특성에 관한 정보를 얻을 수 있다.

고분자는 단위가 되는 segment의 회전에 의해 micro-Brownian 운동을 하는데, 이러한 열운동이 일어나기 시작하는 온도를 유리전이 온도라고 한다. 또한 고분자는 비결정성 고분자를 제외하고는 정해진 온도에서 녹아 용융상태가 되는데 이 온도를 녹는점 혹은 녹는 온도라고 하며, 결정이 형성되는 속도가 최고일 때의 온도를 결정화 온도라고 한다.

CHAPTER 5

관능검사의 개요 및 영향요인과 시설

CHAPTER 5

관능검사의 개요 및 영향요인과 시설

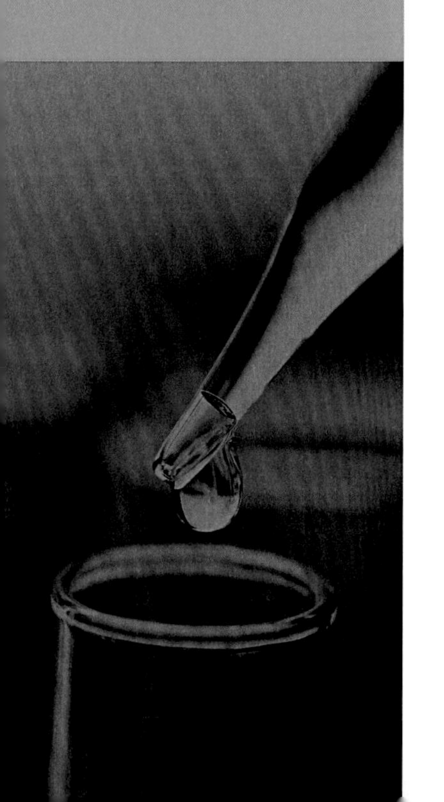

1. 관능검사의 정의

자극은 감각기관에 반응을 일으키는 화학적 또는 물리적 인자이며, 자극의 종류에는 온도를 비롯해 기계적, 시각적, 음향적, 화학적 자극 및 전기적 자극 등이 있다. 이러한 자극에 대하여 반응하는 수용체에는 사람의 오감에 의하여 감지되는 관능적 감각기관과 전기 화학적으로 감지하도록 고안된 기계적 측정장치가 있다.

식품의 외형적 특성은 눈을 통해 시각이라는 감각으로 인지되며, 냄새 특성은 코를 통해 후각으로 인지된다. 또한 맛 특성은 미각, 소리는 청각으로 인지되며, 조직감은 피부 접촉을 통한 촉각으로 인지된다.

식품의 관능검사는 이와 같은 인간의 미각, 후각, 시각, 촉각, 청각의 5가지 감각을 이용하여 식품의 관능적 품질특성인 외관, 향미 및 조직감을 과학적으로 평가하는 것을 말한다. 즉, 사람이 측정기구가 되어 식품의 특성을 평가하는 방법으로 인간의 감각기관에 감지되는 반응을 측정 및 분석하는 과학의 한 분야로 관능검사는 제품에 대한 소비자의 기호도 측정과 같은 식품의 관능적 특성분석에 효과적인 측정도구이다. 관능검사 결과는 기계적 검사나 이화학적 검사 등을 통해 얻은 결과와 상호비교하여 상관관계분석에 이용되기도 한다.

2. 관능검사의 이용

사람의 감각기관이 측정도구가 되는 식품관능검사는 식품회사에서 다양한 목적으로 이용될 수 있다.

1) 신제품 개발

기업은 오래되고 인기없는 상품은 생산을 중단하고 새로운 상품을 부단히 개발·판매한다. 개발된 신제품과 유사제품과의 관능적 품질의 차이 조사 및 신제품에 대한 소비자 검사 시 관능검사는 중요한 역할을 한다.

2) 품질 개선

제품의 경쟁력을 높이기 위해 기존제품의 품질을 개선하고자 할 때 개선방향 및 개선방법 의 결정에 관능검사가 이용되며, 품질개선 후에도 기존제품과의 비교를 통해 신제품의 품질이 향상되었는지를 평가할 때 이용된다.

3) 원가절감 및 공정개선

제품의 원가를 절감할 목적으로 원료의 일부를 값이 싼 다른 원료로 대체하는 경우나 생산성이 향상된 공정으로 제품을 생산하는 경우 개선된 제품과 기존제품과의 차이 여부를 조사할 때 관능검사가 유용하다.

4) 품질관리

다양한 물리화학적 측정과 병행하여 품질관리에 필요한 규격결정이나 생산공정 중 또는 최종제품의 유통 중 품질을 일정하게 유지관리하는 경우에 관능검사가 이용된다. 또한 제품의 저장 및 유통 시의 변화를 측정함으로써 유효기간의 설정이나 저장 및 유통조건의 개선에도 이용된다.

5) 마케팅

마케팅 부서에서는 개발된 신제품에 대한 소비자 인지도 및 기호도 조사 등을 통해 제품의 강점을 찾아내고 소비자의 요구(needs)를 파악할 수 있으며 경쟁사 제품과의 차이 비교를 통해 자사 제품의 마케팅 전략을 수립할 수 있다.

6) 기 타

이밖에도 제품배합비의 결정 및 최적화 작업, 경쟁사의 감시, 소비자 관리, 제품의 색과 형태의 결정, 제품 포장형태 및 디자인의 결정과 새로운 제조원료의 선택 등 많은 분야에서 관능검사가 응용될 수 있다.

3. 관능검사의 영향요인

관능검사 시에 평가원들은 측정기기와 같은 역할을 하는데 평가원들 사이에 상당한 변이가 있고 각각 편견을 갖기도 쉽다. 이러한 변수와 편견을 최소화하기 위해 어떠한 생리적, 심리적 요소가 판단에 영향을 미치는지 알아야 한다.

1) 생리적 요인

(1) 순 응

순응(adaptation)은 자극에 지속적으로 노출됨으로써 주어진 자극에 대해 감수성이 저하, 혹은 변화되는 것을 말하는데, 이러한 반응은 역치와 강도의 순위를 올바로 매기는 데 있어 바람직하지 않다. 신선한 공기를 마시고 있다가 갓 페인트칠을 한 방에 들어서면 페인트 냄새를 쉽게 맡지만 그 방에 계속 있으면 페인트 냄새를 잘 인식하지 못하는 것이 그 예이다. 여기에는 교차순응(cross-adaptation)과 교차강화(cross-potentiation)가 있다. 교차순응은 이전에 노출된 자극이 이후 물질의 관능검사에 영향을 주는 것이다. 예를 들어, 설탕물을 맛보고 아스파탐 용액을 먹었을 때보다 물을 마신 후 아스파탐 용액을 맛보았을 때 훨씬 달게 느껴진다. 물은 단맛이 없기 때문에 피로감이나 단맛에 대한 순응을 일으키지 않는다. 교차강화는 특정 향미물질에 노출되었을 때 다른 물질의 감각이 더욱 강하게 느껴지는 현상을 말한다. 예를 들어, 물을 마시고 쓴맛의 퀴닌(quinine) 용액을 맛본 경우보다 설탕물을 마시고 난 후 퀴닌 용액을 맛본 경우 더 쓰게 느껴지는데, 이는 설탕이 퀴닌에 대한 감수성을 높였기 때문이다.

(2) 강 화

강화(enhancement)는 어떤 물질이 단독으로 있을 때보다 다른 물질과 섞여 있을 때 인지 강도가 더 높아지는 것을 말한다. 한 예로, 단팥죽에 소금을 약간 넣으면 단맛이 더욱 강하게 느껴지는 것이 있다.

(3) 억 제

억제(suppression)는 어떤 물질의 인지 강도가 단독으로 존재할 때보다 다른 물질과 혼합되어 존재할 때 더 낮은 것을 말한다. 예를 들어 커피에 설탕을 넣으면 쓴맛이 감소된다.

(4) 상 승

상승(synergy)은 두 물질이 각각 단독으로 있을 때의 인지 강도 합보다 두 물질이 섞여 있을 때의 인지 강도가 더 높은 것을 말한다. 핵산계 조미료와 아미노산 계 조미료를 함께 사용하면 상승 작용이 있다.

2) 심리적 요인

(1) 기대오차

기대오차(expectation error)는 검사자가 시료에 대한 어떤 정보를 알고 있을 경우 선입관을 갖게 되는 것이다. 예를 들어 음료수 제조 시 착향제를 저렴한 것으로 대체하였다는 정보를 검사자가 접하게 되면 좋은 향미의 음료수도 좋지 않게 평가하는 경향이 있다. 따라서 검사자에게 시료에 대해 너무 자세한 정보를 주지 않는 것이 좋다.

(2) 자극오차

자극오차(stimulus error)는 평가 항목과 전혀 상관없는 특성들, 즉 용기의 형태나 색 등이 평가에 영향을 끼치는 경우이다. 비싼 용기나 멋진 병에 담겨졌던 술(검사자가 시료가 원래 담겨 있던 용기를 알고 있는 경우)이 더 좋게 평가될 수 있다. 또는 관능검사 시 감각의 피로를 덜기 위해서 보통 처음엔 향이 약한 시료가 제시된다는 것을 알기 때문에 제일 나중에 제공된 시료가 가장 향이 강하다고 평가할 수 있다. 그러므로 검사자가 특정 결과를 추측할 만한 단서를 제공하지 말아야 하며 일반적인 시료 제시 순서를 벗어난 방법으로도 시료를 제공하도록 한다.

(3) 관습오차

관습오차(habituation error)는 저장실험에서와 같이 어떤 강도가 점차 증가하거나 감소되는 일련의 시료를 제시할 경우 검사요원들은 강도의 차이를 느끼지 못하고 같은 점수를 주는 경향을 말한다.

(4) 논리오차

논리오차(logical error)는 관능검사자가 시료의 특성들 간에 어떤 연관이 있다고 생각할 때 일어나는 오차로, 붉은색이 더 짙은 아이스크림이 연한 색보다 딸기 맛이 강하다고 생각하는 것이다. 이러한 경우는 색깔 있는 조명을 이용하여 색에 의한 영향을 덜 받도록 해야 한다.

(5) 후광효과

후광효과(halo effect)는 시료의 여러 가지 특성이 평가될 때 서로의 순위가 영향을 미치는 것이다. 예를 들어 전체적인 기호도가 높이 평가된 맥주는 다른 특성 즉, 색, 쓴맛, 향미 등도 전반적으로 다 좋게 평가될 수 있다.

(6) 시료 제시 순서에 따른 오차

① **대조효과** 대조효과(contrast effect)는 품질이 좋은 시료가 제시되고 이어서 품질이 나쁜 시료가 제시되었을 때 나중에 제시된 시료에 더 낮은 점수를 주는 것으로 반대의 경우도 마찬가지이다. 예를 들어, 맛이 아주 좋은 사과 다음에 맛이 없는 사과가 제공된 경우 후자에 더욱 나쁜 점수를 주는 경향이 있다.

② 그룹효과 그룹효과(group effect)는 대조효과와 반대인 경우인데 품질이 좋지 않은 시료들 사이에 품질이 좋은 시료가 있을 때 단독으로 제시되었을 때보다 품질이 더 좋지 않게 평가되는 것이다. 반대로 품질 좋은 시료 사이에 품질이 안 좋은 시료가 있을 경우 단독으로 존재할 경우보다 더 좋게 평가된다.

③ 중심경향오차 중심경향오차(error of central tendency)는 가운데 놓인 시료가 양 끝에 놓인 시료보다 선호되는 것이다. 특히 삼점검사(triangle test)에서 정답인 시료가 가운데 놓인 경우에 정답률이 높다.

④ 시간오차/위치오차 시간오차/위치오차(time error/positional error)는 일련의 평가를 거치면서 처음 시료에 대해서는 기대감이 있을 수 있고, 갈수록 피로나 무관심이 생기면서 마지막 시료 평가에서 오차가 생길 수 있다. 주로 첫 번째 시료가 특이적으로 좋거나 나쁘게 평가되는 경향이 있다.

이러한 시료 제시 순서에 따른 오차를 줄이기 위해서는 균형화를 통해 모든 시료의 제시 가능한 조합이 같은 수로 나타나야 하며, 일정조합의 시료는 난수표 등을 이용하여 무작위로 제시되어야 한다.

(7) 기 타

서로 다른 검사요원들에 의해 응답이 영향을 받을 수 있으므로 검사요원들은 각각의 부스에서 분리된 상태로 관능검사를 해야 하며, 검사요원의 평가에 대한 동기가 부족하거나 흥미가 없을 때도 결과에 오차를 가져올 수 있다.

4. 관능검사 시설

초기 관능검사실은 6~10명의 인원이 둘러앉고 시료를 놓을 수 있는 테이블로 구성되어 있었는데 이러한 형태는 패널요원들로 인해 편견이나 주의산만 등을 일으킬 수 있으므로 부스(booth)의 개념이 도입되었다. 그러나 검사요원들 간에 상호 작용과 의견일치를 위해서 회전 테이블도 사용되고 있다. 근래에는 묘사분석뿐 아니라 차이식별 검사를 위한 부스와 훈련과 묘사분석을 위한 원형 테이블을 조합해서 사용하는 것이 일반적이다.

관능검사가 실시될 때 제품연구자와 관능검사 분석자는 제품의 재료 변화, 제조공정 변화, 포장, 저장 등의 조건을 달리 했을 때의 효과를 보고자 한다. 관능검사 분석자의 첫 번째 임무는 초기 조작, 시료 준비 및 시료의 제시이다. 시료 준비 공간은 검사 공간과 근접해 있어야 하나 별개로 있어야 한다. 일정 수준 이상의 설비를 위해서는 사무실, 시료 저장소, 데이터 처리 공간이 있어야 한다.

1) 주 검사실

관능검사실은 누구에게나 접근이 용이해야 한다. 회사나 연구소 내의 직원들이 평가에 참여할 경우, 관능검사실은 검사요원들이 들르기 쉬운 곳에 있어야 한다. 검사요원들이 외부로부터 오는 경우는 건물 입구 근처에 있어야 한다. 기본적으로 소음이 없도록 사람들이 많이 있는 복잡한 곳에서 떨어져 있어야 하며, 짐을 싣고 내리는 곳, 제품 생산 라인과 같이 기계 소리가 많은 곳, 식당의 주방처럼 소음이나 냄새를 일으키는 곳에서 떨어져 있어야 한다.

대형 관능검사실의 경우 입구와 출구를 분리하여 패널요원 간에 바람직하지 않은 정보교환이 이루어지지 않도록 하는 것이 좋고, 패널요원들의 동선을 고려할 때 불필요한 정보유출이나 그로 인한 오차가 없도록 준비실을 통과하지 않도록 한다. 출구에는 패널요원들이 약간의 보상(treats)을 받는 데 필요한 책상을 놓는다. 검사요원이 외부인일 경우 출입구에는 편안한 의자를 놓고, 대기실은 깨끗하고 밝은 것이 좋으며, 옷장이나 옷걸이를 설치하는 것이 좋다. 분리된 화장실이 있어야 한다.

(1) 부 스

보통 하나의 시료에 대해 6~8개의 부스(Booth)가 있어야 한다. 부스는 'ㄱ'자 형태

그림5-1
전형적인 관능검사 부스
출처 : 한국식품연구원, 2009

또는 나란히 배열하기도 하고, 3~4개의 부스가 마주보도록 두 세트를 배열하기도 한다. 데이터 자동화시스템을 위하여 컴퓨터를 설치할 경우 모니터 등의 위치도 고려하여야 한다. 그림 5-1은 전형적인 부스의 형태이다.

칸막이의 높이는 테이블로부터 45cm 이상 되어야 시각적, 청각적인 방해를 피할 수 있다. 완벽하게 프라이버시를 보호하기 위하여 칸막이가 천장에 닿도록 할 수도 있고(환기나 위생이 문제가 되지 않는다면), 평가자의 머리와 몸 부분만 감싸도록 벽에 부착할 수도 있다. 부스에 편하게 접근할 수 있도록 통로 폭은 최소 120cm 이상으로 한다. 부스의 구성 요소는 다음과 같다.

① 스테인레스 세면대와 수도꼭지 구강 세척제나 치약 등의 검사를 위해서는 입안을 헹구기 위해 꼭 필요하나 배수관을 막히게 할 수 있는 고체 시료의 경우에는 꼭 필요하지는 않다. 냄새가 나지 않는 수돗물이나 정수기 물을 준비한다.

② 신호체계 신호체계(signal system)는 검사원들이 준비가 다 되었다거나 질문이 있을 경우 패널 관리요원이 알 수 있도록 보통 스위치를 눌러 전등에 불이 들어오게 하는 신호체계가 있는 경우도 있다.

③ 부스의 폭 직접 컴퓨터로 검사 결과를 입력하는 경우에는 입력 기기들까지 다 수

용할 수 있을 만큼 넉넉한 넓이여야 한다.

④ **시료 제공 창** 시료가 냄새가 나지 않는 것이고 10~20분간 처음 상태를 유지하는 경우에는 시료가 놓인 쟁반을 직접 부스로 전달해도 되지만 그 외의 경우는 시료 준비실에서 각 부스에 있는 창을 통해 시료를 전달한다. 준비대에서 부스에 설치된 창으로 시료를 전달하는데, 미닫이창이나 회전창이 사용된다. 미닫이창(sliding door, 수직 또는 수평)은 공간을 가장 적게 차지하나 평가자가 준비실 내부를 볼 수 있는 단점이 있고, 회전창(carousel) 형태는 공간을 차지하지만 준비실로부터 시료의 냄새나 시각적 정보 차단에는 가장 효과적이다. 시료 전달창은 시료를 놓은 쟁반과 검사지가 쉽게 통과할 수 있는 크기여야 한다.

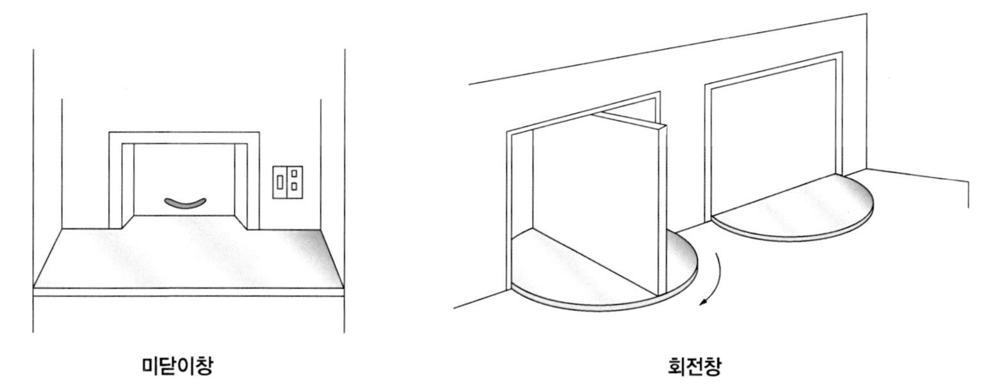

그림 5-2 관능검사실의 시료 제공창의 형태

2) 훈련실

묘사분석 훈련의 필요성이 있을 때, 또는 검사 규모가 클 경우에는 추가적인 장비가 필요하다. 그룹의 크기와 목적에 맞게 테이블을 배치하고 결과를 입력하고 다 같이 볼 수 있는 컴퓨터와 빔프로젝터 등이 설치된 회의실과, 기술어(descriptors)를 설명하기 위해 사용되는 기준 시료를 위한 별도의 준비 시설이 필요하다.

3) 준비실

준비실은 필요할 때 최대한 빠른 속도로 검사시료가 준비될 수 있어야 한다. 또한 관능검사 준비자들이 각각의 연구에 대해 준비하고 시료를 제시하고 치우는 능력을 극대화하도록 해야 한다. 관능검사실과 접한 벽면에는 시료가 담긴 쟁반을 밀어 넣을 수 있는 미닫이창이나 회전창을 설치하고, 시료 준비를 위한 조리대, 가스렌지, 오븐, 준비 전후의 시료, 기준물질, 평가자들에게 보상으로 제공할 식품 등을 보관할 냉장고와 냉동고, 캐비넷, 각종 용기, 1회용품, 도구를 넣어 둘 수 있는 넓은 수납고, 식기세척기, 휴지통, 싱크대, 카트, 청소용품과 관능 검사지 등을 보관할 공간을 마련한다.

4) 설비조건

(1) 색과 조명

부스의 색과 조명은 오차는 최소화하고 시료는 잘 볼 수 있도록 고안되어야 한다. 색이 있는 벽은 시료 외양 판단에 오차를 일으킬 수 있으므로 회백색이나 미색으로 한다. 부스의 조명은 최소한 300~500lux가 되어야 하고 고른 광도로 비치도록 하고 평가 시 그림자가 생기지 않도록 해야 한다. 빛의 밝기와 색을 조절할 수 있는 조명을 설치하는 것이 좋다. 백열등을 사용하면 다양한 유색빛을 사용할 수 있지만, 열 발생이 많아 좋지 않다. 형광등을 사용하면 열이 덜 나고, 흰색의 정도를 선택할 수 있다.

보통 부스에는 색깔 있는 전구나 필터를 사용하여 낮은 광도의 붉은색, 녹색, 청색 조명을 사용한다. 유색의 빛은 동일한 시료를 평가원이 맛으로만 차이식별검사를 해야 할 때 시료간의 시각적인 차이를 가리는 데 사용된다. 색필터나 색 가리움 효과(color masking effect)가 있는 램프는 색을 제거하기는 하지만 색의 강도 차이는 없애지 못한다. 이는 흑백 TV에서 회색의 강도 차이를 인지할 수 있는 것과 마찬가지이다.

일정범위 이상의 조명은 평가자에게 영향을 끼친다. 이때는 시료를 동시에 제시하기보다는 하나씩 순차적으로 제시하여 기준물질과 비교하여 점수를 매기도록 한다.

(2) 환기, 온도 및 습도

관능검사실의 온도는 20~22℃, 상대습도는 50~55%로 유지되어야 한다. 이 범위의 환경에서 패널들이 편안함을 느끼며 온도나 습도로 인한 오차를 최소화할 수 있다.

관능검사실은 환기가 잘 되어 늘 쾌적한 상태를 유지해야 하고 공기조절 시스템을 설치하여 주위보다 약간 높은 압력을 유지하고 있어야 준비실이나 외부로부터의 냄새 유입을 막을 수 있다. 커피, 치즈같이 향이 강한 식품을 평가할 때에는 부스별로 각각의 공기 배출기(air exhaust)가 있어야 좋다.

(3) 재 질

관능검사실의 건축재료와 가구는 실험실에서 평가되는 시료에 요구되는 환경조건에 적합해야 한다. 종이, 섬유, 카펫, 다공성 타일 등은 그 자체의 냄새를 갖고 있고, 또 향후에 냄새를 나타낼 수 있는 먼지나 곰팡이가 자라기 쉬우므로 이러한 재질은 피하고 스테인레스 스틸 등을 사용하도록 한다. 색은 자연스러운 평범한 색깔의 회백색이나 미색, 그리고 문양이 적은 것을 택한다. 특히 검사대의 색은 혼란이나 오차를 가져오지 않는 색을 선택하는 것이 매우 중요하다. 배수관에 이물질이 끼면 관능검사실에 이취를 나타내기 때문에 검사실로 가는 모든 관이나 배수구는 청결하고 물이 잘 흘러야 한다. 치약이나 구강세척제를 평가할 때와 같이 침을 뱉는 싱크대가 필요한 경우 유연한 호스로 연결된 탈부착 가능한 수도와 배수구를 사용하여 싱크대를 사용하지 않는 경우는 따로 보관하고, 수도관은 마개로 막아 놓는다.

5. 시료의 준비

1) 도 구

오차와 새로운 변수가 생기는 것을 줄이기 위해 시료준비와 제시에 쓰이는 도구들은 신중히 골라야 한다. 대부분의 플라스틱으로 만들어진 칼, 포크, 스푼, 보관용기, 랩, 비닐 백 등은 음식이나 음료수를 준비하는 데 적합하지 않다. 플라스틱 제품에 냄새가 배거나 플라스틱 냄새가 시료에 배면 향기성분을 변화시킬 수 있다.

나무는 다공질이어서 수분이 많거나 유성인 재료를 모두 잘 흡수하여 쉽게 다른 재료를 오염시킬 수 있으므로 나무로 된 도마, 용기 등은 사용하지 않는다. 그러므로 시료의 보관, 준비, 제공 시에는 유리나 도기, 스테인레스 스틸 제품을 사용한다. 냄새를 잘 옮기지 않는 플라스틱 제품이라도 관능검사 전에 10분 미만으로 시료를 보관할 때만 사용하도록 한다. 그 외 저울, 시료의 부피측정과 보관을 위한 유리그릇, 준비 과정을 모니터링하기 위한 타이머, 시료의 혼합과 보관을 위한 스테인레스 스틸 도구가 필요하다.

2) 준비 시 주의사항

시료를 준비할 때는 세심한 주의를 기울여야 하고 과정을 모니터링 해야 한다. 저울, 매스 실린더 등의 정확한 도구를 사용하여 필요한 시료의 양을 측정하고 스톱워치를 이용하여 시간을 정확히 측정하고 온도, 젓는 속도, 크기, 준비기구의 종류에 유의한다. 그리고 일정한 레시피와 시료 준비 후 검사까지의 시간도 점검한다.

3) 시료의 제시

평가 동안 시료의 제공을 위해 사용되는 설비와 과정은 편차와 새로운 변수를 줄이기 위하여 주의 깊게 선택해야 한다.

(1) 시료를 담는 용기

용기는 간편한 1회용품이나 일상생활에서 일반적으로 사용하는 것을 준비하되 흰색의 동일한 용기를 사용하여 색이 평가에 영향을 주지 않도록 한다. 이취감이 없도록 플라스틱보다는 유리나 도기제품을 사용하도록 한다. 용기에 시료 번호를 적을 때 사용하는 펜은 잉크 냄새가 나지 않는 것을 사용한다.

(2) 시료의 양

시료 양의 차이는 검사 결과에 영향을 미치므로 패널요원에게 정확하게 동일한 양의 시료를 제공하도록 주의를 기울여야 한다. 시료 준비요원은 정확한 양의 시료를 최소한의 조작으로 평가원에게 전달해야 하고, 보통 한 입에 얼마큼씩 먹는지 한 시료에 대해 몇 가지 항목을 측정하는지 등을 고려하여 시료의 양을 정한다. 3회 이상 검사할 수 있는 양을 준비한다. 조금 넉넉하게 제공하는 것이 부족한 것보다 낫다.

(3) 시료 제공 온도

시료는 평상 시 시료가 섭취되는 온도로 제공한다. 시료를 각각의 제공용기에 담은 다음 제공되기 전까지 적절한 온도를 유지하도록 주의해야 한다. 특별한 온도로 제공해야 할 경우는 냉장고, 냉동고, 항온수조 및 보온기 등을 이용한다. 제공되는 온도가 관능검사에 영향을 미치게 되는 일례로 우유를 차게 하지 않고 실온으로 제공하면 향기성분에 대한 평가가 강조될 수 있다. 대부분의 관능검사 실험실에서는 표준 준비과정을 정립해 놓는다.

- 평상시 섭취되는 온도로 제공(커피 : 65~70℃)
- 품질차이를 검출하기 쉬운 온도로 제공(식용유 : 45~50℃)
- 시료의 온도를 유지하기 쉬운 온도(밥 : 상온)
- 시료 특성의 변화가 일어나지 않는 온도

(4) 동반식품과 입가심 식품

동반식품(carrier)은 관능검사 시 시료와 함께 제공되는 식품을 말한다. 대부분의 차이식별검사에서 시료들은 단독으로 제공된다. 커피, 차, 땅콩버터, 김치, 육류 등을 평가할 때 평상시에 소비자들이 같이 섭취하는 우유, 빵, 버터, 조미료 등을 제공하지 않는다. 그러나 소비자 검사에서는 시료들을 보통 섭취되는 형태대로, 즉, 커피나 차는 우유, 설탕, 레몬과 함께, 잼은 빵이나 크래커와, 김치는 밥과 함께 제공한다. 이때 같이 제공되는 식품이 시료의 특성을 가리거나 검사를 오도하지 않도록 주의해야 한다. 또한 검사 전에 입안의 잔미 제거나 시료들 간 순응 방지를 위해 따뜻한 물, 비스킷, 빵, 사과 등이 제공되는데 이를 입가심 식품이라고 한다.

(5) 순서, 코딩(coding), 시료의 수

시료 제시 순서는 오차를 줄이기 위하여 균형 있게 이루어져야 한다. 각각의 시료는 특정한 위치에 같은 횟수로 놓여져야 한다. 예를 들어 시료가 A, B, C의 3개라면 가능한 제시 순서는 다음과 같다.

ABC-ACB-BCA-BAC-CBA-CAB

그러므로 이러한 검사에서 시료는 6배수로 준비하여야 한다. 시료 제시는 또한 난수표 등을 이용하여 임의로 이루어져야 한다. 각각의 시료에 할당된 코드는 편차를 일으킬 수 있는데 검사요원들은 다른 글자보다 A, 1이 쓰여 있는 시료를 선택할 확률이 높다. 대부분의 경우 난수표(부록표 1)를 이용하여 무작위 3자리의 숫자를 사용한다. 지역번호나 의미 있는 번호(예, 119)는 사용하지 않도록 한다. 시료 확인에 혼란이 없고 위치에 따른 편견을 갖지 않도록 코드는 시료나 평가지에 명확하고 올바르게 위치하게 한다.

1회에 제공되는 시료의 양은 검사자의 관능적, 정신적 피로감을 고려해서 제공되어야 한다. 과자나 빵의 경우 최고 8~10개까지 제공할 수 있고, 맥주는 6~8개까지이다. 향이 강한 시료나, 쓴맛 물질, 기름기가 많은 것은 검사당 1~2개의 시료만 제시한다. 시각적 검사의 경우는 정신적 피로를 고려할 때 20~30개까지 시료평가가 가능하다.

(6) 시료의 관리 및 보관

관능검사 관리자는 시료가 얼마만큼 필요한지 결정하고 시료가 만들어진 과정을 알아야 한다. 즉, 평가가 진행되는 동안 총 얼마만큼의 시료가 필요한가, 평가를 다시 할 경우에 필요한 시료의 양까지 계산해야 하고 시료가 언제 어디서 만들어졌는가를 알고 있어야 한다. 저장 실험 등이 아닌 생산 공정의 변화나 첨가물 차이에 의한 차이를 검사하려고 할 때 제시할 시료는 동일한 조건에서 보관해야 한다.

6. 기 타

그 외에 평가 중 다음 시료에 영향을 끼치지 않도록 입을 헹굴 깨끗한 실온의 물을 준비한다. 검사자는 검사 전에 손을 깨끗이 씻되 향이 강한 비누나 화장품을 사용하지 않도록 하고 검사 20~30분 전에는 커피, 차, 음료수, 껌 등을 섭취하지 않는다. 관능검사 시간은 평소 식품을 섭취하는 시간대에 행하는 것이 좋고 식전이나 식후는 피한다. 맛과 향이 강한 식품은 이른 아침에 평가하지 않도록 한다.

검사자에게 시행할 관능검사에 대해 충분히 설명을 하고 편안한 마음으로 관능검사에 임할 수 있게 한다.

CHAPTER 6

패널요원 선정 및 훈련

1 패널의 분류

2 패널요원 선발

3 패널요원의 선정과 훈련

4 패널요원의 수행능력 평가 및 동기부여 방법

CHAPTER 6

패널요원 선정 및 훈련

관능검사 패널은 회사에서 제품의 품질관리 시 가장 중요한 도구로 쓰이고 있으며, 패널 육성의 성패는 패널요원의 선정 및 훈련에 사용된 엄격한 기준과 절차에 달려 있다. 효과적인 관능검사를 수행하기 위해서는 패널요원의 선발과 훈련, 패널 후보자의 관심과 시간적 여유, 패널 훈련을 할 수 있는 공간이 필요하다.

관능검사에 참여하는 사람들의 집단을 패널(panel)이라 하며, 패널을 통솔하는 사람을 패널 리더(panel leader), 평가를 하는 각 개인을 관능검사요원, 관능검사자, 패널요원 등으로 부르며 영어로는 panelist, subject, judge, assessor라고 표현한다.

1. 패널의 분류

관능검사의 패널은 다음과 같이 세 그룹으로 나눌 수 있다.

1) 전문가

이미 식품의 특성에 대하여 학습된 기준으로 객관적인 질적 검사를 할 수 있다. 예를 들어 포도주나 커피, 치즈 전문가 등이 있다.

2) 훈련된 패널

훈련된 패널은 관능적 특성의 강도를 결정하거나 식품의 전반적 품질을 평가할 때 요구된다. 5~10명 정도로 구성되며 식품 개발, 가공, 저장의 전 단계에 이용될 수 있다. 제품의 품질 평가에 영향을 주는 개인적 견해를 나타내지 않고 평가한다.

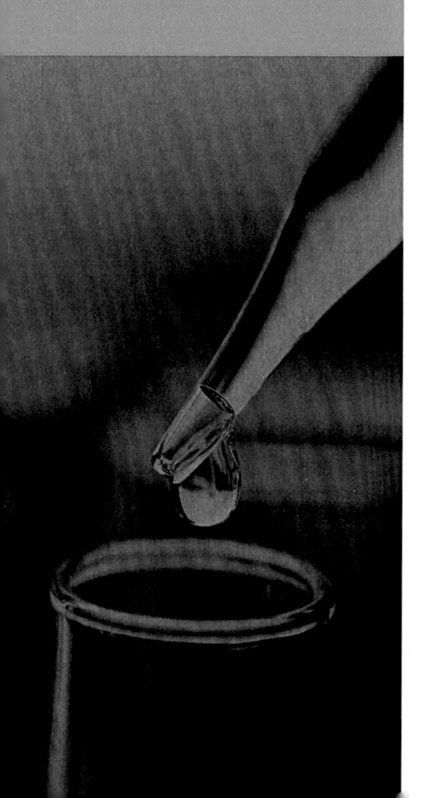

3) 소비자

일반 소비자나 훈련되지 않은 패널을 일컫는다. 이들은 식품시장에서 제품 사용자나 잠재적 소비자로서 각각 다른 연령대, 성별, 사회 경제적 지위, 교육수준, 거주지 등을 대표해야 하며 50명 이상으로 구성되어야 한다. 이들은 제품의 마케팅과 판매에 가장 중요한 정보를 제공할 수 있다.

- 소비자 패널 : 보통 제품 사용자 혹은 잠재적인 사용자
- 무경험 패널 : 훈련경험이 없는 패널. 시장에서 살아남지 못할 잠재적인 실패 제품을 선별하기 위한 패널
- 유경험 패널 : 단순 차이의 정도 혹은 차이의 방향을 측정하는 패널

2. 패널요원 선발

패널요원 선발 시에는 관능검사 진행 기간과 시간, 검사제품, 검사의 목적을 확실하게 알리고 후보자를 충분히 확보해야 한다.

선발기준은 검사방법에 따라 다르지만 공통적 요구사항으로는 첫째, 패널요원의 검사에 대한 관심이다. 관능검사에 흥미가 있고 의욕적인 패널요원이 좋은 검사결과를 나타낸다. 둘째, 시간적 여유가 있어야 한다. 과중한 업무에 시달리거나 스트레스를 많이 받는 사람은 제외하도록 하고, 관능검사 기간 중에 장기간의 여행이나 출장 등의 스케줄이 있는 경우도 피하도록 한다. 적어도 80% 이상 출석할 수 있어야 한다. 셋째, 신체적, 심리적 건강 상태가 양호해야 한다. 축농증이 있다거나, 감기를 앓고 있는 경우, 미맹인 경우는 검사를 잘 수행하기 어렵다. 검사하려는 시료에 알러지가 없어야 한다. 넷째, 어린이는 표현력 부족, 노인은 세포 감각 둔화로 정확한 평가를 하기 어려운 경우가 있으므로 평가 시료에 따라 패널요원으로 적합한지 고려해야 한다. 그 외, 제품의 특성에 따라 패널의 경제력, 성별, 사회적 지위, 거주 지역, 연령 등을 염두에 두고 패널요원을 선발하도록 한다. 그러나 과도한 사전 검사로 패널 후보자들이

관능 검사에 대한 의욕이나 동기를 잃지 않도록 한다.

3. 패널요원의 선정과 훈련

패널요원은 시료를 다루는 법, 평가지 사용 요령, 평가에서 추구하는 정보를 숙지하고 있어야 한다. 일단 평가가 시작되면 관능검사 관리자의 지시 없이 평가를 행할 수 있어야 하며 다음 사항을 잘 알고 있어야 한다.

첫째, 평가과정을 단계별로 숙지하고 있어야 한다. 한 번에 맛을 봐야 하는 시료의 양, 맛을 보는 방법(숟가락, 컵, 마시기), 시료의 접촉시간(마시기/뱉기, 순간 흡입, 깨물기/씹기)을 평가 전에 미리 결정하고 잘 지켜야 한다. 둘째, 검사지의 형태, 질문, 용어, 척도를 잘 이해하고 있어야 한다. 셋째, 사용될 관능검사 방법(차이식별검사, 묘사분석, 선호도 검사, 기호도 검사)에 대해 잘 이해하고 있어야 한다.

좋은 패널요원은 타고나는 것이 아니라 고도의 훈련과 전문가의 지속적인 지도로 만들어진다. 보통의 관능검사 수행능력을 갖고 있던 사람도 훈련을 통해 높은 수행능력을 가질 수 있다. 패널리더는 검사 초기에 용납되는 행위와 그렇지 않은 행위 사이의 경계를 분명히 해야 한다. 관능검사에 대한 상부의 적극적인 지지와 패널요원들의 능동적인 참여가 자격을 갖춘 준비된 패널을 모집하고 유지하는 데 중요한 요소가 된다.

1) 차이식별검사를 위한 패널요원의 선정과 훈련

(1) 패널요원 모집과 선정

초기 단계에서 패널요원 모집 시에는 명백한 결격사유가 없는 건강하고 관능검사를 위한 시간적 여유가 있는 후보자를 모집한다. 다음 단계에서는 적합하지 않은 후보자를 걸러내기 위하여 일련의 예비테스트(screening test)를 한다. 패널요원 후보자가 시료의 여러 가지 특성 중에서 하나의 특성을 구별해 내는지, 그리고 하나의 특성이 주어졌을 때 강도의 차이를 구별할 수 있는지 가려내는 것이 예비테스트의 목적이다. 패널요원 후보자를 가려내는 데에는 다음의 몇 가지 방법이 사용된다.

① 짝짓기검사 여러 가지 특성 중에서 주어진 특성을 구별해 내는 능력을 검사하는 것이다. 한계값 이상의 농도를 갖는 시료들을 제시하고 첫 번째 세트에 제시된 시료와 같은 특성을 갖는 시료를 두 번째 세트에서 찾는 것이다. 첫 번째 세트에 4~6개의 시료를 제시하고 그 특성에 익숙해지도록 한 뒤 두 번째 세트에서는 8~10개의 시료를 무작위로 제시하고 같은 특성을 갖는 시료를 선택하게 한다. 표 6-1은 맛에 대한 짝짓기검사 평가표의 예이다. 기준물질로 한계값 이상의 설탕물, 소금물, 카페인 용액, 명반 등을 사용한다. 정답률이 75% 이상인 후보자를 선정한다.

표6-1
맛에 대한 짝짓기 검사를 위한 평가표

첫 번째 세트의 시료	두 번째 세트의 시료	맛 묘사
831	________	
447	________	
235	________	
968	________	
753	________	
260	________	

〈보기〉 쓴맛, 단맛, 신맛, 짠맛, 매운맛, 구수한 맛, 떫은맛, 금속성 맛

② 차이식별검사 차이식별검사에서는 비슷한 시료들 중에서 차이가 있는 다른 하나를 찾아내는 능력을 검사한다. 예를 들어 성분이 약간 다른 시료를 식별해 내거나, 비슷한 시료 중 제조 공정에 차이가 있는 하나를 찾아내는 능력이 있는지 살펴본다. 농도를 달리한 2개의 설탕물이나 소금물, 식초물 등을 준비하여 농도의 차이를 삼점법이나 일·이점법을 이용하여 평가하도록 한다. 삼점법을 사용했을 때 평가가 쉬운 경우는 정답률이 60% 이상, 어려운 경우는 정답률이 40% 이상인 후보자를 선발한다.

③ 순위·평점검사법 시료를 주어진 특성의 강도에 따라 배열하는 능력을 평가하는 것이다. 시료를 무작위로 제시하고 여러 특성 중 하나의 특성에 대해 강도의 순서대로 표기하도록 한다. 단맛, 신맛, 짠맛, 쓴맛 등을 농도별로 제시하고 순위를 매기거나

15cm 직선상에 자극 강도의 위치를 표시하도록 한다. 표 6-2는 단맛의 강도에 대한 순위비교 검사표이다. 패널 후보자는 올바르게 순위를 결정한 사람과, 틀렸더라도 근소한 차이로 순위를 바꿔 쓴 사람을 선정한다.

표6-2 단맛 강도의 순위법 평가표

※ 제시된 시료를 단맛이 적은 것부터 많은 순으로 나열하시오.

	시료번호
거의 달지 않다	________
	________
	________
매우 달다	________

(2) 패널요원 훈련

평가를 위하여 시료를 올바르게 다루는 방법을 가르쳐 준다. 지시된 과정대로 평가를 수행할 것을 강조하고 평가 전에 향이 짙은 화장품을 쓰거나 향이 강한 음식을 맛보아 순응이 일어나는 일이 없도록 주의시켜야 한다. 개인적인 선입견과 편견을 최대한 배제하도록 한다. 평가지에 사용된 용어와 척도에 익숙하게 해야 하며 감기, 두통이나 그 외 신체적으로 불편할 경우에는 평가에 참여하지 않도록 한다.

2) 묘사분석 검사를 위한 패널요원의 선정과 훈련

(1) 패널요원 모집과 선정

묘사분석 검사를 위한 패널요원은 시료의 특성을 적절한 용어와 정량적 크기로 표현하고 다른 사람들과 의사소통할 수 있으며 시료에서 개념적 특성을 이끌어낼 수 있어야 한다. 패널 리더는 후보자들에게 묘사분석 검사는 어려운 평가법이고 집중과 주의를 요하므로 광범위한 훈련이 이루어져야 함을 알린다. 일차적으로 설문지를 통해 건강이나 시간적 여유 등에 대해 조사하여 검사에 흥미가 있고 80% 이상 검사에 참여할 수 있는 사람을 선택하고, 당뇨, 고혈압, 틀니, 축농증, 시료에 알러지가 있는 사람, 만성질환으로 인한 장기적 약물 복용으로 신경전달기능이 저하된 사람은 제외시킨다.

다음 단계로는 정확도, 예민도를 측정하기 위하여 삼점법이나 일·이점법에 의한 차이식별검사를 실시하여 삼점법의 경우 정답률 50~60% 이상인 후보를, 일·이점법의 경우 정답률 70~80%인 후보자를 선정한다. 또한 후보자는 주어진 자극의 특성을 80% 이상 일상용어, 과학적·기술적 용어 등을 이용하여 설명할 수 있어야 하고 나머지 부분도 최대한 설명하려고 노력해야 한다. 다음으로는 순위·등급법을 사용하여 후보자를 선정한다. 앞의 두 단계에서 이미 후보자가 많이 제외된 상태이므로 이 단계에 있는 후보자들은 실제 검사에 사용할 시료로 테스트를 할 수 있다. 시료들을 주어진 특성의 강도에 따라 배열하게 하며 80% 이상 올바르게 배열했거나 바로 인접한 시료들에 있어서만 그릇되게 평가한 후보자들을 선정한다.

마지막으로 인터뷰를 통하여 관능검사에 대한 관심이 어느 정도인지 검사의 중요성을 인식하고 책임감 있게 검사를 수행할 수 있는지 알아본다.

(2) 패널요원 훈련

첫 번째로 용어를 개발하는 단계인데 제품마다 특성이 다름을 인식하고 특성을 표현하는 묘사어와 용어의 정의에 익숙해지도록 한다. 패널 리더는 기준물질을 사용하면서 제품과 관련된 미각, 후각적 특성 등과 외관, 유동성과 같은 모든 물리·화학적 특성을 제시한다. 두 번째는 제품의 여러 가지 특성을 용어를 사용하여 묘사하면서 특성의 강도도 함께 나타내도록 훈련하는 것이다. 강도가 다른 3~5단계의 기준물질을 준비하여 훈련시킨다. 세 번째로 주어진 제품의 특성에 대한 용어 정의를 정확히 하도록 한다. 처음에는 제품이나 제품의 특성에 관해 제시된 모든 용어를 나열한 후 명확한 용어로 간추려 나간다. 용어를 정확히 나타내는 물질이나 시료를 제시한다. 네 번째로는 전체적인 관능검사 단계와 용어를 이해시키고 제품 간에 작은 차이도 감지하며 같은 시료를 평가할 때 재현성을 높이는 것을 훈련의 목적으로 한다. 마지막으로 훈련자들은 실제 묘사분석 검사에서와 같은 형태의 시료로 검사를 수행하고, 검사가 끝난 뒤 미팅을 통해 패널요원들 간에 의견을 교환하고 결과를 토론하고 제기된 문제를 논의하며 용어 사용을 수정한다.

4. 패널요원의 수행능력 평가 및 동기부여 방법

패널의 수행능력을 패널 전체 혹은 패널요원별로 지속적으로 평가하는 것이 중요하다. 패널의 수행능력은 정답률과 재현성으로 평가될 수 있는데 평균값으로부터의 차이, 표준편차를 계산하여 패널의 수행능력을 점검할 수 있다. 또 시료에 따라 판단이 달라지는 경우가 있으므로 사용된 용어를 재검토하고 훈련을 강화하여 수행능력을 올리도록 한다.

패널요원에게 가장 중요한 동기 부여의 한 방법은 자신이 중요한 일을 하고 있다는 인식을 갖게 하는 것이다. 프로젝트가 끝난 후 패널요원에게 검사의 목적, 결과, 평가가 제품에 미친 영향 등을 알려 주어야 한다. 매회 평가가 끝난 후 즉각적인 피드백을 해 주면 패널요원들은 자신들이 얼마나 관능검사를 잘 수행하고 있는지 알게 된다. 묘사분석평가가 끝난 후 토의를 하거나 데이터를 모두 수집한 뒤 패널요원들이 정기적으로 용어, 방법 및 정의를 수정하는 것이 좋다. 같은 시료에 대해 3~5회 정도 반복적으로 평가한 후 시료 특성에 대한 개인의 평가결과를 평균, 표준편차 등으로 알려줄 수 있다. 패널요원은 자신의 평균을 패널 전체와 비교할 수 있고 표준편차를 통해 각자의 재현성이 어느 정도인가를 알 수 있다.

피드백을 통한 심리적 보상 외에도 높은 출석률과 수행도, 수행능력이 개선되었을 때 또는 훈련과정을 완수했을 때 등에 대해서 적절한 보상이나 수료증 등을 줌으로써 강한 동기를 부여하고 바람직한 평가 결과를 얻을 수 있다. 단기간의 보상으로는 간단한 스낵 등을 제공할 수 있고 장기간의 보상의 경우 식사나 야유회 등을 할 수 있다. 패널활동을 사내 신문이나 지역통신을 통해 알리는 것도 현재의 패널요원들의 의욕을 고취시키고 패널 후보자를 모집하는 데 효과적이다.

CHAPTER 7

관능검사 방법

1 척도
2 차이 식별 검사
3 묘사분석
4 소비자 검사

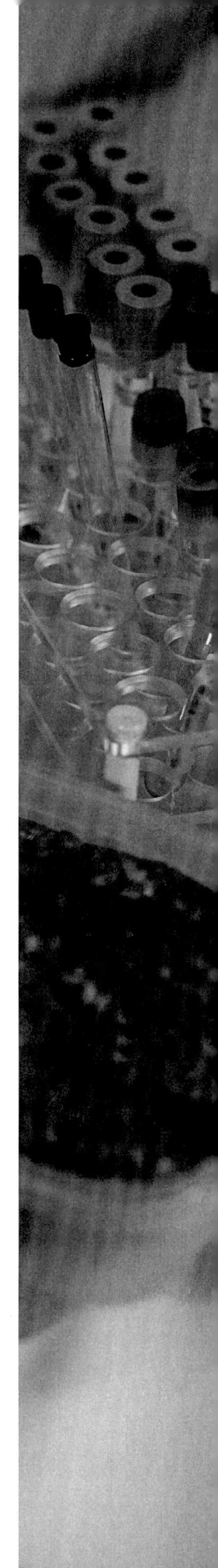

CHAPTER 7

관능검사 방법

관능검사는 사람이 식품으로부터 오감(시각, 청각, 미각, 촉각, 후각)을 통하여 느끼는 자극을 편견이나 오차 없이 정확하게 측정, 분석하고 해석하기 위한 과학적인 일련의 방법들이다. 또한, 관능검사는 평가하는 제품의 관능적인 특성을 인간이 인지하고 그 결과를 수치화하여 제품의 관능 특성의 정량화가 가능하게 한다. 이를 위한 관능검사의 방법은 다양한데, 이 장에서는 크게 분석적 관능검사인 차이 식별 검사와 묘사분석, 소비자 검사로 나누어 설명하고자 한다. 차이 식별 검사(discrimination test)는 검사물 간의 차이를 분석적으로 검사하는 방법인데 사용되는 방법에 따라 종합적 차이 검사와 특성 차이 검사로 구분한다. 묘사분석은 관능검사 방법 중 가장 정교하고 활용도가 높은 방법이다. 소비자 기호도 검사는 제품에 대한 소비자들의 기호도, 선호도를 알아보기 위한 목적으로 보통 제품 생산의 마지막 단계에서 행해지는 관능검사의 한 방법이다. 관능검사는 검사를 실시하는 목적에 따라 다음과 같이 분류된다.

분석적 관능검사

- 차이식별검사 : 차이식별검사는 시료들 간에 관능적인 특성의 차이가 있는지 없는지를 조사하는 종합적 차이검사와 2개 혹은 그 이상의 시료에서 특정한 관능적 특성이 차이가 있는지 없는지를 판별하기 위한 특성 차이 검사로 구분된다(152쪽 참조).
- 묘사분석 : 묘사분석은 "훈련된 패널을 통해 시료의 모든 관능적 특성을 출현 순서에 따라 질적 및 양적으로 묘사하는 총괄적인 방법"으로 정의된다(170쪽 참조).

소비자 검사

- 질적 소비자 검사 : 질적 소비자 검사는 일대일 또는 초점그룹 인터뷰·토의를 통해 소비자들이 감지 및 인지하는 제품의 관능적 특성, 소비자들의 요구, 제품 개발 및 개선 방향에 대한 정보를 획득하는 데 사용하는 방법이다(235쪽 참조).
- 양적 소비자 검사 : 양적 소비자 검사는 50명에서 수백 명의 대규모 그룹을 상대로 제품의 관능적인 특성에 대한 소비자들의 전반적인 기호도 또는 선호도를 알고자 할 때 실시하는 방법이다(236쪽 참조).

1. 척 도

1) 척도의 분류

식품을 관능검사하기 위해서는 평가의 척도를 나타낼 수 있는 방법들이 고안되어야 한다. 각 실험의 목적이나 제품의 특성에 맞는 척도가 사용되어야 정확한 검사가 이루어질 수 있으며, 이에 따라 우리가 원하는 관능검사 결과를 얻을 수 있을 것이다. 척도는 반응에 대한 강도를 표시하는 것으로 숫자나 그림, 언어 등으로 표시할 수 있다.

검사에서 얻은 데이터는 여러 가지 종류가 있을 수 있는데 데이터들이 가지는 특성에 따라 분류하면 다음과 같다.

(1) 명목 척도

라틴어로 'nomen'은 이름(name)을 뜻하는 말로서 명목 척도(nominal scale)는 어떤 특정한 순서나 양에 관계없이 단지 이름에 의해 분류하는 것이다. 따라서 이 척도에 의해 평가된 데이터들은 우열이나 순서가 없으며 데이터들이 가지고 있는 특성에 의해서만 단지 서로 다르게 분류될 뿐이다. 예를 들면 평가지에 평가자의 성별을 묻는 경우 평가자들은 남, 여로 구분될 수 있는데 이런 척도가 명목 척도이다. 또한 시료를 맛 본 후 시료의 특성을 가장 잘 나타내는 항목에 표시하게 하는 것도 명목 척도이다. 명목 척도의 예는 다음과 같다.

명목 척도의 예
다음 시료의 맛을 보고 시료의 특성을 가장 잘 나타내는 항목에 v표 하여 주십시오.

달다 _________
짜다 _________
시다 _________
쓰다 _________
맵다 _________

(2) 서수 척도

순서(order)를 의미하는 'ordinalis'의 라틴어에서 유래된 것으로 서수 척도(ordinal scale)란 시료들의 순위(ranking)를 평가하는 것이다. 관능검사의 순위법은 서수 척도를 사용한 것이다. 예를 들면 관능검사 시 시료의 짠맛을 평가할 때 짠맛이 가장 약한 것부터 짠맛이 가장 강한 것의 순서로 평가하는 것은 서수 척도에 속한다. 이 경우 각 데이터는 짠맛에 대한 시료의 순서 정보를 주기는 하지만 한 시료가 다른 시료에 비해 얼마나 더 짠지는 알 수 없다. 서수 척도의 예는 다음과 같다.

서수 척도의 예
다음 시료들을 맛 본 후 짠맛이 가장 약한 것을 1번, 짠맛이 가장 강한 것을 5번으로 하여 순서대로 순위를 적어 주십시오.

시료:	627	153	480	296	373
짠맛 순위:	______	______	______	______	______

(3) 간격 척도

간격 척도에 의해서 시료들은 일정한 간격으로 나누어지는 그룹으로 분류될 수 있다. 간격 척도(interval scale)는 어떤 특성의 강도를 일정하게 먼저 나누어 놓고 각 시료들이 이 중 어디에 속하는지를 결정한다. 예를 들면 시료의 단맛에 대해 평가할 경우 '달지 않다, 조금 달다, 달다, 매우 달다' 등으로 강도를 일정 간격으로 나누어 놓은 뒤, 각 시료들이 어디에 해당하는지를 평가하는 경우 간격 척도를 사용한 것이다. 이 경우는 시료들이 어느 정도의 단맛을 가지고 있는지를 알 수 있다.

항목 척도(category scaling, 구획 척도 : structured scale)와 선 척도(line scaling, 비구획 척도 : unstructured scale)가 해당되며 간격 척도에 의해 시료들의 특성에 대한 순서와 강도의 차이도 측정이 가능하다.

항목 척도(또는 구획 척도)의 예

다음 시료들을 맛 본 후 각 시료의 단맛이 어디에 해당하는지 V표 해 주시기 바랍니다.

시료 번호	471	381	169
없다(none)	______	______	______
아주 약하다(very slight)	______	______	______
약하다(slight)	______	______	______
조금 약하다(moderate slight)	______	______	______
보통이다(moderate)	______	______	______
조금 강하다(moderate strong)	______	______	______
강하다(strong)	______	______	______
매우 강하다(very strong)	______	______	______

선 척도(또는 비구획 척도)의 예

다음 시료를 맛 본 후 시료의 단맛에 해당하는 곳에 |표 해 주십시오.(15cm 척도)

시료번호 ______

단 정도 ---+--------------------+------------------+---------

매우 약하다 보통이다 매우 강하다

(4) 비율 척도

비율 척도(ratio scale)는 기준시료의 어떤 특성 강도에 비하여 측정하고자 하는 시료의 특성 강도가 얼마나 더 강한지 또는 더 약한지를 비율로 나타내는 것이다. 예를 들면 기준 시료의 단맛을 1로 하였을 때 시료가 3배 더 달면 시료의 단맛 강도를 3으로, 시료의 단맛이 반이면 0.5로 표시한다. 크기추정 척도(magnitude estimation scale)가 여기에 속하며 이 방법에 의해 평가된 데이터는 로그(log)형식으로 표준화하여 분석하기 때문에 비율을 나타낼 때 0이나 음수를 사용할 수 없다.

> 크기 추정 척도의 예
>
> 기준시료를 맛 보고 이를 100으로 했을 때 다음 시료의 짠맛 비율이 어느 정도인지 적어 주십시오.
> (단, 0이나 음수는 사용할 수 없습니다.)
>
> 기준시료: 100
> 시료 571: ( )
> 시료 439: ( )

2) 특정 목적을 위한 척도

(1) 얼굴 척도

주로 문장의 이해력이 낮은 어린이를 대상으로 하는 경우에 사용되는 척도로서 얼굴이 표현하는 느낌으로 기호도를 측정하기 위한 것이다.

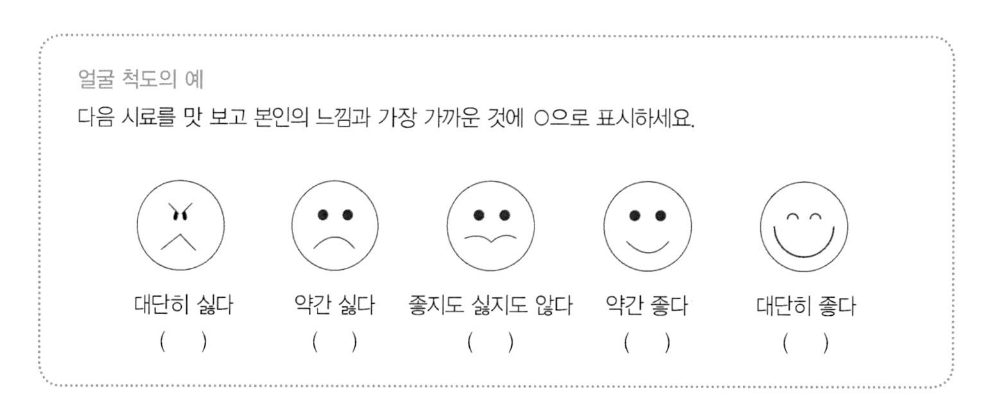

(2) JAR 척도(적당한 정도 척도)

JAR 척도(just-about-right scale)는 제품의 속성을 평가하고 소비자들이 가장 선호하는 제품의 특성을 알기 위해 사용하는 척도이다. JAR 척도에서는 어떤 특성에 대해 적당한 정도(just-about-right)를 가운데에 두고 양쪽에 약한 강도와 강한 강도를 두고 있다. JAR 척도에서는 척도의 간격이 균등하게 나누어져 있는 것이 아니므로 결과분석 시 일반적으로 평균값을 계산하지 않고 각 특성의 항목에 대한 백분율을 구한다.

JAR 척도는 어떤 제품의 품질을 수용할 것인지를 결정하는 데에도 이용할 수 있다. 즉 JAR의 비율이 몇 퍼센트 이상일 때 수용하겠다라고 기준을 설정하여 놓으면, 제품의 품질평가 후 기준에 따라 제품의 수용 여부를 결정할 수 있다.

JAR 척도의 예

다음 시료를 맛본 후 각 특성에서 해당하는 곳에 표시해 주십시오.

	□	□	□	□	□
1. 이 시료의 짠맛은	너무 약하다	약하다	적당하다(JAR)	강하다	너무 강하다
2. 이 시료의 신맛은	너무 약하다	약하다	적당하다(JAR)	강하다	너무 강하다
3. 이 시료의 단맛은	너무 약하다	약하다	적당하다(JAR)	강하다	너무 강하다

JAR 척도 결과분석의 예

(%)

	너무 약하다	조금 약하다	적당하다	조금 강하다	너무 강하다
짠맛	5	10	30	45	10
신맛	3	15	50	25	7
단맛	5	10	45	25	15

2. 차이 식별 검사

차이 식별 검사(discrimination test)는 검사물 간의 차이를 분석적으로 검사하는 방법으로 실제 사용되는 방법에 따라 크게 두 가지로 나뉜다.

첫째, 종합적 차이 검사(overall difference test)이다. 시료들 간에 관능적인 특성에 차이가 있는지 없는지를 조사하기 위한 방법이다. 이에 사용되는 관능검사 방법의 예로는 삼점 검사나 일·이점 검사 등의 방법이 있다. 이 검사는 관능적으로 시료들 간에 어떤 차이가 나타나는지 아닌지를 판정하기 위하여 사용하는 방법이다.

둘째, 특성 차이 검사(attribute difference test)이다. 어떤 특성이 시료 간에 관능적으로 차이가 있는지 없는지를 조사하기 위한 방법으로, 보통 관능검사 요원은 한 가지 특성에 집중하여 차이를 판정하도록 요구되며 다른 특성의 차이는 무시된다.

이에 사용되는 관능검사 방법의 예로는 이점비교검사(paired comparison test)나 순위법(ranking test) 등이 있다. 이 검사는 시료 간에 측정하고자 하는 특성이 차이가 있는지, 있다면 얼마나 차이가 나는지 측정하고자 할 때 사용하는 방법이다.

1) 종합적 차이 검사

(1) 삼점 검사(Triangle test)

① 원리 관능검사 요원에게 3개의 시료를 제시하고 그 중 2개의 시료는 같고 하나는 다르다고 알려준다. 관능검사 요원에게 왼쪽부터 오른쪽의 순서로 맛을 보게 하고 다른 하나의 시료를 고르도록 한다. 정답의 개수를 센 후 통계표(부록표 6)에 의하여 유의성을 판정한다.

② 특징과 이용 삼점 검사의 목적은 두 시료 간에 관능적 특성의 차이가 있는지 여부를 판정하는 것이다. 이 방법은 제품의 재료나 공정, 포장이나 저장 조건이 바뀜에 따라 제품이 차이가 나는지의 여부를 판정하고자 하는 경우, 혹은 차이를 판별할 수 있는 능력을 가진 패널요원을 선발하고자 하는 경우에 사용하기 적합하다. 삼점 검사는 시료 간에 관능적 특성의 차이가 적을 때 패널이 맞는 답을 선택할 확률이 1/3

로 이점 검사법이나 일·이점 검사법의 1/2에 비하여 낮다.

③ 관능검사 패널 보통 20~40명의 패널이 적당하지만 시료의 차이가 커서 판별이 쉬운 경우라면 12명 정도의 패널도 가능하다. 패널은 삼점 검사 방법을 이해하고 있으며 검사하는 시료에 익숙한 사람이 적당하다. 실제로 검사를 실시하기 전에 오리엔테이션을 실시하여 검사 방법과 제품의 특성을 설명해 주어야 한다.

④ 검사 방법 및 분석 세 가지 시료를 동시에 제공한다. 검사수행 시 제공될 수 있는 시료의 조합은 6가지(표 7-1)이며 위치 및 순위 오차를 고려하여 균형되게 또는 무작위로 배치한다. 패널요원에게 왼쪽부터 순서대로 맛보게 한 후 세 시료 중 다른 시료 하나를 고르게 한다. 감각의 둔화를 고려하여 한 번의 평가에는 4세트 이하의 시료를 평가하도록 하는 것이 바람직하다. 통계 분석은 통계표(부록표 6)를 이용하여 전체 응답수에 대한 정답수를 사용하여 유의성을 검증한다. 검사표와 검사용 표준시료 제시방법의 예는 다음과 같다.

이름: 날짜:

다음 각 세트에서 시료를 왼쪽에서 오른쪽의 순서로 맛 보고 3개의 시료 중 다른 하나의 시료를 골라 시료번호 옆의 괄호에 V표시하여 주십시오.

세트	시료번호	시료번호	시료번호
1	856 ( )	349 ( )	280 ( )
2	795 ( )	605 ( )	389 ( )
3	167 ( )	769 ( )	482 ( )

의견:

감사합니다.

예 기존 제품과 새로운 제품 간의 차이를 알아보기 위하여 48명의 패널을 사용하여 삼점 검사를 실시하였다. 결과는 다음 표와 같다.

표7-1 삼점검사 결과의 예

제시순서	답	패널의 수
AAB	1 2 5	8
ABA	1 4 3	8
BAA	5 2 1	8
ABB	5 1 2	8
BAB	3 2 3	8
BBA	3 2 3	8
총합		48

정답수 : 5+4+5+5+2+3=24

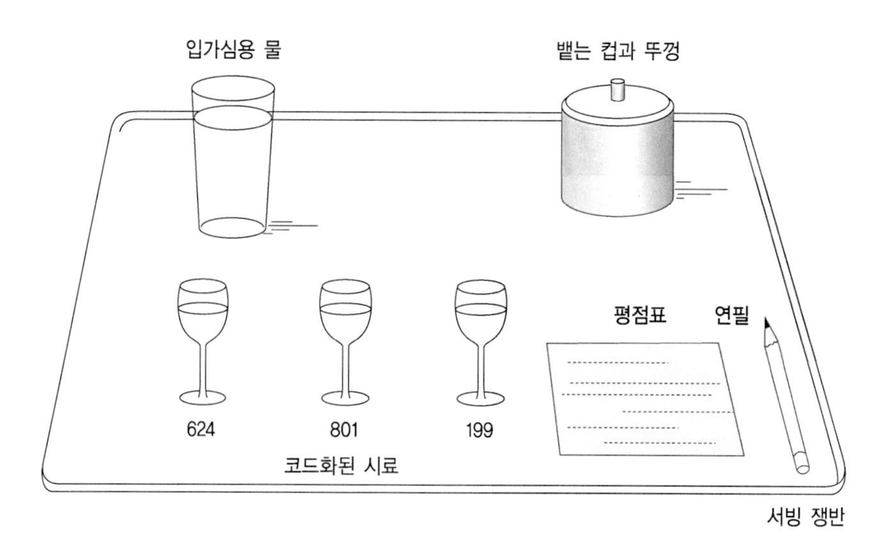

그림7-1 삼점검사를 위한 시료 제시 방법의 예

부록표 6에서 유의적인 차이를 보이는 최소 정답수는 검사원 수가 48명일 때 5% 수준에서 22명, 1% 수준에서 25명이므로 이 결과는 5% 수준에서 유의하게 기존 제품과 새로운 제품 간에 차이가 있다고 판정한다.

(2) 일 · 이점 검사(Duo–trio test)

① **원리** 관능검사 요원에게 3개의 시료를 동시에 제시하는데 제시되는 시료 중 하나

는 기준 시료이다. 관능검사 요원에게 왼쪽부터 오른쪽의 순서로 맛을 보게 하고 기준 시료를 제외한 다른 두 시료 중에 기준 시료와 동일한 시료를 고르게 한다. 이 방법은 삼점 검사에 적합하지 않은 시료를 평가할 때 주로 사용한다.

② 특징과 이용 일·이점 검사(Duo-trio test)는 제품의 차이가 성분이나 가공 방법, 포장 등의 요인에 의해서 영향을 받았는지 판별할 때나 어떤 특성이 눈에 띄게 바뀌지 않은 경우라도 전반적으로 제품이 차이가 있는지 없는지를 결정할 때 사용할 수 있는 방법이다.

③ 관능검사 패널 최소한 15명의 패널이 필요하며 30명 이상의 패널을 사용하면 분별력이 더 커지고 오차를 줄일 수 있다.

④ 검사 방법 및 분석 3개의 시료를 동시에 제시하는데 기준시료를 제외한 두 시료를 위치 및 순위 오차를 고려하여 균형되게 배치한다. 패널요원에게 왼쪽부터 순서대로 맛 보게 한 후 두 시료 중 기준 시료와 동일한 시료를 고르게 한다. 통계 분석은 이점검사의 유의성 검정표(부록표 5)를 이용하여 전체 응답 수에 대한 정답수를 사용하여 유의성을 검증한다. 검사표와 검사용 표준시료 제시방법의 예는 다음과 같다.

이름: 날짜:

다음 시료를 왼쪽에서 오른쪽의 순서로 맛보십시오. 가장 왼쪽에 있는 시료가 기준 시료입니다. 시료 번호가 쓰여진 두 시료 중 기준 시료와 같은 시료를 골라서 시료번호 옆의 괄호에 표시하여 주십시오.

기준 시료	시료번호	시료번호
	395 ( )	681 ( )

의견:

감사합니다.

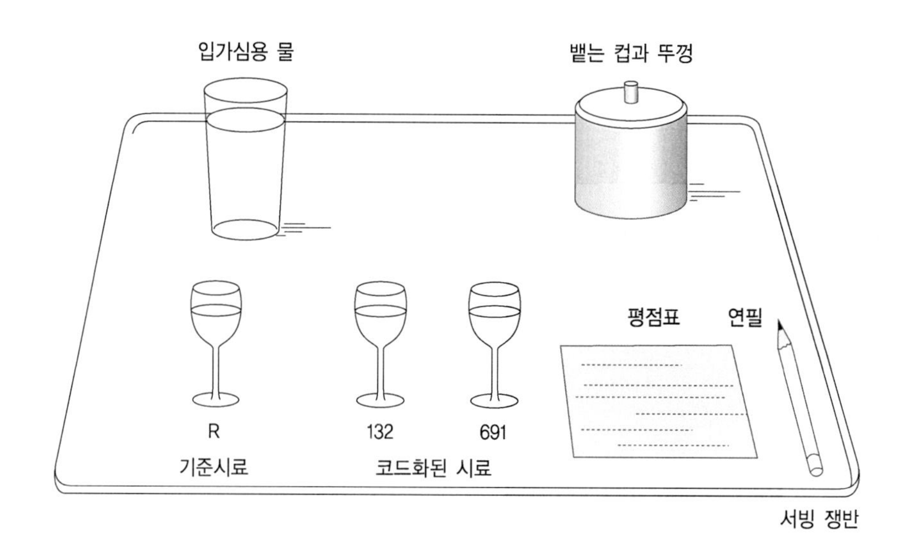

그림7-2
일·이점 검사를 위한 시료 제시 방법의 예

예 기존 젤리(A)와 새로운 성분을 첨가하여 제조한 신제품 젤리(B) 간의 차이를 알아보기 위하여 50명의 패널로 균형기준시료를 이용한 일-이점 검사를 실시하여 다음과 같은 결과를 얻었다.

표7-2
일–이점 검사 결과

A 기준시료	A B / B A	B 기준시료	A B / B A
답	8 5 / 4 9	답	3 9 / 9 4

정답 수 : 8+9+9+9=35

부록표 5에서 유의적인 차이를 나타내는 최소 정답 수는 검사원수 50명일 때 5%와 1%의 유의수준에서 각각 32명, 34명이다. 그러므로 1%의 유의수준에서 기존 젤리는 신제품과 차이가 있다고 판정한다.

(3) 단순 차이 검사(Simple difference test)

① 원리 관능검사 요원에게 2개의 시료를 동시에 제시하는데 제시되는 시료 중 절반은 서로 다른 시료(A/B, B/A), 다른 절반은 같은 시료(A/A, B/B)이다. 관능검사 요원에게 왼쪽부터 오른쪽의 순서로 맛을 보게 하고 두 시료가 같은지 다른지를 평가하게 한다. 응답 결과는 통계표(부록표 2)에 의하여 비교분석하여 유의성을 판정한다.

이 방법은 삼점검사나 일-이점 검사가 적합하지 않은 시료를 평가할 때 주로 사용한다. 단순 이점 차이 검사(Paired difference test)라고도 한다.

② 특징과 이용 단순 차이 검사는 두 시료 간의 관능적 특성에 차이가 있는지 여부를 판정하고자 하는 경우에 사용한다. 이 방법은 제품의 재료나 공정, 포장, 저장 조건에 따라 제품 품질에 영향을 주는지를 판정하고자 할 때, 혹은 특정 품질 특성에 의해 영향을 받지 않았을 때 전반적으로 제품이 차이가 있는지를 결정할 때 사용할 수 있는 방법이다.

③ 관능검사 패널 20~50명의 유경험 패널이 필요하며 4개의 시료를 각각 20~50번 제시해야 하지만 복잡한 시료일 경우 한 패널이 한 쌍만 평가하도록 한다.

④ 검사 방법 및 분석 시료는 동시에 제시하는데 제공되는 4쌍의 시료는 균형되게 준비하여 무작위로 배치한다. 패널요원에게 2쌍씩 맛보게 한 후 두 시료가 같은지 다른지 평가하게 한다. 통계분석은 통계표(부록표 2)를 이용하여 맞는 응답과 틀린 응답을 비교하여 χ^2 검정으로 통계적 유의성을 검증한다.

이름: 날짜:

제공된 시료를 왼쪽에서 오른쪽의 순서로 맛 보십시오. 2개의 시료가 같은지 다른지 평가하여 아래에 O표하여 주십시오.

2개의 시료가 같다. ______________________________

2개의 시료가 다르다. ______________________________

의견:

감사합니다.

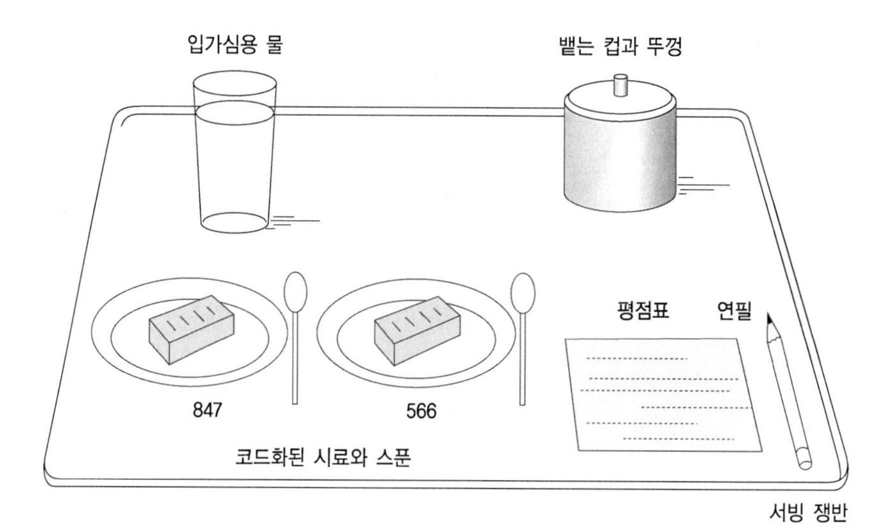

그림 7-3 단순차이 검사를 위한 시료 제시 방법의 예

예 제품의 가공 방법을 결정하기 위하여 기능성 성분을 분말 상태로 첨가한 요구르트(A)와 농축액 상태로 첨가한 요구르트(B)가 차이를 보이는지 조사하였다. 80명의 패널에게 동일 시료 조합(AA, BB)과 이질 시료 조합(AB, BA)을 제공하고 다음과 같은 결과를 얻었다.

표 7-3 단순 차이 검사 결과의 예

응답내용	동일쌍(AA, BB)	이질쌍(AB, BA)	합
같다	24	14	38
다르다	16	26	42
합	40	40	80

$$\chi^2 = \Sigma \frac{(O-E)^2}{E} \ (O : \text{응답수}, E : \text{기댓값})$$

같다의 기댓값 $E = 38 \times \frac{40}{80} = 19$

다르다의 기댓값 $E = 42 \times \frac{40}{80} = 21$

$$\chi^2 = \frac{(24-19)^2}{19} + \frac{(14-19)^2}{19} + \frac{(16-21)^2}{21} + \frac{(26-21)^2}{21} = 5.011$$

계산된 값 5.011은 χ^2 분포표(부록표 2)에서 확률(α)=0.05, 자유도(df)=1에서의 값인 3.84보다 큰 값이므로 5% 유의수준에서 통계적으로 유의한 차이가 있다. 따라서 2가지 형태의 첨가 방법은 차이가 있으므로 기호도 조사를 실시하여 어느 형태의 첨가가 더 기호도가 높은지 확인하여 첨가 형태를 결정해야 한다.

(4) A-not-A 검사("A"-"Not A" test)

① **원리** 검사를 수행하기 전에 관능검사 요원에게 1개(A or not A), 2개(A and not A), 또는 10개의 시료를 순서대로 제시하여 시료 A와 not-A에 익숙해지게 해야 한다. 검사를 실시한 후 관능검사 요원이 올바르게 평가했는지, 틀리게 평가했는지를 비교한다. 이 방법은 삼점 검사나 일-이점 검사가 적합하지 않을 때 주로 사용한다.

② **특징과 이용** A-not-A 검사는 제품의 품질 차이가 재료나 가공, 포장, 저장 등의 요인에 의해 영향을 받았는지를 판단하고자 할 때, 혹은 두 시료 간의 차이를 종합적으로 평가하지만 표준 제품으로 단 하나의 제품을 사용하기 곤란한 경우에 이용한다. 종합적인 차이를 판별할 수 있는 패널요원을 선발하고자 하는 경우에도 사용하기 적합한 방법이다.

③ **관능검사 패널** 보통 A와 not-A를 식별할 수 있는 요원으로 10명에서 50명의 훈련된 패널이 적당하며 각 시료를 20번에서 50번 제시하여 연속적 평가를 하는 것이 가능하다.

④ **검사방법** 시료는 검사가 끝날 때까지 밝히지 않으며 임의의 번호를 붙여 임의의 순서대로 제시한다. 검사 수행 시 A와 not-A 시료의 수는 동일해야 한다. 통계분석은 부록표 2를 이용하여 전체 응답 수에 대한 정답수를 사용하여 χ^2 검정으로 통계적 유의성을 검증한다. 검사표의 예는 다음과 같다.

이름: 날짜:

검사에 임하기 전 시료 A에 익숙해지도록 훈련합니다. 제공된 시료를 맛보십시오.
시료가 A인지 A가 아닌지 평가하여 아래에 O표하여 주십시오.

시료번호	A	not-A	시료번호	A	not-A
( )	______	______	( )	______	______
( )	______	______	( )	______	______
( )	______	______	( )	______	______
( )	______	______	( )	______	______
( )	______	______	( )	______	______
( )	______	______	( )	______	______

의견:

감사합니다.

예 혼합 과일 주스를 생산하는 회사에서 재료로 사용되는 과일 중 몇 가지를 다른 나라에서 수입하여 주스를 제조하고 새로 만든 주스가 기존의 혼합 과일 주스와 차이가 있는지 차이 식별 검사를 하고자 한다. 패널요원 10명은 기준 주스(A)에 익숙해지도록 훈련을 마치고 A와 not-A 시료를 각각 10개씩 검사하였다. 결과는 다음의 표와 같다.

표7-4 A not-A 검사 결과의 예

응답 시료	A	not-A	Total
A	34	20	54
not-A	16	30	46
Total	50	50	100

$$\chi^2 = \Sigma \frac{(O-E)^2}{E} \quad (O: \text{응답수}, E: \text{기댓값})$$

A의 기댓값 $E = 54 \times \frac{50}{100} = 27$

not-A의 기댓값 $E = 46 \times \frac{50}{100} = 23$

$$\chi^2 = \frac{(34-27)^2}{27} + \frac{(20-27)^2}{27} + \frac{(16-23)^2}{23} + \frac{(30-23)^2}{23} = 7.889$$

이 수치는 χ^2 분포표(부록표 2)에서 확률(α)=0.05, 자유도(df)=1에서의 값인 3.84보다 큰 값이며 확률(α)=0.01, 자유도(df) =1에서의 값인 6.63보다도 큰 값이다. 그러므로 1% 유의수준에서 통계적으로 유의한 차이가 있다. 따라서 새로운 수입 과일을 이용한 주스는 기존의 주스와 차이가 있으므로 기호도 조사를 실시하여 어느 주스가 더 기호도가 높은지 확인하여 과일의 산지를 결정해야 한다.

(5) 다표준 시료 검사(Multiple standard test)

① 원리 관능검사 요원에게 4~5개의 시료를 제시하는데 일반적으로 2~5개의 표준검사 제품과 비교검사 제품을 패널에게 제공하고 가장 다른 시료를 선택하게 한다. 이 검사는 보통 표준시료가 1개의 제품으로 표현될 수 없는 특별한 종류의 검사에 이용한다.

② 특징과 이용 다표준 시료 검사는 제품의 원료 대체나 성분, 가공, 저장, 포장 등의 요인에 의해서 제품이 영향을 받는지 판별할 때 사용되며 많은 가변성을 가진 기존 제품에 비하여 새로운 시료의 차이를 알고자 할 때 여러 개의 표준검사 제품과 비교검사 제품을 동시에 제공하여 검사를 실시한다. 다표준 시료검사는 A-not-A검사와는 달리 대조군에 대한 학습을 하지 않는다.

③ 관능검사 패널 보통 8명의 패널이 적당하지만 그 이상일 경우 분별력이 커지고 오

차를 줄일 수 있다.

④ 검사 방법 및 분석 시료는 번호를 붙여 동시에 제공하며 순위 및 오차를 고려하여 무작위로 배치한다. 패널요원에게 왼쪽부터 순서대로 맛을 보게 한 후 가장 다른 시료를 표시하게 한다. 통계분석은 가장 다른 검사제품을 고르는 횟수에 대한 통계처리를 한다. 검사표의 예는 다음과 같다.

이름: 날짜:

왼쪽에서 오른쪽의 순서로 제공된 시료의 번호를 아래에 표시하고 각각을 맛보십시오.
가장 다르다고 생각되는 시료의 번호에 O표 하여 주십시오.

세트	시료번호	시료번호	시료번호	시료번호
1.	( ) ______	( ) ______	( ) ______	( ) ______
2.	( ) ______	( ) ______	( ) ______	( ) ______
3.	( ) ______	( ) ______	( ) ______	( ) ______

의견: 감사합니다.

예 40명의 패널이 3개의 표준검사 제품과 1개의 비교검사 제품으로 구성된 다표준검사를 실시하였다. 가장 다르다고 생각된 시료로 비교검사 제품을 선택한 검사자가 15명(x=15)이라면 z 통계는 다음과 같이 계산된다. 이때 통계는 우연히 맞출 확률이 1/4이므로 P=1/4 이라는 가설을 이용한다.

$$z = \frac{x - n(P_0)}{\sqrt{n(P_0)(1 - P_0)}} = \frac{15 - 40(1/4)}{\sqrt{40(1/4)(3/4)}} = \frac{5}{2.74} = 1.825$$

P_0(우연히 맞출 확률) = $1/(s+1)$, s: 표준제품의 수, n: 패널 수

이 검사의 z 통계는 표준정규분포를 따르는데 이 검사에서 얻은 값인 1.825는 부록의 Student's t-분포표(부록표 7)에서 자유도가 무한대일 때 5% 유의수준에서의 값인 z=1.64보다 크다. 그러므로 비교검사 제품은 표준검사 제품들과 5% 유의수준에서 통계적으로 유의한 차이가 있다.

2) 특성 차이 검사

특성 차이 검사(Attribute difference tests)는 2개의 시료 혹은 둘 이상의 시료에서 특정한 관능적 특성이 차이를 보이는지, 보이지 않는지를 판별하는 검사이다.

2개의 시료에서 차이를 비교하는 경우는 검사의 방법이나 통계처리가 비교적 간단하지만 시료의 수가 셋 이상이 되는 경우는 분산분석이나 더 특별한 통계처리 방법을 사용하여 분석해야 한다.

(1) 이점비교검사(Paired comparison test)

① 원리 이점비교검사는 어떤 특정한 관능적 특성에 대하여 두 시료의 차이를 조사하기 위하여 사용된다. 관능검사 요원에게 2개의 시료(A, B)를 동시에 제시했을 때 특정 성질의 강도가 더 강한 시료를 고르게 하는 방법으로 우연히 맞출 수 있는 정답 확률은 50%이다.

② 특징과 이용 다른 검사보다 시료 수가 적고, 관능검사 방법이 간단하여 많이 사용하는 검사법이다. 단점으로는 패널요원이 특성에 대해 완전히 이해하지 못했을 경우 정확도가 떨어질 수 있다. 이점비교검사는 차이가 없다는 응답을 하지 않도록 의무선택(forced choice technique)하는 방법과 차이가 없다는 응답을 허용하는 2가지 경우를 들 수 있다. 차이가 없다는 응답 결과 분석 시 응답수를 동등하게 나누거나, 누락시키는 방법 중 하나를 선택하게 하며 이는 통계적으로 다른 결과를 나타낸다.

③ 관능검사 패널 이 검사에 임하는 패널은 많은 훈련을 받을 필요는 없다. 그러나 제품화된 시료를 검사할 경우 또는 제품의 이취(off-flavor)를 평가하는 등 검사가

매우 중요한 경우에는 고도로 훈련된 패널이 요구되기도 한다.

④ **검사 방법 및 분석** 시료는 2개를 동시에 제시하며 통계분석은 특성이 확실히 구분되는 시료를 선택했을 경우에는 통계분석표의 단측검정을 사용하고, 구분은 되지만 어떤 시료가 강한지 확실한 구별이 어려울 경우에는 양측검정을 사용한다.

예 기존 제품으로 판매되던 샐러드 드레싱(A)이 단맛이 너무 강하다는 소비자들의 지적이 있어서 당의 종류를 달리하여 단맛을 줄인 드레싱(B)을 개발하고 30명의 패널을 이용하여 단맛이 더 강한 시료를 고르게 하는 이점 비교 검사를 실시하였다. 결과는 다음의 표와 같다.

표7-5 이점비교검사 결과의 예

제시순서	답	패널의 수
A B	10 5	15
B A	4 11	15
총 합		30

위의 결과표에 의하면 전체 30명의 패널 중 21명의 패널이 기존 제품이 더 달다고 응답하였다. 이점검사의 유의성 검정표(부록표 5)에 의하면 확률(α=0.05)에서 30명의 검사자 중 20명 이상이 맞추어야 유의하므로 이 결과는 유의한 차이를 보이는 것이다. 그러므로 당의 종류를 달리한 신제품은 기존제품에 비하여 유의적으로 단맛이 감소하였다는 결론을 내릴 수 있다.

(2) 3점 강제선택 차이 검사(3-Alternative Forced Choice Test : 3-AFC Test)

① **원리** 3점 강제선택 차이 검사는 삼점 검사와 유사하지만 두 시료의 차이를 비교함에 있어서 두 시료 중 한 가지는 항상 쌍으로 준비하여 동일 시료로 사용한다. 이때 특정 성질이 강한 시료를 홀수 시료로 하고 성질이 약한 시료를 짝수 시료로 하여 제시하고 세 가지 시료 중 성질이 더 강하다고 생각되는 시료를 선택하게 한다.

② **특징과 이용** 3점 강제선택 차이 검사의 질문은 홀수 시료를 선택하거나 짝수 시료를 고르도록 하지 않고 성질이 더 강한 시료를 선택하도록 하며, 이 검사 방법을 사용하기 위해서는 두 시료 중 어떤 시료의 성질이 더 강한지 미리 알고 있어야 한다.

③ **검사 방법 및 분석** 데이터 분석은 삼점 검사와 유사하지만 홀수 시료가 고정되므로 시료의 제시 순서는 ABA, AAB, BAA의 세 가지만 가능하다. 결과분석은 삼점 검사의 유의성 검정표를 사용한다. 검사표의 예는 다음과 같다.

이름: 날짜:

시료를 받으면 시료를 왼쪽에서 오른쪽의 순서로 맛보고 3개의 시료 중 단맛이 더 강한 시료를 골라 시료 번호 옆의 괄호에 ○표 하여 주십시오.

시료번호 시료번호 시료번호
392 ( ) 850( ) 217( )

감사합니다.

예 현재 생산되고 있는 딸기 음료를 고급화하기 위하여 음료에 첨가되는 딸기 과즙의 함량을 증가시키려 한다. 이때 10%의 딸기 과즙을 증가시키는 경우 딸기 음료에서 느껴지는 딸기의 맛은 차이가 있는지 확인하고자 60명의 패널을 이용하여 3점 강제선택 차이 검사를 실시하였다. 결과는 다음의 표와 같다.

60명의 패널요원 중 28명이 정답을 맞추었는데 이는 삼점 검사표(부록표 6)에 의

표7-6 결과표

제시 순서	답	패널의 수
AAB	5 6 9	20
ABA	4 10 6	20
BAA	9 9 4	20
총합		60

정답 수 : 9+10+9=28

하면 5% 유의수준에서 유의적인 차이를 보이는 것이었다. 이로부터 고품질의 딸기 음료를 제조하기 위하여 10%의 딸기 과즙 함량을 증가하는 것이 음료의 딸기 맛에 영향을 주었다고 판정한다.

(3) 순위법(Ranking test)

① 원리 순위법은 패널요원에게 2개보다 많은 시료를 제시하여 특성이 강한 것부터 순위(1, 2, 3 …)를 정하게 하는 검사법이다. 이 검사법은 본 실험 전에 시료 선택을 위해서 또는 실험 후 더 자세한 평가를 위해 적합한 시료를 선정하고자 할 때 유용하게 사용된다.

② 특징과 이용 관능검사 시 특성이 가장 높은 시료 또는 가장 낮은 시료를 선택할 때 이용하며 시료 간에 자세한 비교 평가를 하기 위해 일차적으로 사용한다. 이 검사법은 관능검사 시 특성강도 순위에 따라 위치를 변경하여 순위를 정하게 하는 경우도 있다. 단시간에 검사할 수 있는 장점이 있으며 한번에 많은 시료를 평가하는 데도 유리하다.

패널에게는 가능하면 시료를 동시에 제공하며 시료 배치 순서를 균형있게 한 후 패널에게 임의로 제공하는 방법이 많이 사용된다. 평가 횟수를 증가시키기 위해 동일한 시료를 같은 패널에게 여러 번 제공할 수 있으나 시료 기호나 번호를 달리하여 제시하여야 한다. 한 패널요원이 동일한 시료 묶음을 두 번 이상 평가하는 경우 평가 결과가 향상된다. 또한, 시료 간의 차이를 확실하게 구분할 수 있지만, 시료 간의 강도의 차이 정도는 알 수 없다. 그러므로 두 시료 간의 차이가 큰 경우와 작은 경우 모두 순위의 한 단위로 분리하게 된다.

③ 관능검사 패널 순위법을 사용하는 경우 패널의 수가 8명 미만이면 적합하지 않다. 패널의 수가 16명 이상으로 증가되면 식별 가능성이 크게 향상되며 패널들은 정해진 특성에 대해 훈련과정을 갖는 것이 바람직하다. 검사 목적에 따라 시료 간 특성 강도의 작은 차이를 발견할 수 있는 훈련된 패널을 선택하기도 한다.

④ **검사 방법 및 분석** 시료는 보통 3~6개가 적당하며 10개를 넘지 않도록 한다. 결과 분석은 Basker의 최소 유의성 검정표(부록표 4) 또는 순위법 유의성 검정표(부록표 3)의 최소유의범위를 사용하거나 χ^2 검정 또는 분산분석과 Duncun의 다범위 검정을 사용하여 통계분석을 한다. 검사표의 예는 다음과 같다.

이름: 날짜:

왼쪽에서 오른쪽의 순서로 제공된 시료의 번호를 아래에 표시하시고 각각을 맛보십시오.
가장 단맛이 강하다고 생각되는 시료가 1, 가장 단맛이 약한 시료가 4의 순위가 되도록 순위를 표시하여 주십시오.

시료번호 ( ) ( ) ( ) ( )
순 위 ________ ________ ________ ________

시료번호 ( ) ( ) ( ) ( )
순 위 ________ ________ ________ ________

의견:

감사합니다.

예 어느 제과회사에서 다양한 과일잼을 첨가한 새로운 맛의 과자를 개발하기로 하고 4가지 새로운 제품을 만들었다. 이때 이들 제품의 단맛을 순위법으로 평가하였다. 그 결과는 다음 표와 같다.

표7-7
순위법 결과의 예

패널요원	과자 A	과자 B	과자 C	과자 D
1	3	2	1	4
2	4	1	2	3
3	3	1	2	4
4	3	2	1	4
5	4	2	1	3
6	3	4	1	2

(계속)

패널요원	과자 A	과자 B	과자 C	과자 D
7	3	1	2	4
8	2	3	1	4
9	3	1	2	4
10	1	4	3	2
11	4	1	2	3
12	3	2	1	4
13	2	1	4	3
14	4	1	2	3
순위합	42	26	25	47

분석 1 : 순위법 유의성 검정표 이용

표준시료가 없는 경우는 최소·최대 비유의적 순위법 검정표의 위의 값을 사용하고 표준시료가 있는 경우는 아래의 값을 사용한다.

위의 결과에 의하면 순위합의 범위는 25~47이고 순위법 유의성 검정표(부록표 3)의 값은 5% 유의도에서 26~44이다. 최소 순위합 25가 26보다 작고 최대 순위합인 47은 44보다 크므로 5% 유의수준에서 최소 순위합과 최대 순위합 간에 유의차가 있다는 결론을 내릴 수 있으므로 과자 D와 과자 C의 단맛에는 유의적 차이가 있다.

분석 2 : Basker의 순위합의 차이값 검정표 이용

Basker의 순위법 유의성 검정표(부록표 4)에서 시료가 4개이고 패널이 14명인 경우 5% 유의수준에서 유의성을 나타내는 순위합의 차이값은 18이다. 따라서 결과는 다음과 같이 정리될 수 있다.

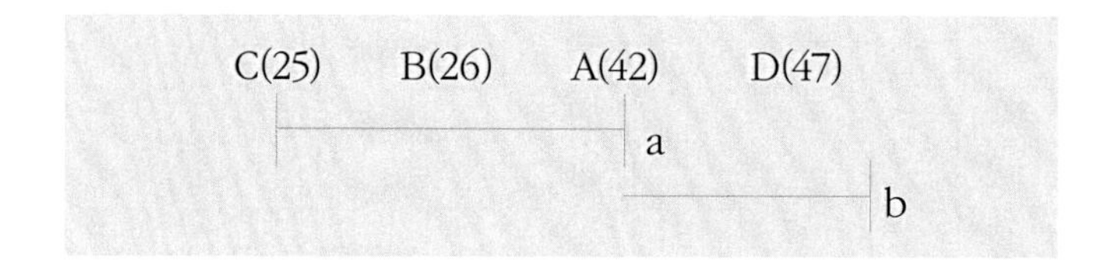

이때 같은 알파벳으로 표시된 순위 사이에는 5% 유의 수준에서 유의한 차이가 없

음을 의미한다. 이 결과를 표로 정리하면 다음과 같다.

시료	A	B	C	D
순위합	42ab	26a	25a	47b

표7-8 순위검사 결과의 예

분석 3 : χ^2 검정법 이용

순위합의 유의성을 검정하기 위하여 총 순위합 간에 차이가 있는지를 확인하기 위한 통계는 다음의 식과 같다.

$$\chi^2 = \left(\frac{12}{bt(t+1)}\right)\Sigma R_i^2 - 3b(t+1)$$

b : 패널의 수 = 14, t : 시료의 수 = 4

R_i : 순위합

$$\chi^2 = \left(\frac{12}{14 \times 4 \times 5}\right)(42^2 + 26^2 + 25^2 + 47^2) - 3 \times 14 \times (4+1)$$
$$= 16.029$$

이 값은 부록표 2에 의하여 얻은 자유도 3에서 5% 유의수준의 값인 7.81보다 큰 값이므로 이 순위법에 의한 결과는 시료 간에 유의적인 차이를 보인다고 결론내릴 수 있다.

(4) 평점법(Scaling test)

① **원리** 척도법이라고도 하며 주어진 시료들의 특성 강도의 차이가 어떻게 다른지를 정해진 척도에 따라 평가하는 방법이다. 일반적으로 기준시료 없이 3~7개의 시료를 이용하지만 경우에 따라 8개까지 제시가 가능하다.

② **특징과 이용** 척도의 종류는 구획 척도(structured scale)와 비구획 척도(unstructured scale)로 나뉘며 구획척도는 보통 1~9점의 항목 척도가 사용되고, 비구획 척도로는 15cm의 선 척도(line scale)가 사용된다. 항목척도를 사용하는 경우

관능검사 패널요원들은 시료를 맛 본 후 평가한 항목의 강도를 숫자로 표시하도록 한다. 선척도의 경우 해당 강도를 직선상에 표시한다. 직선은 보통 15cm이며 양끝은 1.25cm 들어온 곳에 한계점을 표시한다.

순위법과 마찬가지로 패널요원에게 동일한 시료로 이루어진 묶음을 여러 번 제시할 수 있다. 이 검사법 또한 3번 이상 평가하는 경우 식별 가능성이 증가한다. 평가해야 할 특성이 2개 이상이면 분리하여 독립적으로 평가하는 것이 원칙이지만 평가 항목이 많은 경우 원칙을 따를 수 없게 된다. 각 특성을 분리하지 않을 경우 특성이 서로 연관돼서 검사에 바람직하지 못할 수 있다.

③ 관능검사 패널 평점법의 경우 각각의 특성의 인지강도 수치화와 특성 간의 영향 오차를 줄이기 위해 강도 높은 훈련이 필요하며, 검사요원은 8명 이상이 되게 하는데, 16명 이상이면 식별력이 크게 향상된다. 훈련된 관능검사 패널이 동원된다.

④ 검사 방법 및 분석 기준시료 없이 여러 개의 시료를 제시하여 정해진 척도에 따라 평가하는 방법이다. 선척도의 경우 왼쪽 끝으로부터 표시된 지점까지의 거리를 점수로 환산하여 통계분석한다. 통계분석은 패널요원들의 평가점수에 대해 분산분석(ANOVA)을 통해 유의성 검정과 시료 간 다중비교분석을 한다.

평점법의 예는 9장에서 SAS 및 엑셀함수를 이용한 통계 분석과 함께 설명하였다.

3. 묘사분석

만약 누군가 나에게 내 가장 친한 친구의 외모에 대해서 물어보았다고 가정해 보자. 이러한 질문에 "내 친구는 예쁘지," "그는 멋있지' 또는 "그녀는 키가 크지"라고 간단하게 답할 수 있다. 하지만 그 친구의 외모를 좀 더 자세하게 묘사해 달라는 요청을 받는다면, 우리는 "우선, 그녀는 165cm의 키에 마른 체형이며, 팔과 다리가 상대적으로 길지. 얼굴형은 광대뼈가 튀어나오긴 했으나 계란형이고, 긴 생머리를 어깨까지 드

리우고 있으며 이마는 얼굴 전체의 1/3을 차지할 만큼 크고 넓지. 또한 콧날은 오뚝하고 인중은 크고 진하며 입은 크고 입 꼬리는 올라갔으며 입술색은 체리처럼 붉어. 귀는 조금 작은 편이나 귓불은 크고 두텁지."라고 그 친구의 외모를 상세하게 묘사할 수 있다. 하지만, 그 질문자 또는 제3자도 그 친구를 우리가 묘사한 것처럼 동일하게 묘사할까? 어느 정도는 비슷하게 묘사할 수 있지만, 사람마다 묘사하는 방식과 강조하는 내용은 다를 것이다. 그러나 묘사를 하는 방법에 대해서 일련의 교육과 훈련을 받는다면 이러한 과정을 성공적으로 수료한 사람들 사이에서는 묘사를 하는 방식 및 내용에 있어서 서로 간에 차이가 크지 않을 것이다.

이러한 묘사방법을 식품 관능검사에도 적용해 볼 수 있다. 우리가 사과를 묘사할 경우 "이 사과는 단단하고 달아."라고 간단하게 기술할 수 있다. 하지만 이를 상기의 예와 같이 좀 더 자세하게 묘사한다면 "이 사과는 이 참다래보다 2배 단단하고 이 단감과 비슷한 정도의 단단함을 지니고 있어. 그리고 5% 설탕용액과 비슷한 정도의 단맛을 보이지."라고 보다 구체적으로 기술할 수 있다. 그리고 이와 같은 묘사의 방법과 내용은 일련의 교육과 훈련과정을 거친 사람들 사이에서는 편차가 크지 않게 나타날 것이다. 또한 이와 같이 사과의 관능적 특성에 대해 자세하고 정확하게 묘사한 자료는 사과 제품의 신제품 개발, 제품 관리 및 연구 등에 있어서 유용하게 사용될 수 있을 것이다.

1) 묘사분석의 정의

관능검사의 여러 방법 중 '묘사분석'은 가장 정교하고 활용도가 높은 방법으로 여러 학자들에 의해 다음과 같이 정의되고 있다. Civille(1979)은 "묘사분석은 소수의 고도로 훈련된 패널요원에 의하여 감지된 제품의 관능적 특성을 질적 및 양적으로 묘사하는 방법으로, 제품의 모든 관능적 특성을 규명하고자 하는 경우에 사용되는 방법이다."라고 하였다. 또한 Stone과 Sidel(1993)은 "묘사분석은 제품에서 감지된 관능적 특성을 출현순서에 따라 묘사하는 과정이다."라고 정의하였다. 그리고 Meilgaard 등(2015)은 "묘사분석은 5~10명의 훈련된 패널요원에 의해 제품의 관능적 특성을 질적 및 양적으로 감지(분별) 및 묘사하는 것을 포함하는 방법이다."라고 묘사분석을 표현하였다. 즉, 묘사분석은 "훈련된 패널을 통해 시료의 모든 관능적 특성을 출현순서에 따라 질적 및 양적으로 묘사하는 총괄적인 방법"이라고 정의할 수 있다.

2) 묘사분석의 기본요소

묘사분석은 다음과 같은 네 가지 기본요소, 즉 질적 측면(특성), 양적 측면(강도), 시간 개념(특성 출현순서), 그리고 통합적 측면(전체적 인상)으로 구성된다. 예를 들면, 자신의 앞에 놓인 사과 1개를 "이 사과의 단맛은 5% 설탕용액의 단맛 강도와 동일하며, 사과를 씹을수록 단맛이 감소하여 20초 후의 단맛은 1% 설탕용액의 단맛 강도와 동일하며, 전체적으로 단맛이 조화롭고 균형적이다."라고 묘사하는 경우에 있어서, 단맛은 질적 측면인 '특성'이고, 5%와 1% 설탕용액의 단맛 정도는 양적 측면인 '강도'이며 씹기 시작하면서부터 20초 후의 과정은 시간 개념인 '특성 출현순서'이며 조화롭고 균형적이라는 기술은 통합적 측면, 즉 '전체적인 인상'을 뜻한다.

(1) 질적 측면 : 특성

묘사분석의 질적 측면인 특성(characteristics)은 감지될 수 있는 관능적인 변수를 지칭하며, 이는 시료의 정성적인 요소이다. 묘사분석 시 평가할 관능적 특성들은 묘사분석에 참여하는 고도로 훈련된 패널과 패널 리더에 의해 선정되는 경우가 대부분이며, 평가할 시료에 대한 사전 연구나 자료가 있다면 이를 특성 선정 시 참고자료로 활용할 수 있다. 묘사분석의 특성 용어를 선정할 경우에는 다음과 같은 점에 유의해야 한다. 첫째, 특성 용어는 구체적이고 정확하며 명료하게 정의해야 한다. 용어가 불분명하고 정확하지 않은 경우에는 패널요원들이 시료 평가 시에 혼동할 수 있고, 평가한 시료의 결과를 해석하는 데도 어려움을 겪을 수 있다. 둘째, 선정한 용어들은 서로 차별화되어야 하고 중복되면 안 된다. 선정한 용어들이 서로 독립적이지 않고 중복되는 경우에는 패널요원들이 혼동할 수 있으며 중복된 결과를 산출하게 된다. 셋째, 식품 관능검사에 있어서, 특성 용어는 식품의 기본적 구조와 원리에 기초를 두어야 패널요원들이 그 특성을 쉽게 이해할 수 있다. 따라서 패널 훈련 시에는 관능검사를 하는 시료의 이화학적 및 기하학적 특성의 원리를 패널요원들에게 이해시키고 교육하는 것이 패널요원들이 특성 용어를 이해하는 데 많은 도움을 줄 수 있다. 넷째, 특성 용어는 폭넓은 강도의 범위를 지녀야 한다. 특성 용어는 추후에 정량화하는 작업(즉 강도 설정)을 거치는 경우가 많기 때문에 강도에 있어서 일련의 범위를 가지는 특성이 추후 강도를 정할 때 수월하다. 다섯째, 특성 용어는 주관적인 느낌이나 기호도를 포함하지 않는 것이어야 한다. 예를 들면, '기분 좋은 단맛'과 같은 특성 용어는 개인차가 존재할 수 있고, 정성화 또는 정량화하는 과정에서 어려움을 겪을 수 있다. 한편, Meilgaard 등(2015)은 식품에서 묘사분석의 특성을 외관적 특성, 냄새 특성, 향미 특성, 구강 텍스처 특성으로 다음과 같이 구체적으로 분류하였다.

외관적 특성(appearance characteristics)

- 색 : 색상, 색도, 균일도, 농도 등
- 표면 텍스처 : 윤기, 매끄러움, 거침 등
- 크기 및 모양 : 부피, 기하학적 특성 등
- 조각 및 입자 간의 상호작용 : 끈적거림, 덩어리짐 등

냄새 특성(odor characteristics)

- 후각적 감각 : 사과향, 커피향, 꽃향 등
- 비강적 감각 : 시원함, 톡 쏘는 특성 등

향미 특성(flavor characteristics)

- 후각적 감각 : 사과 향미, 커피 향미, 꽃 향미 등
- 미각적 감각 : 단맛, 신맛, 짠맛, 쓴맛, 감칠맛(umami) 등
- 구강적 감각 : 시원함, 타는 듯함, 떫음, 금속성 등

구강 텍스처 특성(oral texture characteristics)

- 기계적 특성 : 경도, 점도, 변형, 깨짐성 등
- 기하학적 특성, 즉 시료에서 크기, 모양, 입자의 나열된 상태 : 깔깔함, 박편상 등
- 지방/수분 특성, 즉 지방, 기름 또는 수분의 존재, 방출 및 흡수 : 기름짐, 느끼함, 촉촉함 등

(2) 양적 측면 : 강도

묘사분석의 양적인 측면인 강도(intensity)는 각 특성이 존재하는 정도를 지칭한다. 패널요원들이 측정한 강도가 타당성과 신뢰성을 얻기 위해서는 적합한 척도의 선정과 패널요원의 체계적인 훈련 및 교육, 그리고 특성 강도에 대한 기준척도 선정 등이 선행되어야 한다. 우선, 특성의 강도를 객관적으로 정량화하기 위해서는 강도를 표준화된 척도상의 수치로 표현하는 것이 바람직하다. 즉, 표준화된 줄자를 사용하여 두 시료의 길이를 측정해 비교하면 육안으로 확연하지 않은 두 시료의 길이 차도 쉽게 확인할 수 있듯이, 시료의 특성 강도를 측정할 때도 척도를 사용하여 수치화하면 특성의 강도를 구체적으로 명료하게 나타낼 수 있다.

또한 척도는 넓은 범위의 강도를 나타낼 수 있고, 여러 시료의 강도 차이를 표현할 수 있어야 한다. 특히 시료 간 특성 강도의 차이가 크지 않은 경우에는 이러한 차이를 표현할 수 있을 정도로 세분화된 구간으로 이루어진 척도를 사용하는 것이 좋다. 예를 들면, 두 시료의 길이 차이가 0.5cm임에도 불구하고 5cm 단위의 줄자를 사용하여 길이를 측정한다면 시료 간 길이 차이를 구체화할 수 없듯이, 시료의 특성 강도 차이를 설명할 수 있고 실험의 목적에 적합한 척도를 사용하는 것이 바람직하다. 둘째, 패널요원들이 시료를 평가할 때마다 동일한 방식으로 척도를 사용할 있도록 패널요원들을 체계적으로 교육하고 훈련시켜야 한다. 잘 구획된 줄자를 사용하여 두 시료의 길이 차이를 측정할 때, 패널요원들 간 줄자를 다른 방식으로 사용한다면(예를 들면, 줄자를 구겨서 사용하거나 비스듬하게 놓고 측정하는 경우) 동일한 길이의 두 시료가 패널요원들 간에 서로 다르게 측정될 수 있다. 셋째, 패널요원들이 특성 용어에 대한 강도를 보다 잘 이해하고, 다양한 강도의 시료를 동일한 방식으로 평가

할 수 있도록 기준 강도를 선정한다. 예를 들면, 3cm, 5cm, 7cm의 노끈들을 가지고 길이에 대한 훈련을 받는다면, 4cm의 시료를 받았을 때, 이를 보다 정확하고 재현성 있게 측정할 수 있을 것이다.

(3) 시간 개념 : 특성출현순서

특성출현순서(order of appearance)는 관능적 특성들이 시간적인 간격 차이를 두고 서로 다른 순서로 나타나거나 특성의 강도가 시간이 지남에 따라 다르게 변화하는 양상을 의미하는 것으로, 시료를 맛 보거나 삼킨 후에 나타나는 후미나 후감 등이 이에 해당된다. 예를 들면, 새 추잉껌을 처음 씹을 때에는 단맛이 강하게 나타나지만 씹을수록, 즉 시간이 지남에 따라 껌의 단맛 강도는 낮아진다. 또 다른 예로, A라는 회사의 음료는 삼킨 후에 쓴맛이 바로 나타나는 반면, B라는 회사의 음료는 삼킨 후 10초가 지나서야 쓴맛을 지각할 수 있을 때, 이러한 특성출현순서는 음료 A와 B를 구별할 때 중요한 요인으로 작용하게 된다.

(4) 통합적인 측면 : 전체적인 인상

훈련된 패널요원들은 시료의 관능적 특성을 정의하는 데 앞서 언급한 세 가지 측면, 즉 정성적, 정량적, 그리고 시간적인 개념 이외에, 경우에 따라서는 관능적 특성의 통합적인 측면, 즉 시료의 전체적인 인상(overall impression)에 관심을 보일 수 있다. 예를 들면, 소비자들은 훈련된 패널요원들이 정의한 냄새나 향미의 세부적인 관능적 특성보다는 시료의 냄새나 향미의 종합적인 강도를 더 쉽게 이해하는 경우가 종종 있다.

또한 시료의 여러 가지 관능적 특성이 균형적으로 잘 조화되는 것이 제품 개발이나 소비자 기호도 측면에서 중요한 경우가 많지만, 실험이나 제품의 목적에 따라서 특정한 관능적 특성이 더욱 부각되도록 해야 하는 경우가 있기 때문에 관능적 특성의 균형감 및 조화도는 관능검사에서 항상 추구해야 하는 요인은 아니다. 예를 들면, 단맛을 선호하는 어린이들을 위한 추잉껌을 개발하는 경우에, 제품의 관능적인 특성들이 서로 균형적으로 잘 조화되도록 제품을 개발하는 것도 좋지만, 단맛 강도를 좀 더 강화하여 제품을 개발하면 어린이들의 제품에 대한 기호도를 향상시킬 수 있다. 또한 제품의 품질관리 측면에서는 시료와 기준 시료 간 개개의 관능적인 특성에 대한 차이보다는 단순히 전체적인 차이를 언급하는 것이 경우에 따라서(예를 들면, 반품 또는 폐기) 제품의 품질관리에 대한 의사결정 시 도움을 줄 수 있다. 마지막으로, 훈련된 패널요원들을 대상으로 시료의 기호도 측정을 하는 것은 바람직하지 않다. 왜냐하면 패널요원들은 훈련과정을 통하여 시료의 특성 및 중요도에 대해서 구체적으로 잘 이해하고 있으므로 이러한 점이 기호도 측정에 있어서 편향된 결과를 가져올 수 있기 때문이다.

3) 묘사분석의 활용

묘사분석은 위에서 언급한 바와 같이, 관능검사의 여러 방법 중 가장 정교하고 활용도가 높은 방법으로 다양한 분야에서 널리 활용되고 있다. 하지만 묘사분석을 수행하기 위해서는 패널을 선발하고 훈련 및 관리해야 하므로 다른 관능검사 방법보다 많은 비용과 시간이 필요하다. 따라서 묘사분석은 훈련된 패널의 관리가 가능한 산업체, 연구소 및 대학교에서 제품 개발, 품질관리, 그리고 연구 개발 등에 주로 사용되고 있다(그림 7-4 참조).

그림 7-4
묘사분석의 활용

4) 묘사분석의 종류

1940년대 후반에 향미 프로필 방법이 개발된 이후, 다양한 묘사분석 방법이 개발, 사용되고 있다. 여러 가지 묘사분석 방법 중 정량적 묘사분석이 현재 가장 보편적으로 사용되고 있지만 관능검사의 목적과 시료, 그리고 환경에 따라 적합한 묘사분석 방법을 찾아 이를 적용하는 것은 매우 중요하다. 여기서는 지금까지 개발된 여러 가지 묘사분석 방법 중 널리 활용되고 있는 향미 프로필 방법(flavor profile analysis, FPA), 텍스처 프로필 방법(texture profile analysis, TPA), 정량적 묘사분석(quantitative descriptive analysis, QDA), 스펙트럼 묘사분석(spectrum descriptive analysis, SDA), 시간-강도 묘사분석(time-intensity descriptive analysis, TIDA)을 소개하고자 한다. 상기와 같은 묘사분석 방법들은 개발된 방법대로 적용하여 활용하는 경우가 많지만 실제 현장에서는 이들 방법을 관능검사 시료와 환경 조건에 맞도록 수정하여 사용하는 경우도 많다.

(1) 향미 프로필 방법

① 개요 향미 프로필 방법(flavor profile analysis, FPA)은 제품 또는 시료의 향미를 소수의 훈련된 패널요원들이 묘사분석하는 방법으로, 1940년대 후반 Arthur D. Little 사에서 개발하였다. 이 방법은 구별할 수 있는 맛과 냄새의 특성 및 강도, 그리고 삼킴 후 향미(aftertaste) 및 화학적 촉감뿐만 아니라 규명하기 어려운 맛과 냄새에 대한 전체적인 느낌을 출현순서와 강도에 따라 분석 및 묘사하는 방법이다.

향미 프로필 방법은 고도로 훈련된 패널요원들이 수행하기 때문에 제품이나 시료의 작은 차이에도 민감하게 반응할 수 있다. 또한 패널의 수가 적어서 패널의 관리 및 교육이 용이하다는 장점을 지닌다. 반면, 관능검사의 결과가 소수의 훈련된 패널요원들에 의존하기 때문에 이들을 통해 선정된 특성 용어 및 결과는 소비자 검사의 결과와 직접적으로 연관시켜 해석하는 데는 어려움을 초래하기도 한다.

② 절차

패널 선정

패널 지원자들 중 기본적인 맛과 냄새 식별능력 및 예민도뿐만 아니라 향미 프로필에 대한 관심도와 참가 의지, 성격, 그리고 언어적인 표현 기술 등을 고려하여 최종적으로 4~6명의 패널요원을 선발한다.

패널 훈련

패널 훈련은 향미 프로필 방법에 대한 이론 교육과 실습으로 구성된다. 훈련은 보통 수개월에서 1년 정도 소요되며 훈련 기간을 훈련 시작 전에 미리 고정하는 것보다는 패널요원의 수행능력을 바탕으로 훈련의 종료 시점을 결정하는 것이 합리적이다. 즉, 훈련 과정 동안 정기적으로 패널요원의 훈련 상태를 소정의 검사를 통해 점검하여 모든 패널요원들의 수행능력이 평가의 정확성과 재현성에 있어서 일정 기준을 충분히 만족시키면 훈련을 종료한다.

최근에는 패널요원별 또는 패널 전체의 수행능력을 평가해주는 소프트웨어들이 보급되어 있으므로 이를 활용하면 보다 간편하고 신속하게 결과를 확인할 수 있다.

- PanelCheck: http://www.panelcheck.com(무료로 사용가능하다.)
- XLSTAT: http://www.xlstat.com('Sensory data analysis' module을 구매해야 한다.)

훈련 과정 동안 패널 리더를 선발하게 되는데, 패널 리더는 패널요원들이 제품이나 시료의 특성 및 특성의 강도 범위를 설정할 수 있도록 다양하고 폭 넓은 참고 시료를 패널요원들에게 제공하는 역할을 담당한다. 패널은 패널 리더의 주관 하에 향미 프로필 방법에서 사용할 관능적 특성 용어를 선정하고 이를 패널 회의를 통하여 정의한다. 또한 패널은 각각의 관능적 특성 용어에 대해서 각 용어의 정의를 이해하는 데 도움을 주고 특성의 기준 강도를 설정하는 데 적합한 기준 시료를 선정하게 된다. 기준 시료들의 강도를 다음과 같은 척도를 통해 설정한다.

0 지각되지 않음
)(역치 (겨우 지각할 수 있는)
1 약함
2 보통
3 강함

0 지각되지 않음
)(역치 (겨우 지각할 수 있는)
1/2 매우 약함
1 약함
1 1/2 약함–보통
2 보통
2 1/2 보통–강함
3 강함

TIP

역치의 종류

1. 절대(또는 감지) 역치(absolute or detection threshold): 어떠한 자극물질이 감각을 일으키는 데 필요한 최소한의 농도 또는 강도
2. 인지 역치(recognition threshold): 자극물질로 발생한 감각이 어떠한 것인지 인지하는 데 필요한 최소한의 농도 또는 강도
3. 차이 역치(difference threshold or just noticeable difference): 특정 자극물질에 있어서, 감지될 수 있는 차이를 일으키는 데 필요한 최소한의 농도 또는 강도
4. 한계 역치(terminal threshold): 자극물질의 농도 또는 강도를 높여도 더 이상 자극의 차이를 감지하지 못하는 수준에서의 농도 또는 강도

시료 평가 및 결과 정리

패널요원들은 일반적으로 원형 탁자에서 개별적으로 한 번에 한 시료씩 시료의 냄새와 향미의 특성, 특성의 강도, 출현순서, 그리고 후미를 검사하고 이를 기록한다. 시료가 2개 이상일 경우 시료를 번갈아가며 검사하지 않도록 한다. 또한 시료의 조화도(amplitude)를 평가하기도 하는데, 조화도는 각각의 향미 특성의 어울림 및 전체적인 균형도를 뜻하며, 시료의 종합적인 품질이나 패널요원들의 시료에 대한 기호도를 의미하지는 않는다. 일반적으로 조화도 평가는 패널요원들이 개개의 관능적 특성을 평가하기 전에 다음과 같은 척도를 사용하여 실시하며, 그 결과는 향미 프로필 표의 하단에 기록한다.

)(매우 낮음
1 낮음
2 보통
3 높음

패널 리더는 패널요원들의 평가 자료를 수집하고 전체 패널요원들의 동의를 통해서 향미 프로필을 개발한다. 패널 회의에서 의견이 불일치할 때는 패널요원 간 의견이 일치할 때까지 토론을 계속하여 최종 프로필을 완성한다. 향미 프로필의 결과는 표나 그래프를 통해서 제시한다.

예 Johnsen 등(1988)은 볶은 땅콩의 향미 특성을 정립하고자 향미 프로필 방법을 수행하였다. 땅콩 향미 및 품질평가 경험이 풍부한 패널요원 13명을 선발하여 일련의 훈련기간을 거쳐 17종의 볶은 땅콩 시료들을 바탕으로 볶은 땅콩의 향미 프로필 용어집(lexicon)을 완성하였다. 표 7-9에서와 같이 14개의 냄새 관련 용어, 4개의 맛 관련 용어, 2개의 화학적 감각요인 관련 용어를 선정하고 각 용어에 대한 정의를 내렸다. 기준 시료 및 기준 시료의 강도는 다음과 같이 선정하였다.

강도	기준 시료
0	
1	
2	탄산나트륨(Na_2Co_3) 용액
3	
4	Motts사의 사과소스 제품에 있어서 사과 냄새
5	
6	Minute Maid사의 오렌지주스 제품에 있어서 오렌지 냄새
7	
8	Welches사의 포도주스 제품에 있어서 포도 냄새
9	
10	Wrigley사의 Big Red 츄잉껌 제품에 있어서 계피 냄새

표7-9 볶은 땅콩의 향미 특성 용어

특성	용어	정의
냄새	볶은 땅콩 냄새	중간 정도로(USDA 색칩의 3~4에 해당) 볶은 땅콩의 냄새로 methyl-pyrazine과 같은 냄새
	날콩/날땅콩 냄새	약하게(USDA 색칩의 1~2에 해당) 볶은 땅콩의 냄새로 두류의 냄새
	강하게 볶은 땅콩 냄새	강하게(USDA 색칩의 4이상에 해당) 볶은 땅콩이나 많이 갈변화되거나 토스트된 냄새

(계속)

특성	용어	정의
냄새	단 냄새	캐러멜, 바닐라, 당밀, 과일과 같이 단 물질과 관련된 냄새
	나무/깍지/껍질 냄새	땅콩과 관련된 좋지 않은 냄새 및 마른 나무, 땅콩 깍지 및 껍질의 냄새
	마분지 냄새	약간 산패화된 지방이나 기름 및 마분지 냄새
	페인트 냄새	아마인유 및 유성 페인트 냄새
	탄 냄새	매우 많이 볶은 땅콩의 냄새 및 탄 녹말이나 탄수화물의 냄새(탄 토스트나 에스프레소 커피의 냄새)
	풋내	조리하지 않은 채소의 냄새 및 cis-3-hexanal의 냄새
	흙냄새	젖은 흙 및 짚과 관련된 냄새
	곡식 냄새	날곡식의 냄새(겨, 녹말, 옥수수, 수수)
	생선 냄새	trimethylamine, 간유 및 오래된 생선의 냄새
	화학적/플라스틱 냄새	플라스틱 및 탄 플라스틱의 냄새
	스컹크의 mercaptan 냄새	mercaptan과 유황 화합물의 냄새
맛	단맛	혀에서 느끼는 당의 맛
	신맛	혀에서 느끼는 산의 맛
	짠맛	혀에서 느끼는 나트륨 이온의 맛
	쓴맛	혀에서 느끼는 카페인, 퀴닌 등의 쓴 물질의 맛
화학적 감각 요인	떫음	탄닌이나 명반 등에 의해 발생하는 화학적 감각요인으로 혀가 오므라들거나 마른 느낌
	금속성	철이나 구리 등의 금속에 의해 발생하는 금속성의 화학적 감각 요인

출처 : Johnsen et al., 1988

(2) 텍스처 프로필 방법

① **개요** 텍스처 프로필 방법(texture profile analysis, TPA)은 식품의 텍스처 특성을 이해하기 위하여 1960년대에 미국의 General Foods사에서 향미 프로필 방법의 원리에 근거하여 개발한 방법으로 묘사분석 방법 중 구조적으로 잘 정립된 방법이라고 볼 수 있다. 즉, 향미 프로필 방법이 냄새, 맛, 그리고 화학적 감각요인에 초점을 둔 반면, 텍스처 프로필 방법은 시료의 조직적 특성에 중점을 둔 방법이라고 할 수 있다. 텍스처 프로필 방법은 식품의 텍스처 특성이 기계적(mechanical), 기하학적

(geometric), 그리고 기타 특성들(예를 들면, 지방과 수분의 함량과 관련된 특성)의 세 가지로 분류될 수 있으며 이러한 특성들을 척도의 수치로 표현하여 나타낼 수 있다는 점에 기초를 두고 있다. 기계적 특성은 가해진 자극(stress)에 대한 시료의 반응을 나타내며 정성적 또는 정량적으로 이를 표현할 수 있다. 기계적 특성은 표 7-10과 같이 1차적 특성과 2차적 특성으로 구분할 수 있는데, 1차적 특성에는 경도, 응집성, 점성, 탄력성, 부착성 등이 해당되며, 부서짐성, 씹힘성, 검성은 2차적 특성으로 분류할 수 있다. 기계적 특성을 정확하게 평가하려면 표 7-11과 같이 시료 평가 기술을 자세하고 명료하게 확립해야 한다.

기하학적 특성은 입자의 크기와 모양에 관련된 특성과 모양과 배열에 관련된 특성으로 구분된다. 크기와 모양에 관련된 특성은 분리된 입자들에 의해 감지되는 것으로, 일반적으로 주위의 매개체보다 단단할 때 느껴진다. 예를 들면, '모래 같은', '과립상의' 등과 같은 특성들이 이에 해당된다. 모양과 배열에 관련된 특성은 시료 내부의 서로 다른 기하학적 배열에 의해 감지되는 것으로, '박편상', '섬유상' 등이 이에 해당된다.

기타 특성은 수분과 지방 함량 및 이에 관련된 특성이다. 여기서, 수분은 수분의 함량뿐만 아니라 수분이 흡수되고 방출되는 속도와 방식까지 지칭하며 지방은 지방의 함량 및 종류, 그리고 지방이 녹는 속도를 의미한다.

이러한 텍스처 프로필 방법은 향미 프로필 방법과 같이 고도로 훈련된 소수의 패널요원들에 의해 수행되기 때문에 결과의 일관성이 높은 장점을 지닌다. 하지만, 이에 따르는 훈련 기간과 비용이 문제가 될 수 있으며, 패널요원들이 소수이기 때문에 1명의 패널요원이 패널에서 이탈할 경우 적지 않은 피해를 입을 수 있다. 또한 기준 시료가 특정 국가나 문화에 보편적이지 않을 경우 기준 시료의 활용이 제한적일 수 있다는 단점을 지니고 있다.

② 절차

패널 선정

패널 지원자들 중 텍스처 차이를 구별할 수 있는 능력 및 텍스처 프로필에 대한 관심도와 참가 의지, 성격, 그리고 언어적인 표현 기술 등을 고려하여 최종적으로 6~10명의 패널요원을 선정한다. 텍스처 프로필 방법은 시료의 텍스처를 중점적으로 평가하기 때문에 패널 선정 시에는 치아 건강과 손의 감각 및 손재주 등을 고려해야 한다.

패널 훈련

패널 훈련은 텍스처 프로필 방법에 대한 이론 교육과 실습으로 구성된다. 훈련은 보통 수개월에서 1년 정도 소요되는데 훈련의 종료 시점은 향미 프로필 방법에서와 같이 패널의 수행능력을 바탕으로 결정한다. 훈련 과정 동안 패널 리더를 선정하게 되는데, 패널 리더는 패널요원들이 제품이나 시료의 특성 및 특성의 강도 범위를 설정할 수 있도록 다양하고 폭 넓은 참고 시료를 패널에게 제공한다. 또한 패널요원들이 텍스처 프로필을 수행할 시료의 텍스처 및 물리적인 힘의 특성을 이해할 수 있도록 이에 대한 이론적인 교육을 병행하는 것이 훈련 및 평가 수행 시 많은 도움을 준다. 패널요원들은 텍스처 프로필에서 사용할 용어를 선정하고 이를 전체 패널 간의 회의를 통하여 정의한다. 또한 시료의 텍스처를 평가하는 방법(예를 들면, 시료를 이로 분쇄하는 방법이나 시료를 씹는 속도 등)이나 텍스처 프로필 수행 시 나타날 수 있는 문제점, 또는 패널요원들 간의 개념 차이 등을 회의를 통하여 명확하게 규정한다. 특히 텍스처를 평가하는 방법에 따라서 동일한 시료라도 패널요원들이 서로 다르게 지각 및 평가할 수 있기 때문에 시료 평가 방법을 자세하게 설정해야 하며 모든 패널요원들이 설정한 방법대로 시료를 평가할 수 있도록 훈련시켜야 한다. 패널요원들은 정의된 각 특성 용어의 이해에 도움을 줄 수 있는 기준 시료를 선정하고 이들의 강도를 표준화된 척도를 통해 설정한다. 기준 시료를 선정할 때는 기준 시료의 품질이 균일하고 품질관리가 잘 되는 것인지, 구입, 보관 및 사용이 용이한 것인지, 온도나 습도 등 환경의 변화에 텍스처가 민감하게 변화하지는 않는 것인지 등의 사항들을 고려한다.

시료 평가 및 결과 정리

패널요원들은 일반적으로 한 번에 한 시료씩 텍스처 특성을 평가하고 이를 기록한다. 초기 텍스처 프로필 방법에서는 향미 프로필의 확장된 척도, 즉 13점 항목 척도가 사용되었으나, 이후 항목 척도, 선척도, 그리고 크기 확장 척도 등이 검사 목적에 맞게 다양하게 활용되고 있다.

패널 리더는 패널요원들의 평가 자료를 수집하고 전체 패널요원들의 동의 및 통계 분석을 통해 텍스처 프로필을 개발한다. 텍스처 프로필의 결과는 표나 그림을 통해 제시한다.

표7-10 기계적 특성에 대한 물리적 및 관능적 정의

특 성		물리적 정의	관능적 정의
1차적 특성	경도 (hardness)	일정한 변형에 필요한 힘	시료를 어금니 사이나(고체 시료) 혀와 입천장 사이에(반고체 시료) 놓고 압착하는 데 필요한 힘
	응집성 (cohesiveness)	시료가 파쇄되기 전까지 변형될 수 있는 정도	시료가 이 사이에서 파괴되기 전까지 압착되는 정도
	점성 (viscosity)	일정한 힘 단위당 흐름 속도	숟가락에 있는 액상 시료를 혀로 끌어들이는 데 필요한 힘
	탄력성 (springiness)	변형하는 데 사용된 힘을 제거한 후 변형된 물질이 원래의 형태로 돌아가는 데 걸리는 속도	시료가 이 사이에서 압착된 뒤 원래의 모양으로 되돌아가는 정도
	부착성 (adhesiveness)	식품의 표면과 그 식품이 접촉한 다른 물질의 표면을 분리하는 데 필요한 힘	일상적인 섭취 과정에서 입에(특히 입천장에) 붙은 물질을 제거하는 데 필요한 힘
2차적 특성	부서짐성 (fracturability)	시료가 부서지는 데 필요한 힘. 경도가 크고 응집성이 낮은 시료	시료가 부서지고 깨지며 조각이 나는데 필요한 힘
	씹힘성 (chewiness)	고체 시료를 삼키기 전까지 씹는 데 필요한 힘. 시료의 경도, 응집성, 탄력성이 관여	일정한 힘과 속도로 시료를 씹어서 삼킬 수 있을 정도로 분쇄하는 데 걸리는 시간
	검성 (gumminess)	반고체 시료를 삼키기 전까지 분쇄하는 데 필요한 힘. 경도가 낮고 응집성이 높은 시료	시료를 씹는 동안 덩어리로 남아 있는 정도. 반고체 식품을 삼킬 수 있을 정도로 분쇄하는 데 필요한 힘

출처 : Civille & Szczesniak, 1973

표7-11
기계적 특성의 평가방법

관능적 특성	평가방법
경도	시료를 어금니 사이에 놓고 균일하게 씹으면서 시료를 압착하는 데 필요한 힘을 평가함
응집성	시료를 어금니 사이에 놓고 압착하면서 파괴되기 전까지 변형되는 정도를 평가함
점성	액상의 시료를 담은 숟가락으로부터 시료를 세게 빨아들이면서 일정 속도로 액상의 시료를 혀로 옮기는 데 필요한 힘을 평가함
탄력성	시료를 어금니 사이(고체 시료)에 놓거나 혀와 입천장 사이(반고체 시료)에 놓고 부분적으로 압착한 다음 힘을 제거했을 때 시료가 원래 상태로 회복되는 정도를 평가함
부착성	시료를 혀에 올려놓고 입천장을 향해 누른 다음 그것을 혀로 제거하는 데 필요한 힘을 평가함
부서짐성	시료를 어금니 사이에 놓고 식품이 부서지고, 깨지며, 조각이 날 때까지 균일하게 씹으면서 식품이 이에서부터 흩어지는 힘을 평가함
씹힘성	시료를 입안에 넣고 1초에 한 번씩 균일한 힘으로 씹어 삼킬 수 있을 정도로 분쇄하는 데 필요한 씹음 수를 평가함
검성	시료를 입안에 넣고 혀를 입천장을 향해 누르면서 식품을 분쇄되기 전까지 필요한 혀의 움직임 정도를 평가함

출처 : Civille & Szczesniak, 1973

(3) 정량적 묘사분석

① **개요** 정량적 묘사분석(Quantitative descriptive analysis, QDA)은 제품이나 시료의 관능적 특성을 보다 정량적인 수치로 정확하고 수학적으로 나타내기 위하여 1970년대에 미국의 Tragon 사에서 개발한 방법이다. 정량적 묘사분석은 앞서 소개한 향미 프로필이나 텍스처 프로필 방법과 같이 특정한 관능적 특성(즉, 향미 또는 텍스처)에 초점을 두기보다는 제품이나 시료에 대해 검사 가능한 모든 특성(향미, 텍스처, 외관 등)을 평가한다는 점에서 차이를 보인다. 또한 이 방법은 패널요원들이 패널 리더의 영향을 받지 않는 환경에서 관능적 특성 용어 및 기준 시료를 개발한다는 점에서 앞서 언급한 묘사분석 방법들과 차이를 보인다. 정량적 묘사분석은 다른 묘사분석 방법에 비해 훈련 시간 및 비용이 적게 소요되며 패널요원들이 잘 훈련되고 관리되면 제품이나 시료의 특성을 정확하고 일관되게 평가할 수 있고 다양한 통계적 분석을 통해 많은 정보를 산출할 수 있다는 장점을 지닌다.

② 절차

패널 선정

패널 지원자들 중 기본적인 맛과 냄새 식별능력 및 예민도뿐만 아니라 정량적 묘사분석에 대한 관심도와 참가 의지, 성격, 그리고 언어적인 표현 기술 등을 고려하여 최종적으로 6~12명의 패널요원을 선정한다.

패널 훈련

패널 훈련은 몇 주에서부터 6개월 정도 소요되는데 훈련의 종료 시점은 패널요원들의 수행능력을 바탕으로 결정한다. 훈련은 정량적 묘사분석 방법에 대한 이론 교육과 실습, 특성 용어의 선정 및 정의, 그리고 기준 시료 개발 등으로 구성된다. 패널요원들은 제품이나 시료의 특성 및 그 범위를 설정할 수 있도록 다양한 참고 시료를 제공받으며 이를 통하여 제품이나 시료의 관능적 특성 용어를 개발한다. 패널 리더는 용어 개발에 관여하는 것을 가급적 삼가고 단지 보조적인 역할만을 수행하도록 한다. 즉 패널요원들은 서로 간에 자율적으로 의견을 교환하여 용어를 선정하고 이를 정의하며, 패널 리더는 훈련 과정 동안 필요한 물품을 준비하여 제공하고 훈련이 전반적으로 원활하게 잘 진행될 수 있도록 관리하는 역할을 담당한다. 또한 패널요원들은 패널 회의를 통하여 기준 시료를 선정하고 이들의 강도를 척도(예를 들면 15cm 선척도)를 통해 설정한다.

시료 평가 및 결과 정리

패널요원들은 일반적으로 개별 부스에서 한 번에 한 시료씩 시료의 특성을 평가하고 이를 척도상에 기록한다. 정량적 묘사분석에서 주로 사용하는 척도는 15cm(6inch)로 된 선척도로, 척도상의 구획이 적어 항목척도에 비해 숫자나 용어에 의한 편견이 방지될 수 있으나 패널요원들이 척도상의 위치를 파악하는 것이 어려운 단점이 있다. 일반적으로 그림 7-5(a)와 그림 7-6과 같이 직선의 양끝 지점에서 1.25cm(0.5inch) 들어온 곳에 한계를 나타내는 정박점을 표시하며 특성의 강도는 좌측에서 우측으로 갈수록 증가하도록 나타낸다. 패널요원들은 그림 7-5(b)와 같이 선척도 상에 해당하

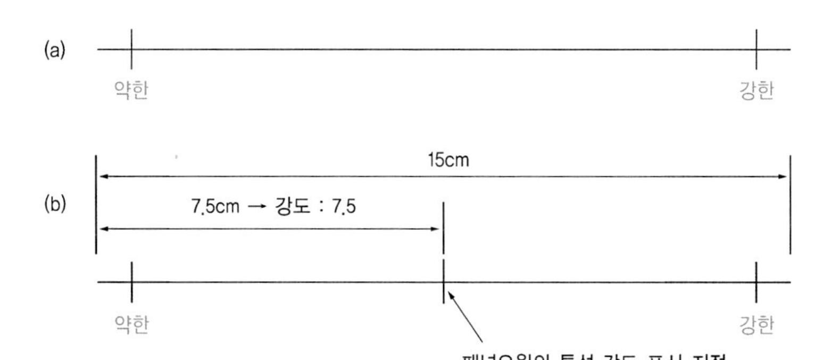

그림7-5
선 척도의 예(a)
및 강도 측정법(b)

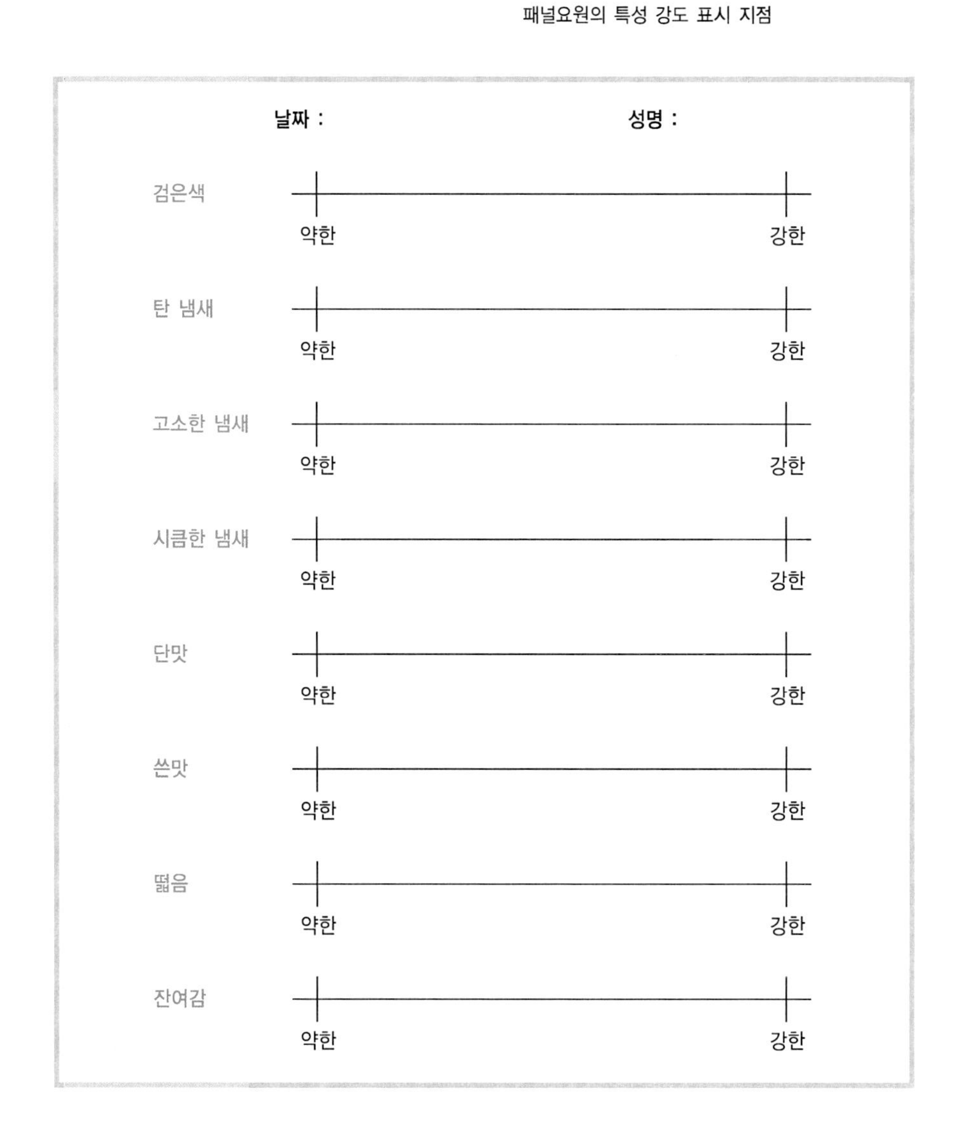

그림7-6
정량적 묘사분석
평가표의 예

는 관능적 특성의 강도를 수직선을 그어 나타내며, 이후 척도의 왼쪽 끝에서 표시된 수직선까지의 길이를 측정하여 숫자로 표현한다. 패널요원들이 시료를 평가할 때에는 패널요원들 간에 시료, 용어, 결과 등에 관하여 토론하지 않도록 하며 이를 사전에 예방하기 위해서 훈련 과정 동안 평가에 필요한 모든 사항을 점검하고 훈련시킨다. 또한 시료는 2~5회 반복적으로 평가하게 되는데 반복횟수는 패널요원들과 시료의 수, 그리고 수행 능력 등을 고려하여 결정한다.

패널 리더는 패널요원들의 평가 자료를 수집하고 이를 통계적으로 분석한다. 정량적 묘사분석의 결과는 표나 그림을 통해 제시한다. 일반적으로 그림 7-7과 같은 거미줄 그림(spider web)이 사용되는데 특성의 강도는 중심부에서 멀어질수록 큰 것이다. 거미줄 그림의 제시는 의무적인 사항은 아니며, 결과를 가장 효율적으로 나타낼 수 있는 방법을 선택하는 것이 중요하다. 또한 거미줄 그림의 해석 시 주의를 해야 한다. 예를 들면, 거미줄 그림은 각 특성의 강도 수치들이 서로 선으로 연결되어 있기 때문에 모든 특성 들이 서로 연관되어 있는 것으로 해석을 하거나 거미줄로 나

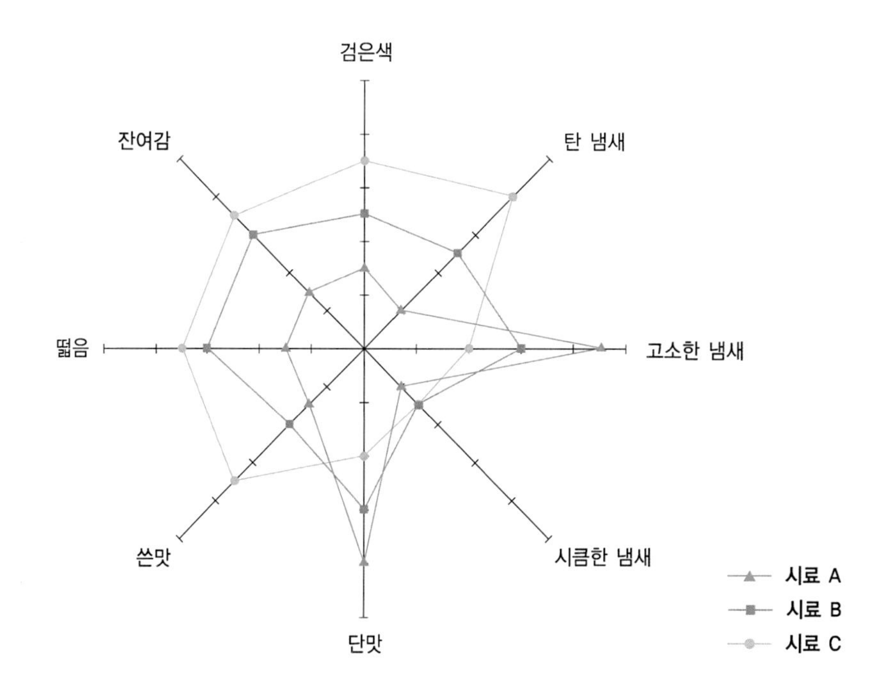

그림7-7
거미줄 그림의 예

타난 공간의 면적을 결과로 오인하는 경우가 있는데, 거미줄 그림에서 각 특성은 서로 독립적인 것이므로 이를 위와 같이 해석하지 않도록 하며, 공간의 면적은 결과와는 관련이 없다.

(4) 스펙트럼 묘사분석

① 개요 스펙트럼 묘사분석(Spectrum descriptive analysis, SDA)은 제품이나 시료에서 검사 가능한 모든 관능적 특성 또는 소수의 특정한 관능적 특성을 사전에 개발된 절대 척도와 비교하여 평가하는 방법으로 1970년대에 Gail Civille에 의해 개발되었다. 정량적 묘사분석이 여러 시료의 특성 강도를 상대적인 크기로 비교하는 것에 반하여 스펙트럼 묘사분석에서는 특성 강도를 절대 수치로 표현하기 때문에 서로 다른 실험실 간 또는 서로 다른 시료 간 특성 강도의 비교가 가능하다. 예를 들면, 두 커피 회사 A, B가 자신의 회사에서 출시한 커피 제품 '맛있는 커피'와 '착한 커피'에 대해서 정량적 묘사분석을 통해 쓴맛의 강도를 각각 평가했다고 가정해 보자. A라는 회사에서 '맛있는 커피'의 쓴맛 강도를 7.0(15cm 선척도)이라고 평가하였고, B라는 회사에서도 '착한 커피'의 쓴맛 강도를 7.0으로 평가하였을 때, 두 커피 회사의 '맛있는 커피'와 '착한 커피'는 동일한 강도의 쓴맛을 가졌다고 할 수 있을까? 만약 두 회사에서 동일한 방법으로 패널을 훈련하고 패널이 이를 평가했다면 쓴맛 강도가 비슷할 수 있다고 어느 정도 인정해 줄 수도 있으나 상대적인 특성 강도를 사용하는 정량적 묘사분석의 특성상 이를 전적으로 인정하기는 어렵다. 하지만, 스펙트럼 묘사분석에서는 특성 강도가 상대적이 아닌 절대적인 수치이기 때문에 두 커피 회사에서 동일한 방법으로 스펙트럼 묘사분석을 수행하여 동일한 수치의 강도를 내놓았다면 이 두 커피는 쓴맛 강도가 유사하다고 할 수 있다는 것이다.

또한, 스펙트럼 묘사분석에서 사용하는 관능적 특성 용어는 정량적 묘사분석의 용어에 비해 보다 기술적이며 패널요원들로부터 덜 의존적이다. 패널요원들이 시료의 관능적 특성을 직접 개발하는 경우도 있으나, 사전에 개발된 표준화된 용어를 사용하는 경우도 많다. 그리고 패널요원들은 이러한 관능적 특성을 표준 강도 기준점이 여러 개 표시된 척도를 사용하여 평가한다. 이와 같이, 스펙트럼 묘사분석은 시료나 제품의 특성 강도에 대한 절대치를 얻을 수 있다는 장점을 보이지만 이를 위해서 패널 훈련에 많은 비용과 시간을 투자해야 한다는 점과 사전에 개발된 기준 시료의 구입이 용이하지 않은 경우 훈련에 어려움을 초래할 수 있다는 단점 또한 지니고 있다.

② 절차

패널 선정

패널 지원자들 중 기본적인 맛과 냄새 식별능력 및 예민도뿐만 아니라 스펙트럼 묘사분석에 대한 관심도와 참가 의지, 성격, 언어적인 표현 기술 등을 고려하여 최종적으로 6~15명의 패널요원을 선정한다.

패널 훈련

패널 훈련은 대략 6개월 정도 소요되는데 훈련의 종료 시점은 다른 묘사분석의 방법에서와 같이 패널요원들의 수행능력을 바탕으로 결정한다. 패널 훈련은 스펙트럼 묘사분석 방법에 대한 이론 교육과 시료 및 기준시료를 통한 실습으로 구성된다.

관능적 특성 용어를 개발하기에 앞서서 패널요원들에게 평가하고자 하는 제품이나 시료의 관능적 특성에 대해 체계적인 이론 교육을 선행할 필요가 있다. 예를 들면, 패널요원들이 시료의 색에 대해서 평가를 해야 한다면, 용어 개발단계 전에 색체계, 강도, 색상, 채도 등에 대한 이론을 충분히 습득할 수 있도록 한다. 패널요원들이 제품이나 시료의 특성 및 그 범위를 설정할 수 있도록 다양한 참고 시료를 제공하고, 패널요원들은 이들 시료로부터 적합한 용어를 나열하도록 한다. 이후 여러 번의 수정 작업을 거친 후 전체 패널 회의를 통하여 최종적으로 특성 용어를 선정한다. 평가해야 할 특성 용어가 사전에 정해진 경우에는 확립된 용어를 패널요원들이 동일하게 이해하고 인식할 수 있도록 한다. 또한 패널 회의를 통하여 기준 시료 및 강도를 설정한다. 기준 시료는 패널 회의 및 반복 수행을 통하여 2개 이상(3~5개 선호)을 설정한다. 기준 시료 및 강도가 사전에 마련된 경우에는 이를 패널요원들 간 동일한 방식으로 습득할 수 있도록 반복적으로 훈련한다.

시료 평가 및 결과 정리

패널요원들은 일반적으로 한 번에 한 시료씩 시료의 특성을 평가하고 이를 척도 상에 기록한다. 스펙트럼 묘사분석에는 15cm(6inch)로 된 선척도나 30점 항목척도, 또는 크기 추정 척도 등이 사용된다. 패널 리더는 패널요원들의 평가 자료를 수집하고 이를 분산분석과 다변량 통계분석 방법을 통해 분석하여 그 결과를 표나 그림을 통해 제시한다.

표7-12 냄새를 위한 기준 강도 척도 점수(0~15점)

용 어	기준 시료(제품명, 회사명)	척도 점수
떫음	포도 주스(Grape juice, Welch's)	6.5
	차(한 시간 동안 우려낸 차)	6.5
구운 밀	설탕 쿠키(Sugar cookies, Kroger)	4
	쿠키(Brown edge cookies, Nabisco)	5
구운 백색 밀	리츠 크래커(Ritz cracker, Nabisco)	6.5
캐러멜화한 당	쿠키(Brown edge cookies, Nabisco)	3
	설탕 쿠키(Sugar cookies, Kroger)	4
	차(Social Tea, Nabisco)	4
	보르도 쿠키(Bordeaux cookies, Pepperidge Farm)	7
셀러리	채소 주스(V-8 vegetable juice, Campbell)	5
치즈	미국 치즈(American cheese, Kraft)	5
계피	껌(Big Red gum, Wrigley)	12
조리한 사과	사과 소스(Applesauce, Mott)	5
조리한 우유	버터스카치 푸딩(Butterscotch pudding, Royal)	4
조리한 오렌지	냉동 농축 오렌지 주스(Frozen orange concentrate, Minute Maid)	5
조리한 밀	파스타(Pasta, De Cecco)	5.5
달걀	마요네즈(Mayonnaise, Hellmann's)	5
달걀 향미	삶은 달걀(Hard-boiled egg)	13.5

(계속)

용 어	기준 시료(제품명, 회사명)	척도 점수
혼합 곡류	밀 죽(Cream of wheat, Nabisco)	4.5
	스파게티(Spaghetti, De Cecco)	4.5
	리츠 크래커(Ritz cracker, Nabisco)	6
	전맥 스파게티(Whole wheat spaghetti, De Cecco)	6.5
	크래커(Triscuit, Nabisco)	8
	시리얼(Wheatina cereal)	9
포도	포도 음료(Kool-Aid)	5
	포도 주스(Grape juice, Welch's)	10
자몽	자몽 주스(Bottled grapefruit juice, Kraft)	8
레몬	쿠키(Brown edge cookies, Nabisco)	3
	레몬에이드(Lemonade, Country Time)	5
우유 복합물	미국 치즈(American cheese, Kraft)	3
	분유(Powdered milk, Carnation)	4
	전지우유(Whole milk)	5
박하	껌(Doublemint gum, Wrigley)	11
기름	감자 칩(Potato chips, Pringles)	1
	감자 칩(Potato chips, Frito Lay)	2
	가열한 기름(Heated oil, Crisco)	4
오렌지 복합물	오렌지 음료(Orange drink, Hi-C)	3
	냉동 농축 오렌지 주스(Frozen orange concentrate, Minute Maid)	7
	갓 짜낸 오렌지 주스(Fresh squized orange juice)	8
	오렌지 농축액(Orange concentrate, Tang)	9.5
오렌지 껍질	오렌지 소다(Soda, Orange Crush)	2
	냉동 농축 오렌지 주스(Frozen orange concentrate, Minute Maid)	3
	오렌지 농축액(Orange concentrate, Tang)	9.5
중간 정도로 볶은 땅콩	땅콩(Peanut, Planters)	7
감자	감자 칩(Potato chips, Pringles)	4.5

(계속)

용 어	기준 시료(제품명, 회사명)	척도 점수
볶은 냄새	커피(Coffee, Maxwell House)	7
	에스프레소 커피(Espresso coffee, Medaglia D'Oro)	14
소다	크래커(Saltines, Nabisco)	2
양념 복합물	케이크(Spice cake, Sara Lee)	7.5
참치	참치 통조림(Canned light tuna, Bumble Bee)	11
바닐린	설탕 쿠키(Sugar cookies, Kroger)	7

출처 : Meilgaard et al., 2015

표7-13 반고체 식품의 구강 텍스처 특성에 대한 기준 강도 척도 점수(0~15점)

1. 미끌거림(slipperiness)

척도 점수	기준 시료	상표/유형/제조회사	시료 크기
2.0	이유식-쇠고기(Baby food-beef)	Gerber	1oz.
3.5	이유식-완두콩(Baby food-peas)	Gerber	1oz.
7.5	바닐라 요구르트(Vanilla yogurt)	Whitney's	1oz.
11.0	샤워크림(Sour cream)	Breakstone	1oz.
13.0	휘핑크림(Miracle Whip)	Kraft Foods	1oz.

2. 견고성(firmness)

척도 점수	기준 시료	상표/유형/제조회사	시료 크기
3.0	분무형 휘핑크림(Aerosol whipped cream)	Redi-Whip	1oz.
5.0	휘핑크림(Miracle Whip)	Kraft	1oz.
8.0	치즈 크래커(Cheese Whiz)	Kraft	1oz.
11.0	땅콩 버터(Peanut butter)	CPC Best Foods	1oz.
14.0	크림 치즈(Cream cheese)	Kraft/Philadelphia Light	1oz.

3. 응집성(cohesiveness)

척도 점수	기준 시료	상표/유형/제조회사	시료 크기
1.0	인스턴트 젤라틴 후식 (Instant gelatin dessert Jello)	Kraft-General Foods	(1/2in.)3
5.0	인스턴트 바닐라 푸딩 (Instant vanilla pudding Jello)	Kraft-General Foods	1oz.
8.0	이유식-바나나	Gerber or Beechnut	1oz.
11.0	타피오카 푸딩(Tapioca pudding)	Canned	1oz.

(계속)

4. 조밀도(denseness)

척도 점수	기준 시료	상표/유형/제조회사	시료 크기
1.0	분무형 휘핑크림(Aerosol whipped cream)	Reddi-Whip	1oz.
2.5	마시멜로 플러프(Marshmallow Fluff)	Fluff	1oz.
5.0	초콜릿 바 내부의 누가(Nougat center)	3 Musketeers Bar/ M&M/Mars	(1/2in.)3
13.0	크림 치즈(Cream cheese)	Kraft/Philadelphia Light	(1/2in.)3

5. 입자의 양(particle amount)

척도 점수	기준 시료	상표/유형/제조회사	시료 크기
0	휘핑크림(Miracle Whip)	Kraft-General Foods	1oz.
5.0	샤워크림 및 인스턴트 밀 죽 (Sour cream & instant Cream of Wheat)	Breakstone Nabisco	1oz. 1oz.
10.0	마요네즈 및 옥수수 가루 (Mayonnaise & corn flour)	Hellmann's & Argo	1oz.

6. 입자의 크기(particle size)

척도 점수	기준 시료	상표/유형/제조회사	시료 크기
0.5	기름기가 작은 크림(Lean cream)	Sealtest	1oz.
3.0	옥수수 전분(Cornstarch)	Argo	1oz.
10.0	샤워크림 및 인스턴트 밀 죽 (Sour cream & Instant cream of wheat)	Breakstone Nabisco	1oz. 1oz.
15.0	유아용 쌀 시리얼(Baby rice cereal)	Gerber	1oz.

7. 입안 코팅(mouth coating)

척도 점수	기준 시료	상표/유형/제조회사	시료 크기
3.0	조리한 옥수수 전분(Cooked cornstarch)	Argo	1oz.
8.0	감자 퓨레(Pureed potato)		1oz.
12.0	가루 치약(Tooth powder)	Brand available	1oz.

출처 : Meilgaard et al., 2015

(5) 시간-강도 묘사분석

① 개요 시간-강도 묘사분석(Time intensity descriptive analysis, TIDA)은 제품이나 시료의 관능적 특성을 시간의 연속성 하에서 검사하는 방법이다. 다른 묘사분석 방법에서도 특성의 출현순서를 고려하기는 하지만, 대부분의 경우에서는 패널요원들이 맛보는 초기부터 말기 과정까지 지각한 특성의 강도를 평균하여 평가한다. 즉, 맥주의 쓴맛 강도는 시간이 지남에 따라 입안에서 약하게 느껴짐에도 불구하고 대부분의 묘사분석에서는 입안에서 쓴맛이 최고일 때의 강도 또는 전반적인 강도를 평균하여 표현하는 경우가 대부분이어서 관능적 특성 강도의 시간에 따른 변화 양상을 살펴보기 어렵다. 하지만 특성 강도의 시간에 따른 변화는 우리 주위에서 종종 관찰된다. 예를 들면, 손등에 바른 스킨로션은 처음에는 촉촉함을 나타내지만 시간이 지날수록 다시금 건조해지며, 입술에 바른 빨간색 립스틱 또한 처음에는 빨간색이 진하지만 시간이 지남에 따라 빨간색의 강도가 약해진다. 우리가 딸기 향미가 나는 추잉껌을 씹을 때에도 씹는 초기에는 딸기 향미가 강하지만 씹을수록 향미가 방출되어 시간이 지날수록 딸기 향미는 점점 약해지게 된다. 이와 같이, 시간-강도 묘사분석은 시간이 지남에 따라 변화하는 관능적 특성에 관심을 두고 이를 평가하기 위해 개발된 방법이다. 이 방법은 수 시간 또는 수일에 걸쳐서 특성 변화를 평가하는 장기간 시간-강도 묘사분석(long-term time-intensity)과 짧은 시간(수초에서 수시간)에 특성의 변화를 평가하는 단기간 시간-강도 묘사분석(short-term time-intensity)으로 구분할 수 있다. 예를 들면, 앞서 예를 든 스킨로션과 립스틱은 전자(즉, 장기간)에 해당되고 딸기 향미 추잉껌은 후자(즉, 단기간)에 해당된다고 할 수 있다.

시간-강도 분석은 관능적 특성의 시간에 따른 변화 정보를 제공한다는 장점이 있지만 많은 수의 특성 강도를 동시에 평가하기에는 어려움이 따른다. 따라서 관심이 있는 소수(1~2개)의 관능적 특성만을 선택하여 이를 검사해야 한다(예를 들면, 맥주의 쓴맛). 하지만 많은 수의 관능적 특성을 검사하고자 할 경우에는 이를 하나 또는 2개씩 나누어 검사해야 한다.

② 절차

패널 선정

패널 지원자들 중 시간-강도 묘사분석에서 사용되는 관능적 특성에 대한 식별능력 및 예민도와 관심도, 참가 의지, 성격, 언어적인 표현 기술 등을 고려하여 최종적으로 10~15명의 패널요원을 선정한다.

패널 훈련

패널 훈련은 몇 주에서부터 몇 개월 정도 소요되는데 훈련의 종료 시점은 다른 묘사분석 방법에서와 같이 패널요원들의 수행능력을 바탕으로 결정한다. 패널 훈련은 평가할 시료의 관능적, 물리적 특성 원리, 시간-강도 묘사분석 방법에 대한 이론 교육과 실습으로 구성된다.

일반적으로 시간-강도 묘사분석에는 하나 또는 2개의 관능적 특성을 평가하는데 평가하고자 하는 관능적 특성이 사전에 주어지는 경우가 많다. 이 때는 패널요원들 간 회의를 통하여 용어를 검토하고 이를 정의한다. 또는 시간의 변화에 따라 변화하는 여러 관능적 특성 중 대표되는 특성을 선정할 수도 있다. 기준 시료 및 강도는 다른 묘사분석 방법에서와 같이 패널요원들 간 회의를 통하여 개발 및 선정한다. 특히 시료를 평가하는 방법을 구체적이고 면밀하게 규정해야 한다. 예를 들면, 시료의 양, 시료를 입안에 머물고 있는 시간, 시료 뱉음의 여부, 삼키는 방법, 평가지 작성법 등에 있어서 패널요원들 간에 차이가 생기지 않도록 해야 한다. 특히 컴퓨터를 사용하여 평가결과를 실시간으로 입력할 경우에는 패널요원들이 컴퓨터 작동 및 컴퓨터 프로그램 사용에 불편함이 없도록 시료 평가 전에 충분히 훈련하도록 한다.

시료 평가 및 결과 정리

패널요원들은 일반적으로 한 번에 한 시료씩 시료의 특성을 시간에 따라 연속적 또는 불연속적으로 검사하고 이를 척도상에 기록한다. 이동 가능한 레버나 조이스틱, 마우스 등의 장치를 통해 쉽게 평가하기도 하지만 이러한 장치를 이용하기 어려운 경우에는 평가지의 척도상에 직접 기록하도록 한다. 평가하는 동안에는 패널요원들이 자신의 시간-강도 곡선을 보지 않도록 해야 평가 시의 편견이나 오류를 줄일 수 있다.

패널 리더는 패널요원들의 평가 자료를 수집하고 이를 통계적으로 분석하여 그 결과를 표나 그림을 통해 제시한다. 일반적으로 시간-강도 곡선을 제시하고 이에 대한 세부적인 측정 기준 요소(그림 7-8)를 계산하여 보고한다.

예 츄잉껌을 판매하는 식품회사 롱추이는 자사의 츄잉껌 제품에 대한 소비자들의 의견을 조사한 결과 타사 제품에 비해 향미가 너무 빨리 사라진다는 보고를 받았다. 향미가 오래 지속될 수 있도록 제품의 형태 및 구성성분을 달리하여 두 종류의 시제품을 제조하였다. 기존의 츄잉껌 제품 A와 함께 이들 시제품들(제품 B와 제품 C)에 대한 시간강도 묘사분석을 수행하였다. 그림 7-8에서 보듯이 기존의 츄잉껌 제품 A는 향미가 강한 반면, 씹는 과정이 지속될수록 단기간 내에 딸기 향미가 사라지는 것을 볼 수 있다. 하지만 시제품 B와 C는 씹음 초기의 딸기 향미는 제품 A에 비해서 낮지만 그 향미가 오래 지속되는 것을 볼 수 있다. 특히 제품 C는 제품 A에 비해 2배 이상으로 딸기 향미가 오래 지속되는 결과를 보여주고 있다.

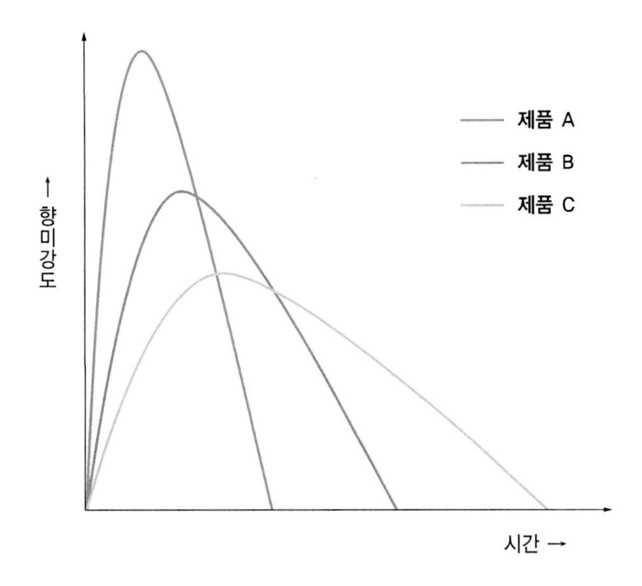

그림7-8
시간-강도 곡선의 측정 기준 요소

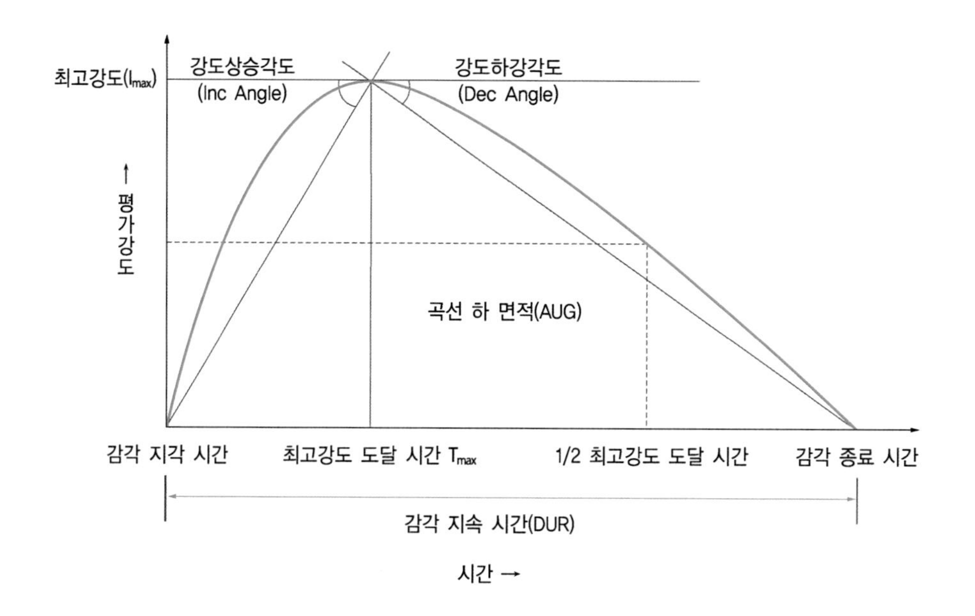

측정 기준 요소	정의
최고강도(I_{max})	지각되는 감각의 강도 중 최고로 높은 값
최고강도 도달 시간(T_{max})	최고 강도에 도달한 시간
감각 지속 시간(DUR)	감각의 시작부터 종료까지의 시간
강도상승각도(Inc Angle)	감각 지각 시작점부터 최고강도 시점까지의 상승 각도
강도하강각도(Dec Angle)	최고강도 시점부터 감각 종료 시점까지의 하강 각도
곡선하 면적(AUG)	시간-강도 곡선하의 면적

그림7-9
츄잉껌 제품에 따른 딸기 향미의 시간-강도 곡선 예

4. 소비자 검사

1) 소비자 검사의 목적

소비자 검사(Affective method, consumer test)는 제품의 품질 유지, 품질 향상 및 최적화, 신제품 개발, 시장에서의 가능성 평가를 위해서 실시되는데 궁극적 목적은 제품에 대한 소비자들의 기호도, 선호도를 알아보려는 것이다. 보통 제품 생산의 마지막 단계에서 행해지며 생산 제품 단독으로 혹은 타사의 제품과 비교하여 평가한다. 현재의 고객과 잠재적인 고객 모두를 대상으로 제품의 개념, 제품의 특성에 대한 반응을 살펴본다. 제품의 생산자 측면에서 소비자 검사는 제품을 더 많이 고가로 판매할 수 있도록 계획을 수립하기 위한 효과적인 도구이며, 소비자 검사의 노하우를 갖고 소비자 인식에 대한 정보를 얻어 다른 경쟁사보다 앞서고자 하는 데도 그 목적이 있다.

2) 소비자 검사의 패널요원

(1) 패널 선발

소비자 검사에 참여하는 패널요원은 관능검사를 하려는 제품에 대한 전문적인 지식이 없는 일반인으로서 관능검사 훈련을 받아 본 경험이 없는 사람, 그리고 제품의 연구 개발이나 판매에 관련되지 않은 사람이다.

이러한 일반인을 대상으로 관능검사를 할 경우, 체계적인 훈련을 받지 않아 검사법에 익숙하지 않고 자신의 느낌을 언어로 명확하게 전달하는 데 문제가 있을 수 있어서 일관성 있는 결과를 얻지 못하는 경우도 있지만 편견이 없는 의견을 얻을 수 있다는 장점이 있다.

소비자 검사를 할 때, 목표 집단은 다음과 같은 조건에 따라 나눌 수 있다. 첫 번째, 연령에 따라 나눈다. 예를 들어 과자, 사탕 등은 어린이를, 청량음료, 인스턴트 식품은 청년층을, 건강식품은 장년, 노년층을 대상으로 검사를 실시하도록 한다. 두 번째는 제품 사용 빈도에 따라 그룹을 나누는 것인데 자주, 보통, 가끔 사용하는 그룹으로 나눈다. 자주 사용하는 집단이 가장 바람직한 대상이나 잘 사용하지 않는 집단이 검사 대상으로 꼭 나쁜 것만은 아니다. 다른 대체할 만한 것이 없어 그 제품을 사용하는 사용자의 의견은 창의적인 개념으로 이용할 수 있다. 항상 새로운 제품을 구매하여 사용하는 소비자(lead-user)는 새로운 제품에 대해 가장 유용한 정보를 제공한다. 세 번째는 성별에 따라 나누는 것인데 요즘은 성별에 의한 구매 경향은 점차 줄어들고 있다. 그 외 소득, 거주 지역, 교육 정도 등에 따라서도 소비자 목표 집단이 달라진다.

(2) 소비자 검사대상의 분류

① 제조 회사의 직원 일반적으로 제품을 만드는 회사나 연구소 직원, 회사 근처의 주민들은 관능검사에 참여시키지 않으나 비용과 시간이 절약되기 때문에 이들을 참여시키기도 한다. 연구소나 회사 직원은 관능 검사방법에 익숙하고 모집하기가 쉽지만 신제품 개발이나 제품 개선 등을 위해서는 그 제품을 생산하는 회사 직원은 제외하도록 한다. 이들은 일반 소비자와는 달리 제품을 공정하게 평가하기 어렵고, 평가 시 개인 감정이 개입될 수 있다. 또한 평가에 참여하는 직원들 대부분을 제품의 구매 대상으로 보기 어렵기 때문에 적절한 목표 집단을 찾아 관능검사를 시행하는 것이 좋다.

② 일반인 특별한 범주에 부합하는 소비자들을 모집하여 검사를 실시하면 목표 집단의 응답을 바로 알아낼 수 있다. 보통 대형 쇼핑몰과 같이 사람들이 많이 모이는 곳에서 소비자 검사 요원을 모집하는데 이 경우 현재의 제품 사용자와 미래에 사용 가능성이 있는 소비자로부터의 의견을 모두 얻을 수 있는 장점이 있다.

3) 소비자 검사장소

검사장소는 지리적인 영향뿐 아니라 검사시료를 준비하거나 소비자들이 자극을 느끼는 감각에도 영향을 미치기 때문에 다른 장소에서 행한 검사는 다른 결과를 가져올 수 있다.

실험실과 일반 가정에서 하는 검사는 제품 사용 시간과 제품 준비의 형태(실험적 또는 일상적) 면에서 많은 차이가 있을 수 있다. 일반 가정은 다른 가족이나 음식이 있을 수 있는 환경의 영향으로 검사 결과가 달라질 수 있다.

(1) 실험실 검사

실험실 검사(Laboratory test, LT)의 장점으로는 제품 준비 및 제시 과정을 관리할 수 있고 단시간 내에 직원들에게 검사에 참여할 것을 알릴 수 있으며 일반 가정에서 하기 힘든 시각적인 통제가 가능하여 향미나 맛 검사 시 집중할 수 있다는 것이다. 그러나 단점으로 제품이 개발된 출처를 알리게 되고 이전의 경험으로 인해 편견이 생기고 기대치에 영향을 줄 수 있다. 회사 내 직원을 소비자 검사에 이용하는 경우 자사의 신제품에 높은 기호도 점수를 주는 경향이 있다. 또한 실험실 내에서의 통제된 방법에 의한 시료 준비와 제시는 일반적인 소비 형태와 다르기 때문에 특성의 감지나 평가에 긍정적, 부정적 영향을 미칠 수 있다.

(2) 중심지역 검사

중심지역 검사(Central location test, CLT)는 사람이 많이 모이는 장소(예, 상가, 시장, 사무실 건물, 교회, 학교 운동장 등)라면 어디든지 가능하다. 한 장소당 50~300명의 소비자를 모집하고 제품을 소비자들이 보지 않는 곳에서 준비하여 균일한 용기에 담아 난수표를 이용하여 세 자릿수로 표기한다. 평가자들이 오류를 범하기 쉬우므로 지침과 질문지는 간단명료해야 한다. 한 사람당 2~4개의 시료를 평가하게 한다.

중심지역 검사의 장점은 통제된 조건에서 제품을 평가하므로 모든 소비자가 동일한 조건의 제품을 평가할 수 있고 최종적인 제품 사용자로부터 결과를 얻을 수 있다는 것이다. 사람이 많은 장소에서 실시하므로 응답률이 높고 한 사람이 여러 제품을 검사할 수 있으므로 경제적으로 많은 자료를 얻을 수 있다. 그러나 검사방법이 가정에서의 일반적인 소비형태가 아니라 인위적이고, 가정에서 실시하는 경우보다 질문의 수가 제한되는 단점이 있다. 또한 나이, 사회·경제적 차이 등에 따른 기호도 조사에 제한이 있다.

(3) 가정 유치 검사

가정 유치 검사(Home use test, HUT)는 소비자 조사에서 가장 궁극적인 방법이다. 제품이 사용되는 일반적인 조건에서 평가가 이루어지고 가족의 의견도 포함되며 포장이나 사용지침에 대한 평가까지 이루어질 수 있다. 평가 규모는 3~4개 도시에서 각각 75~300가구씩 선발하며 보통 2개의 제품이 비교·평가된다. 첫 번째 제품을 4~7일간 사용하고 평가하게 한 뒤 두 번째 제품을 보내서 평가하게 하는데 동시에 두 제품을 보내지 않는다.

가정 유치 검사의 장점은, 실제 제품이 소비되는 조건에서 평가되며, 첫인상이 아닌 안정적으로, 반복적으로 사용한 후의 기호도 조사이므로 신뢰성이 높다는 것이다. 평가할 시간이 충분하기 때문에 제품의 다양한 특성, 관능적 특성, 포장, 가격 등에 대한 소비자의 의견도 수집할 수 있다. 단점은 시간이 많이 소요되고(1~4주), 중심지역 검사보다 검사에 응하는 소비자 수가 적다는 것이다. 가정에서 검사를 잊고 지나치기 쉬워 응답률이 낮을 수 있으므로 이메일이나 전화, 우편 등으로 자주 검사를 상기시킨다. 최대 3개의 시료를 비교할 수 있다. 제품의 최적화를 위한 검사나 다시료 검사는 가정 유치 검사를 하지 않는다. 한편, 가정 유치 검사는 시료의 준비조작단계에서 실수를 범할 수 있고, 패널 수가 비교적 적기 때문에 준비단계, 사용시간, 다른 제품과 같이 사용하는 등의 변수가 검사결과에서 큰 차이를 일으킬 수 있다는 점에 주의해야 한다.

다음은 실험실 조사와 가정 유치검사의 비교 예시이다.

예 국내 식품회사에서 쌀가루를 기반으로 제조한 푸딩용 프리믹스(premix) 제품 2종에 대한 미국인 소비자 패널요원들의 기호도를 조사해 보려고 하였다. 미국인 소비자들에게 친숙한 우유 푸딩과 함께 친숙하지 않은 죽 타입의 쌀죽 푸딩에 대한 기호도를 실험실 검사와 가정 유치 검사를 활용하여 각각 알아보고 두 검사 방법의 평가결과를 비교해 보았다. 상기한 바와 같이 회사 내 직원을 소비자 검사에 이용하는 경우 자사의 신제품에 높은 기호도 점수를 주는 경향이 있으므로 중심지역 검사에서와 같이 자사에 근무하지 않는 일반 소비자들을 패널로 선발하여 기호도 검사를 수행하였다. 실험실 검사 조건에서는 관능검사 요원들이 프리믹스 제품으로 직접 조리를 하여 제공하였으나 가정 유치 검사에서는 각 패널요원에게 우유 푸딩과 쌀죽 푸딩의 프리믹스 제품을 각각 나누어 주고 자신들의 집에서 직접 조리하여 제품의 관능적 기호도를 평가하도록 하였다.

그림7-10 프리믹스로 조리한 우유 푸딩과 쌀죽 푸딩에 대한 소비자 기호도

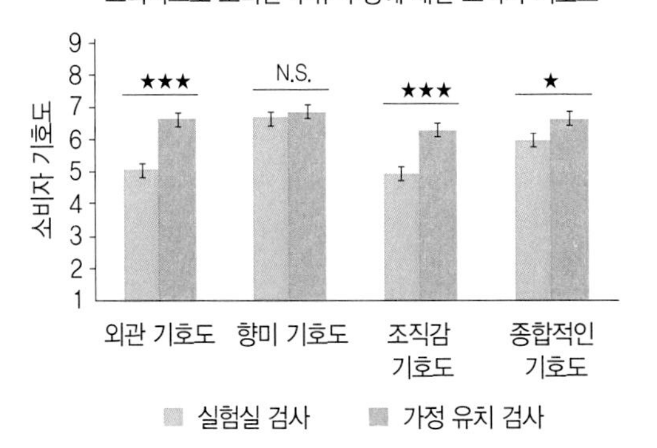

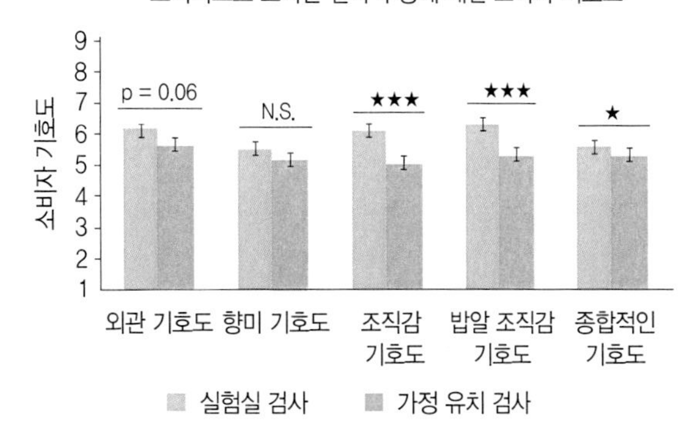

★ and ★★★: a significant difference at $P < 0.05$ and $P < 0.001$, respectively.
N.S.: no significant difference at $P < 0.05$.
출처: 서한석, 이지현, 이광락, 이성희, 이준영 (2018). 기호도 검사방법이 쌀가루 기반의 프리믹스 제품으로 만든 푸딩 시료들의 소비자 기호도에 미치는 영향: 실험실 검사와 가정사용 검사 간의 비교. 한국식품조리과학회지, 34, 87-95.

소비자 기호도 검사 수행 결과, 미국인 소비자들에게 친숙한 우유 푸딩의 경우 외관 및 조직감에 대한 기호도, 그리고 종합적인 기호도가 실험실 검사 조건에서보다 가정 유치 검사 조건에서 유의적으로 더 높게 나타났다. 가정 유치 검사 조건이 실험실 검사 조건에 비해 더 긍정적이고 즐거운 환경인 경우가 많고 패널요원들이 보다 편안한 조건에서 시료를 검사하기 때문에, 일반적으로 실험실 검사 조건에서보다 가정 유치 검사 조건에서 동일 시료에 대한 소비자들의 기호도가 더 높게 나타나는 경향이 있다. 하지만 패널요원들에게 친숙하지 않거나 조리가 용이하지 않은 시료의 경우 패널요원 자신이 검사하거나 조리한 시료에 대한 확신이 상대적으로 감소하여 가정 유치 검사 조건에서보다 관능검사 요원들이 조리하여 제공한 실험실 검사 조건의 시료에 대하여 더 높은 기호도를 보이기도 한다.

4) 소비자 검사 기법

(1) 질적 소비자 검사

질적 소비자 검사(Qualitative affective method)는 인터뷰나 소그룹을 통해서 소비자들로 하여금 제품의 관능적 특성에 대해 이야기하게 하면서 제품에 대한 반응을 알아보는 것이다.

① **적용**　질적 소비자 검사는 소비자의 요구를 밝히고 이해하기 위해서, 제품 개념이나 제품에 대한 소비자의 초기 반응을 평가하기 위하여 실시한다. 그리고 제품의 특성이나 제품의 범주를 묘사하는 소비자 용어를 알기 위하여, 양적 검사로부터 얻은 소비자 반응을 명확히 이해하기 위하여 특정 제품의 사용에 대한 소비자 행동을 연구하기 위하여 행한다. 질적 검사에서는 고도로 훈련된 면접관(interviewer)이 필요하다.

② 질적 소비자 검사의 종류

초점그룹

초점그룹 관리자는 제품 사용이나 연령, 교육 수준, 소득 등의 선발기준에 맞게 8~12명의 소비자를 모집하여 1~2시간 동안 이들이 제품에 대해 토의하도록 하여 최대한 많은 정보를 이끌어낸다. 제품의 개념이나 시제품에 대한 전반적인 반응을 결정하기 위하여 2~3부로 나누어 실시한다. 소비자 연구자는 반응의 결과를 요약한 것과 토의과정을 녹화 혹은 녹취한 자료를 살펴보면서 결과를 분석한다.

예　백설기의 관능적 특성에 대한 미국 현지인들의 의견을 알아보기 위하여 초점그룹 검사를 수행하였다. 다양한 소비자 집단의 의견을 반영하기 위하여 대학생 그룹, 전업주부 그룹, 그리고 조리 전문가 그룹으로 나누어 초점그룹 검사를 실시하였다. 각 그룹별로 초점그룹 검사에서 이루어진 패널요원들 간의 토론 내용을 녹음 및 정리하였다. 각 초점그룹 별로 여러 명의 패널요원들이 공통적으로 언급한 내용을 차출하여 이를 주제와 부제로 구분하여 범주하는 내용분석을 수행하였다. 내용분석 결과의 일부 내용은 아래 표와 같다.

"백미 설기떡 (백설기)은 디저트용으로 적합해 보이고, 현미 설기떡은 빵과 같은 식사용으로 적합해 보인다."
"백미 설기떡과 현미 설기떡 모두 츄잉껌을 씹는 것 같다."

표7-14 미국인 패널요원들을 대상으로 백설기의 관능적 특성에 대한 포커스 그룹 인터뷰 후 내용 분석 결과

주제	부주제	대학생 그룹(7명)	전업주부 그룹(7명)	조리 전문가 그룹(5명)
향미 특성	관능적 특성이 비슷한 제품	디저트 케이크 (+) 옥수수 빵 (+) 흰 식빵 (+)	디저트 케이크 (+)	디저트 케이크 (+) 쌀 푸딩 (+/–)
	향미 강도	약한 향미 강도 (–)	약한 향미 강도 (–)	약한 향미 강도 (–)
	향미 다양성	무미에 가까운 향미 (–) 옥수수 빵과 같은 향미 (+) 쌀밥 향미 (+/–)	무미에 가까운 향미 (–)	무미에 가까운 향미 (–)
	단맛 강도	약한 단맛 강도 (+/–)	약한/중간 정도의 단맛 강도 (+/–)	디저트용으로는 약한 단맛 강도(–)
조직감 특성	관능적 특성이 비슷한 제품	베이글 (+/–) 옥수수 빵 (+) 츄잉껌 (–)	엔젤 푸드 케이크 (+) 츄잉껌 (–)	그릿츠 (+) 머핀, 케이크 또는 비스킷(+/–)
	조직감 특성	씹힘성과 부착성이 있는 조직감 (+/–) 검 물질 같은 조직감 (–)	씹힘성과 부착성이 있는 조직감 (–) 고운 조직감 (+)	검 물질 같은 조직감 (–)

(+), (–), (+/–)는 패널요원들의 토론 내용이 '긍정적인', '부정적인', '긍정과 부정의 혼합적인' 의미를 뜻하는 것인지를 나타낸다.
출처: 서한석, 조성은(2018). 설기떡의 조리법 및 관능적 특성에 관한 미국인 대상 포커스 그룹 인터뷰. 한국식품조리과학회지, 34, 15–26.

초점패널

초점그룹의 변형으로 볼 수 있는데 면접관은 같은 그룹의 소비자를 2~3회 참여시킨다. 처음에는 직접 만나서 주제에 대해 이야기하고, 다음에 그룹을 가정으로 보내 제품을 사용하게 한 후 다시 모여 각자의 사용 경험을 토론하게 한다. 이 방법은 시제품 개발을 행하는 데 매우 효과적이며 소비자가 제품 개발에 참여하여 앞으로 나아갈 방향과 피드백을 제시할 수 있게 한다.

소그룹

8~12명으로 이루어진 초점그룹 대신 각각 면접관 한 명과 4~6명으로 이루어진 소그룹, 2인조 그룹, 3인조 그룹으로 검사를 실시한다. 소그룹은 좀 더 심도 있는 결과를 얻고자 할 때, 원하는 범주의 응답자를 구하지 못할 때, 주제가 민감한 경우에 사용된다. 검사 형태는 초점그룹과 비슷하다.

일대일 인터뷰

일대일 인터뷰는 심층 인터뷰라고 불리며 소비자로부터 심도 있는 대답을 원할 때, 제품이 민감한 종류의 것일 경우에 실시한다. 면접관은 보통 연속적으로 12~50명의 소비자를 인터뷰할 수 있으며 일대일 인터뷰를 하면 제품을 만드는 회사에서 예측하지 못했던 소비자의 행동이나 순수한 욕구를 알 수 있어 이에 부응하는 혁신적인 제품과 서비스를 창출할 수 있다.

(2) 양적 소비자 검사

양적 소비자 검사(Quantitative affective test)는 기호도, 선호도, 관능적 특성에 대해 50명에서 수백 명의 대규모 그룹을 상대로 조사를 하는 것이다. 제품의 넓은 범위의 특성(향미, 외관, 텍스처)에 대한 소비자의 전반적인 기호도 및 선호도를 알고자 할 때 실시한다.

① 양적 소비자 검사의 설계

검사 대상자 선발

질적 소비자 검사에서와 마찬가지로 검사 목적에 부합하는 소비자를 선발하며 검사가 며칠에 걸쳐 이루어질 수 있으므로 시간적 여유가 있는 소비자를 선발한다.

검사 절차 설계

중심지역 검사의 경우 실험실에서 계획한 것과 같이 주위 환경과 공간, 패널을 관리한다. 관능검사 관리자는 질문지부터, 패널, 시료에 이르는 모든 검사 과정에 대한 지침을 숙지하고 실행할 수 있어야 하고 선발된 패널들에게 관능검사 장소, 기간, 시료의 종류와 수에 대해 미리 잘 알려주어야 한다. 또한 검사 장소까지 시료의 포장, 보관, 준비, 제시에 주의를 기울인다.

질문지 설계

- 검사 시간이 너무 길어지지 않도록 적절한 길이로 작성한다. 프로젝트 목적에 부합한 최소한의 질문을 하도록 한다.
- 질문 내용을 정확히 하고, 선호도, 9점 기호척도, 강도 척도 등 어느 것을 사용하더라도 동일한 척도를 사용하도록 하고 척도의 방향은 항상 일정하게 한다.[예) '왼쪽 끝 : 너무 적다, 오른쪽 끝 : 너무 많다'의 방향으로 제시]
- 시료들 간에 1차적이며 가장 중요한 차이만을 응답하도록 질문한다.
- 적절하게 응답할 수 있도록 질문해야 한다. 예를 들어 색이 마음에 드는 순서대로 표기하라고 했는데 응답이 "색깔이 맘에 들지 않는다."라고 하면 결과를 해석할 수 없다.
- 마지막에는 "왜 이 시료를 선택했는가?" 등의 의견을 묻는 자유 응답형 질문을 한다.
- 전체적인 기호도나 선호도를 묻는 질문은 가장 중요하기 때문에 다른 특성들에 대한 질문에 영향을 받지 않는 위치에 놓도록 한다.

② 종류 양적 소비자 검사는 선택인가 등급을 매기는 것인가, 즉 어느 제품을 좋아하느냐, 어느 정도 좋아하느냐에 따라 기호도 검사와 선호도 검사로 나뉜다.

선호도 검사

소비자 검사에서 기호도 검사를 할 것인가, 선호도 검사(Preference test)를 할 것인가는 프로젝트 목적에 달려 있다. 제품 개선이나 경쟁 제품과의 비교처럼 한 제품과 어떤 다른 제품과의 비교가 목적이라면 선호도 조사를 실시한다. 여기서 주의해야 할 것은 어떤 제품을 선호하는가, 선호하지 않는가를 표현하는 것이 아니라 여러 제품 중 한 제품을 선택하게 해야 한다는 것이다. 시료가 2개인 경우는 둘 중 하나를 선택하게 하고, 시료가 셋 이상인 경우는 좋아하는 순서대로 순위를 매기든지, 전체 시료를 조합하여 한 쌍씩 제시하거나(예, 시료가 A, B, C, D인 경우, A-B, A-C, A-D, B-C, B-D, C-D로 쌍을 이루어 제시), 기준시료를 하나 정해놓고 기준시료와 각 시료를 쌍을 지어 제시하고 선호도를 표시하게 한다(예, 기준시료를 A와 B로 하는 경우 A-C, A-D, A-E, B-C, B-D, B-E로 시료 제시).

오렌지 주스의 선호도 조사

날짜: 이름:

1. 왼쪽 시료부터 맛을 보고 두 시료 중 어느 시료를 더 좋아하는지 좋아하는 시료의 번호에 V표를 해 주십시오.

832 ____________ 957 ____________

2. 이 시료를 선택한 이유를 적어 주십시오.

____

____

그림7-11 2개의 시료에 대한 선호도 검사 질문지

기호도 검사

소비자들이 제품을 얼마나 좋아하는지의 정도를 평가하고자 할 때 기호도 검사(Acceptance test, hedonic test)를 실시한다. 주로 9점 척도를 사용하는데 기호도 척도 중 각 항목간의 거리가 일정하지 않고 불균형을 이룰 경우 결과에 오차가 발생하기 쉽다. 결과의 분석은 차이 식별 검사 시와 동일하게 시료의 수가 2개이면 t-test를, 3개 이상이면 분산분석을 한 후 다중비교검사를 실시한다.

액상 요구르트의 기호도 조사

날짜: 이름:

제시된 시료는 총 3개입니다. 시료를 맛보기 전 물로 입을 헹구시고 질문지에 적힌 번호에 해당하는 시료를 맛보아 주십시오. 각 시료에 대한 평가가 끝난 뒤 다시 맛보거나 재평가하지 마십시오.

각 시료에 대한 전반적인 느낌을 나타내는 곳에 V표를 해 주십시오.

시료번호 : 264

□지극히 좋음

□매우 좋음

□좋음

□약간 좋음

□보통

□약간 싫음

□싫음

□매우 싫음

□지극히 싫음

* 뒷장으로 넘겨 다음 시료를 평가해 주세요.

page 1

그림7-12
3개의 시료에 대한 기호도 검사 질문지 일부의 예

(3) 인터넷 조사

관능검사 시에도 인터넷을 통한 조사는 점점 증가 추세에 있다.

인터넷을 이용한 조사의 기본 단계를 살펴보면 첫째, 조사대상, 수집할 데이터 형태 등을 포함하여 조사 목적을 정하고, 둘째, 조사 대상자를 결정하고, 셋째, 이메일로 응답을 얻을 것인가, 웹으로 얻을 것인가를 결정하고 미리 테스트를 해보고, 넷째, 조사 대상자들에게 관능검사가 실시될 것을 알리고 평가사실을 상기시키고 감사 메일을 보낸다든지, 응답을 하지 않은 조사대상자들에게 다시 한번 알리는 단계를 거친다.

인터넷을 이용한 소비자 기호도 조사법은 몇몇 측면에서 전통적 방법보다 좋은 점이 있다. 시간이 절약되고 비용이 절감되며 실행이 용이하다. 또한 데이터베이스에 컴퓨터 자판을 이용하여 데이터를 직접 입력하게 되면 즉각적인 통계처리도 가능하다. 그 외 이점으로는 방대한 수의 사람을 모집할 수 있다는 것, 더 다양한 지역의 사람들이 참여할 수 있다는 것, 그리고 지리적인 거리가 문제되지 않는 점이 있다. 그러나 이러한 장점과 더불어 관능검사 관리자가 인터넷을 이용한 조사 시 염두에 두어야 할 것이 있다. 인터넷 접속이 가능하지 않은 지역에 거주하거나 이메일을 사용하지 않는 사람들은 조사에서 배재되어 조사가 어느 한쪽으로 치우칠 수 있다는 것이다. 인터넷 조사의 단점으로는 우편으로 질문지를 보냈을 때보다 응답률이 낮고, 사람들이 스팸메일로 간주하여 메일을 확인조차 안 할 수 있다는 것이다. 그러므로 인터넷을 이용한 관능검사의 실효성을 높이기 위해서는 사람들이 이해하기 쉬운 간단한 형태의 조사를 실시하고 자주 통보를 하여 평가자들로 하여금 관능검사를 상기하도록 해야 한다.

아래는 인터넷 조사의 방법과 결과 처리에 대한 예시를 나타내었다.

예 여러 종류의 식품에 대한 소비자들의 반응을 알아보기 위하여 인터넷 조사를 수행하였다. 대표적인 32종 식품 각각의 이미지와 이름이 적힌 슬라이드를 온라인 프로그램을 이용하여 소비자들에게 제공하였다. 각 소비자 패널요원은 32종의 슬라이드 시료를 하나씩 본 후, 연상되는 단어 3개를 기술하도록 하였고 슬라이드 시료들은 패널요원들에게 무작위 순서로 제시하였다.

수집된 단어들은 7개의 범주(식품/관능 특성, 메뉴/조리/섭취, 식품군/제품명, 개인 선호도, 건강/영양, 원산지/출처, 기타)로 분류하였고 이들 범주에 대한 응답빈도율을 인구통계학적 요인별로 분석하였다. 예를 들면, 아래 표에서와 같이 연령별로 7개의 범주에 대한 응답빈도율이 유의적으로 차이를 보였다. 50대 소비자 패널요원들이 식품/관능 특성에 대한 언급을 가장 많이 한 반면, 이에 대한 응답 빈도율은 70대 소비자 패널요원들에게서 가장 낮았다.

표7-15
식품의 이미지와 이름으로 연상된 단어들의 범주와 각 범주별 연령대에 따른 응답빈도율의 차이

범주	연령대					
	18–29세	30–39세	40–49세	50–59세	60–69세	70+세
식품/관능 특성	40.0% bc	37.5% c	42.7% b	46.5% a	42.2% b	29.8% d
메뉴/조리/섭취	26.5% bc	30.1% a	25.4% c	18.7% e	22.3% d	29.4% ab
식품군/제품명	12.2% a	9.9% bc	8.8% bc	8.1% c	8.7% bc	10.5% ab
개인 선호도	5.9% c	7.7% b	8.0% b	12.1% a	10.3% a	12.6% a
건강/영양	7.5% cd	6.3% d	7.8% cd	8.6% bc	10.3% ab	11.6% a
원산지/출처	2.1% a	1.9% ab	1.2% bc	1.0% c	1.2% bc	1.2% abc
기타	5.8% a	6.6% a	6.1% a	5.0% a	5.0% a	4.9% a
합계	100.0%	100.0%	100.0%	100.0%	100.0%	100.0%

동일 행의 다른 문자는 빈도율이 유의적으로 다름을 의미함 ($P < 0.05$).
* 빈도수가 5 미만인 것은 통계분석을 수행하지 않았음.
출처: Luckett, C.R. & Seo, H.S.(2015). Consumer attitudes toward texture and other food attributes. Journal of Texture Studies, 46, 46–57.

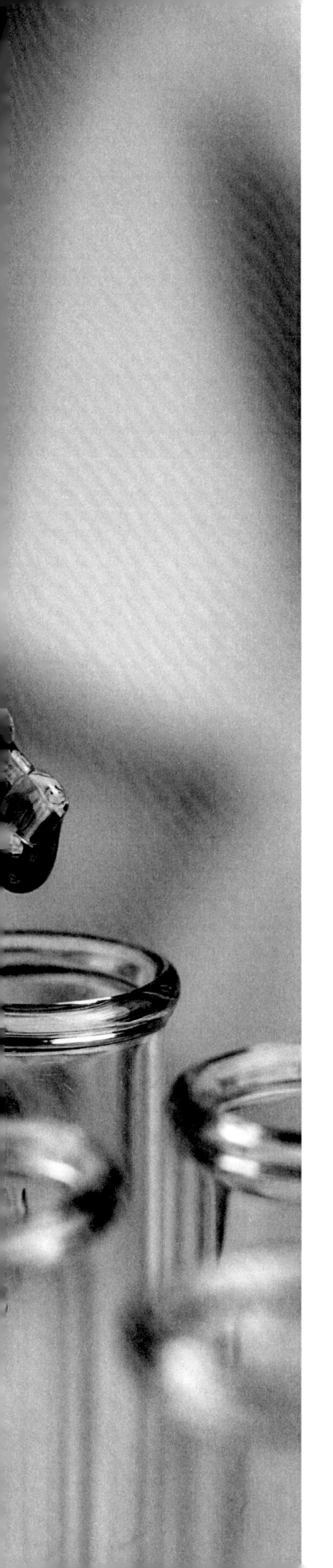

CHAPTER 8

실험계획 및 통계분석

CHAPTER 8

실험계획 및 통계분석

1. 실험계획

1) 실험계획의 정의

실험계획은 원하는 정보를 얻거나 문제를 해결하기 위한 실험을 수행하는 데 있어서 실험이 올바르고 효율적으로 진행될 수 있도록 실험을 기획하는 것이다. 즉, 가장 적은 비용과 노력을 들여서 가장 효율적이고 신뢰성 있는 실험의 결과물을 산출하기 위한 실험설계작업이라고 할 수 있다. 여기서 비용과 노력은 독립변수(independent variable)라 할 수 있고, 이에 대한 결과물은 반응변수(dependent variable)라고 칭할 수 있다. 여러 번의 다양한 실험처리(treatment)를 통하여 얻은 결과물이 효율적인지 아닌지는 통계적 분석을 통하여 확인할 수 있다. 따라서 실험계획 시에는 실험을 통하여 얻는 자료를 추후 어떠한 통계적 방법으로 분석할 것인가 하는 점을 사전에 염두에 두는 것도 필요하다.

2) 실험계획의 기본 원리

실험의 통계적 해석을 가능하게 하는 실험계획의 기본원리에는 랜덤화(randomization), 반복(replication), 블록화(blocking)가 있다.

(1) 랜덤화

랜덤화는 실험요인 외의 다른 요인들이 실험결과에 편향되게 영향을 미치는 것을 최소화하기 위한 방안의 일환으로 실험요인이나 단위의 배치 또는 실험순서 등을 임의로 설정하는 것을 말한다. 대부분의 실험자료 통계분석은 실험결과나 오차가 서로 독립인 확률변수라는 가정에서 시작하는 경우가 많은데, 랜덤화는 이러한 가정을 충족시켜 준다고 볼 수 있다.

(2) 반 복

특정한 조건에서 단 1회의 실험으로 얻은 결과는 신뢰성이 떨어지기 때문에 각 실험조건을 동일한 조건에서 반복하여 실험함으로써 결과의 재현성을 높이는 것이 중요하다. 반복은 동일한 실험조건 하에서 동일한 실험을 두 번 이상 수행하는 것으로, 반복실험을 통해 실험오차를 추정할 수 있게 되며, 이와 같은 실험오차의 추정값은 관측된 요인효과의 차이가 통계적으로 의미가 있는지를 판단하는 근거를 제공한다.

(3) 블록화

블록화는 실험 전체를 될 수 있는 한 동질적인 여러 블록으로 나눈 후에, 각 블록 내에서 실험요인의 효과를 알아보는 것을 말한다. 즉 블록 내에서는 동질성을 유지하면서 블록 간의 이질적인 차이가 크도록 실험설계를 할 경우 오차 분산을 줄이게 되어 블록화의 효율이 증대된다. 모든 실험계획마다 반드시 블록화를 해야 하는 것은 아니나, 블록효과가 큰 경우 실험설계를 블록화하지 않으면 실험오차가 과장되어 실험요인의 유의한 효과가 검출되지 못하는 경우가 발생할 수 있다.

3) 실험계획의 순서

(1) 실험문제에 대한 이해와 실험목적 설정

실험계획 시에는 우선 해결해야 할 문제가 무엇인지 인식하고 이러한 문제의 해결과 직결된 실험목적을 설정한다. 실험목적을 명확하게 하는 것은 실험과정을 이해하고 주어진 문제를 최종적으로 해결하는 데 많은 도움을 준다.

(2) 반응변수의 선택

실험을 통해 얻을 수 있는 여러 가지 반응변수 중에서 실험의 목적을 달성하기 위해 적합한 반응변수를 찾아서 선택하는 것이 중요하다. 실험의 목적에 따라서 반응변수는 하나 또는 그 이상을 설정하게 되는데, 반응변수의 수가 둘 이상인 자료의 형태를 다변량 자료라고 한다.

(3) 실험요인과 수준의 선택

실험에 영향을 미치는 많은 원인들 중에서 실험의 목적을 달성하기 위해 채택한 원인을 요인(factor)이라고 하고, 실험을 하기 위한 요인들의 조건을 요인의 수준(level)이라고 한다.

초기단계의 실험에서는 필요하다고 생각되는 모든 요인을 나열하고 이 중에서 적절한 요인을 선택하도록 한다. 이 때 요인은 서로 독립적이라고 생각될 수 있는 것을 선택하는 것이 좋다. 하지만 선택된 요인의 수가 매우 많은 경우에는 실험의 규모가 커져서 비용과 시간의 소모가 크며, 실험관리상의 어려움이 발생하게 된다.

요인수준은 실험자가 생각하고 있는 요인의 관심 영역 내에서만 잡는데, 보통 2~5개가 적절하다. 일반적으로 요인수준의 폭을 아주 넓게 잡으면 요인수준의 조합을 통해 교호작용이 일어나기 쉽고, 아주 좁게 잡으면 수준 간의 차이가 없어서 실험의 효율이 떨어진다.

(4) 실험배치의 선정

실험요인과 수준이 선택되면 실험오차와 비용 등을 고려하여 실험의 반복수를 결정한다. 반복수 및 총 실험횟수가 정해지면 실험환경에 따라 랜덤화하는 방법을 정하고, 분석방법을 고려한다. 또한, 실험환경을 고려하여 블록화의 필요성을 고려해 본다. 실험배치는 실험환경과 실험목적에 따라 가장 적절한 배치 방법을 찾아가는 것이 중요하며, 실험 환경의 균일성을 확보하도록 한다.

(5) 실험 실시

실험을 수행할 때는 실험이 계획된 대로 단계별로 제대로 진행되는지 그 과정을 주의 깊게 관찰하고 관리해야 한다. 미리 선택된 실험조건들 이외에 다른 조건들은 될 수 있는 한 동일하게 유지한다. 또한 실험의 결과에 영향을 줄 수 있는 환경 및 변수에 대한 정보도 세세하게 기록하여 두는 것이 추후 결과해석 및 관련된 실험을 계획할 때 수월하다.

(6) 자료의 통계적 분석

실험을 통해서 얻은 자료를 분석하여 객관적인 정보를 산출하고 결론에 도달하기 위해서는 통계적인 방법을 이용하는 것이 바람직하다. 통계분석 시에는 자료의 전체적인 형태를 그래프 등을 이용하여 파악한 후에 세부적인 분석을 수행하는 것이 보다 효율적이다.

(7) 분석결과의 해석과 조치

실험자가 자료를 분석하고 검정한 결과로부터 어떠한 결론에 도달하기 위해서는 실험의 목적 및 가설 등을 고려해야 하고 그 범위 내에서 검정된 결과가 가지는 의미를 생각해야 한다. 특히 실험에서 설정한 요인 수준의 범위를 넘어서는 수준으로 결과를 확대 해석하거나, 실험에서 취하고 있는 가정들을 고려하지 않고 결론을 내리는 것 등을 주의해야 한다.

2. 통계분석

1) 모집단과 표본

일반적으로 관측이나 추측의 대상이 되는 집단 전체를 조사하는 것이 가장 정확하게 집단을 이해할 수 있는 방법이지만, 비용과 시간의 한계로 인하여 집단 전체를 조사하는 것은 불가능한 경우가 많다. 따라서 조사 대상 중에서 일부를 조사하여 원래 집단에 대한 결론을 추론하게 되는데, 실험대상이 되는 집단 전체를 모집단(population)이라 하고, 실제 실험이나 조사 대상이 되는 집단의 일부를 표본(sample)이라고 한다. 이들 표본의 평균과 분산을 표본평균, 표본분산이라 부르고 이들을 바탕으로 모집단의 평균(모평균)이나 분산(모분산)을 추론하는 것이 통계분석이다.

2) 기술통계량

실험 자료에 관한 특성을 가장 간단하게 알아볼 수 있는 것이 기술통계량이다. 기술통계량은 다음과 같이 대푯값, 산포도, 그리고 비대칭도로 크게 구분할 수 있다.

(1) 대푯값

실험 자료의 전체를 대표하는 값으로 자료의 분포에 대한 중앙 집중 경향을 나타낸다.

① 평균(mean) : 실험 자료의 총합을 표본의 크기로 나누어 준 값이다.

② 중앙값(median) : 실험 자료를 크기 순으로 배열한 경우 중간에 해당하는 값이다.

③ 최빈값(mode) : 가장 많은 빈도를 가진 자료의 값이다.

(2) 산포도

실험 자료가 대푯값으로부터 얼마나 흩어져 분포하고 있는가를 나타낸다.

① 범위(range) : 최댓값과 최솟값의 차이이다.

② 분산(variance) : 각 실험 자료와 평균값의 차이인 편차를 제곱한 값의 평균이다.

모분산 : $\sigma^2 = \sum_{i=1}^{n}(X_i - \mu)^2 / N$

표본분산 : $S^2 = \sum_{i=1}^{n}(X_i - \overline{X})^2 / (n-1)$

③ 표준편차(standard deviation) : 분산의 제곱근이다.

모표준편차 : $\sigma = \sqrt{\sum_{i=1}^{n}(X_i - \mu)^2 / N}$

표본표준편차 : $S = \sqrt{\sum_{i=1}^{n}(X_i - \overline{X})^2 / (n-1)}$

④ 사분편차(quartile deviation) : 전체 실험 자료를 4등분했을 때 각 경계값에 해당하는 값을 사분위수라고 하며 크기에 따라 제1사분위수(Q_1, 25%가 되는 값), 제

2사분위수(Q_2, 50%가 되는 값), 제3사분위수(Q_3, 75%가 되는 값), 제4사분위수(Q_4, 100%가 되는 값)로 분류하며 사분편차는 다음 식에 의해 구한다.

사분편차 : $Q_2 = \frac{(Q_3 - Q_1)}{2}$

⑤ 표준오차(standard error) : 표본평균의 표준편차이다.

표준오차 : $S_e = \frac{S}{\sqrt{n}}$

⑥ 변이계수(coefficient of variation) : 실험 자료의 상대적 변이성을 측정하는 방법 중 하나로, 표준편차를 평균값으로 나눈 상대적인 값이다.

변이계수 : $CV = (S/\overline{X}) \times 100\%$

(3) 비대칭도

실험 자료 분포의 비대칭 정도를 나타낸다.

① 왜도(skewness) : 분포의 비대칭 정도를 나타낸다.

왜도 : $S_k = \frac{\sum_{i=1}^{n}(x_i - \overline{X})^3}{\left[\sum_{i=1}^{n}(x_i - \overline{X})^2\right]^{\frac{3}{2}}}$

- 왜도 $S_k=0$: 좌우 대칭인 정규분포
- 왜도 $S_k>0$: 왼쪽으로 치우친 분포
- 왜도 $S_k<0$: 오른쪽으로 치우친 분포

② 첨도(kurtosis) : 분포 봉우리의 뾰족한 정도를 나타낸다.

$$\text{첨도}: \quad P_d = \frac{\sum_{i=1}^{n}(x_i - \overline{X})^4}{\left[\sum_{i=1}^{n}(x_i - \overline{X})^2\right]^{\frac{4}{2}}} - 3$$

- 첨도 P_d=0 : 좌우 대칭인 정규분포
- 첨도 P_d>0 : 정규분포보다 중앙이 뾰족한 분포
- 첨도 P_d<0 : 정규분포보다 중앙이 낮은 분포

3) 통계적 분포

통계적 분포는 확률변수가 이산적인 이산분포(예: 이항분포, 베르누이분포, 초기하분포, 포아송분포)와 확률변수가 연속적인 연속분포(예: 정규분포, t-분포, χ^2분포, F-분포)로 구분된다. 관능검사의 결과는 연속분포의 형태를 나타내는 경우가 많으므로 여기서는 연속분포에 국한해서 설명하고자 한다.

(1) 정규분포(normal distribution)

① 평균이 μ이고 표준편차가 σ인 정규분포는 X~N(μ, σ)으로 표시하고 확률밀도 함수는 다음과 같다(그림 8-1 참조).

$$f(x) = \frac{1}{\sqrt{2\pi\sigma}} e^{-\left[\frac{(x-\mu)^2}{2\sigma}\right]} \qquad -\infty < x < \infty$$

② 정규분포는 종모양의 연속함수로 평균 μ에 관해 서로 대칭이다.

③ 정규분포의 평균값, 중앙값, 최빈수는 같다.

④ 정규분포의 평균(μ)과 표준편차(σ)를 알면 그 구간에 속할 확률을 구할 수 있다.

: $\mu \pm \sigma$ 구간에서는 약 68%를 포함한다.

: $\mu \pm 2\sigma$ 구간에서는 약 95%를 포함한다.

: $\mu \pm 3\sigma$ 구간에서는 약 99.7%를 포함한다.

⑤ X가 평균이 μ이고 분산이 σ^2인 정규분포 N(μ, σ^2)일 때 변환 $Z = \frac{X - \mu}{\sigma}$ 는 평균이 0이고 표준편차가 1인 표준정규분포 N(0, 1)를 따른다.

⑥ X가 평균이 μ, 분산이 σ인 정규확률변수라면 구간 (a, b)의 확률은

$P(a < X < b) = P\left(\frac{a - \mu}{\sigma} < Z < \frac{b - \mu}{\sigma}\right)$이다.

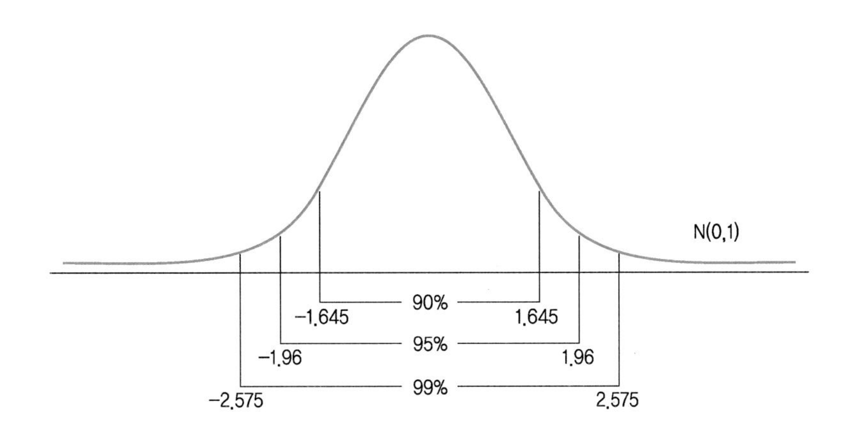

그림8-1
표준정규분포에서 양쪽 끝을 제외한 확률이 90%, 95%, 99% 되는 값

TIP

자유도(degrees of freedom)

n개의 자료로부터 평균까지의 편차 합을 구하면 항상 0이 되기 때문에 n−1개 자료의 편차를 알면 나머지 하나의 편차를 알 수 있다. 따라서 전체 n개의 자료 중에서 n−1개의 자료값만이 자유롭게 변화할 수 있다는 의미에서 이를 자유도라 이른다.

중심극한정리(central limit theorem)

평균이 μ이고 분산이 σ^2인 임의의 모집단에서 표본의 크기(n)가 충분히 큰 경우, 표본평균 $\overline{X}$의 분포는 근사적으로 평균이 μ이고 분산이 $\frac{\sigma^2}{n}$인 정규분포 N(μ, $\frac{\sigma^2}{n}$)를 따른다. 즉, 표본평균의 분포들이 표본의 크기가 커짐에 따라(대략 30 이상) 정규분포에 가까워진다.

(2) t−분포(t−distribution)

① 정규분포 N(μ, σ^2)을 따르는 모집단으로부터 얻은 확률표본을 X_1, …, X_n이라고 할 때, $T = \frac{\overline{X} - \mu}{S / \sqrt{n}}$라 하면, T는 자유도 n-1인 t-분포, 즉 $t(n$-1)을 따른다.

② t-분포는 자유도에 따라 확률이 달라지므로 t-분포에는 반드시 자유도가 명시되어야 한다(그림 8-2 참조).

③ t-분포는 자유도가 증가할수록 표준정규분포에 가까워지는데, 대개 자유도가 30이 넘으면 비슷해진다.

④ t-분포는 표준정규분포와 비슷한 형태의 분포를 하지만, 표준정규분포보다는 좌우로 더 멀리 퍼져 봉우리는 낮고 꼬리가 두터운 모양을 지닌다.

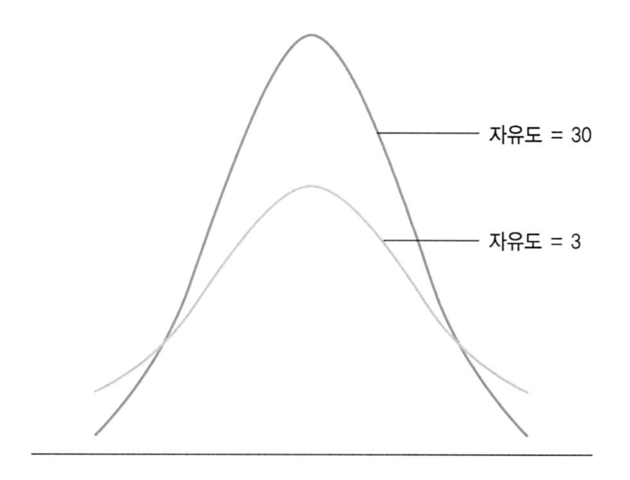

그림8-2
자유도에 따른 t-분포 곡선

(3) 카이제곱분포(x^2-distribution)

① 모분산이 σ^2를 갖는 정규분포 모집단으로부터 크기가 n인 표본을 뽑을 때, 각 표본의 분산을 S^2이라고 하면, $\frac{(n-1)S^2}{\sigma^2}$은 자유도가 n-1인 카이제곱분포를 따르고, 이때 $S^2 = \frac{\sum_{i=1}^{n}(X_i - \overline{X})^2}{n-1}$이다.

② 카이제곱분포는 자유도에 따라 모양이 달라지며 자유도가 클수록 정규분포에 가까워진다(그림 8-3 참조).

③ 카이제곱분포는 오른쪽 꼬리를 갖는 비대칭형 연속분포로, 항상 양의 값만을 가진다.

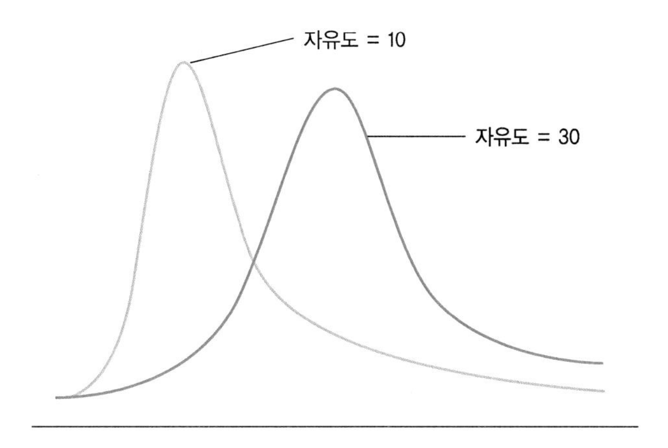

그림8-3
자유도에 따른 카이 제곱분포 곡선

(4) F-분포(F-distribution)

① 정규분포를 따르는 두 모집단에서 추출한 2개의 표본에서, 두 표본분산의 비율은 분자자유도 n_1-1, 분모자유도 n_2-1인 F-분포를 따른다.

$$F(n_1 - 1, n_2 - 1) = \frac{X_1^2 / (n_1 - 1)}{X_2^2 / (n_2 - 1)} = \frac{S_1^2}{S_2^2}$$

② F-분포는 비대칭형 연속분포로, 항상 양의 값만을 가진다(그림 8-4 참조).

③ F-분포는 분모자유도, 분자자유도에 따라 분포의 모양이 달라진다.

④ F-분포의 값은 t-분포 값의 제곱이다.

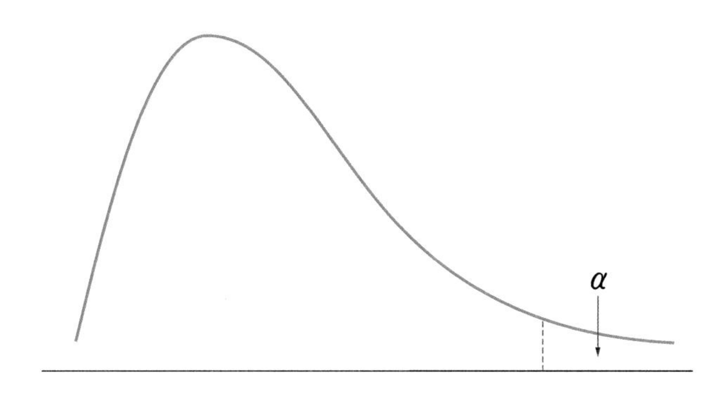

그림8-4
F-분포 곡선

4) 가설설정과 검정

(1) 가설의 종류

가설이란 실증적인 증명에 앞서 세우는 잠정적인 진술이며 추후 논리적으로 검정될 수 있는 명제이다. 이러한 가설에는 귀무가설과 대립가설의 두 가지가 있다. 일반적으로 귀무가설은 기존에 알려져 있는 사실로 정하고, 대립가설은 새로운 사실로 정한다. 따라서 두 가설 중 하나를 선택할 때에는 확실한 근거가 있기 전에는 새로운 사실인 대립가설을 선택하지 않고 기존의 사실인 귀무가설을 채택하는 것이 일반적인 가설검정의 방침이다.

① 귀무가설(null hypothesis): 통계량의 차이는 단지 우연의 법칙에서 나온 표본추출오차로 생긴 것이라고 표시한다.
② 대립가설(alternative hypothesis): 통계량의 차이는 우연 발생적으로 생긴 것이 아니라 표본이 대표하는 모집단의 모수 간 유의적인 차이가 있다는 것으로 표시한다.

(2) 가설검정의 절차

가설검정은 설정한 가설을 채택 또는 기각하는 절차를 말하는 것으로 가설검정의 절차는 다음과 같다.

① 귀무가설과 대립가설을 설정한다.
② 유의수준과 임계치를 결정한다.
③ 귀무가설의 채택영역과 기각영역을 결정한다.
④ 주어진 조건으로부터 통계량을 계산한다.
⑤ 통계량과 임계치를 비교하고 가설의 기각 또는 채택 여부를 결정한다.

(3) 가설검정의 종류

일반적으로 모평균에 대한 가설검정에서 대립가설(H_1)은 다음과 같이 크게 세 가지의 형태로 구분된다. 대립가설 유형①은 귀무가설(H_0)의 오른쪽에 기각역을 지니므로 우측검정(right-sided test)이라 하고, 대립가설 유형②는 귀무가설(H_0)의 왼쪽에 기각역을 가지므로 좌측검정(left-sided test)이라 하며, 대립가설 유형③과 같이 귀무가설(H_0) 양쪽에 기각역을 지니는 것을 양측검정(two-sided test)이라고 한다. 또한 우측검정과 좌측검정을 통틀어 단측검정이라고 칭한다.

① $H_1 : \mu > \mu_0$
② $H_1 : \mu < \mu_0$
③ $H_1 : \mu \neq \mu_0$

(4) 가설검정 시의 오류

가설검정 시의 오류는 표 8-1과 같이 제1종 오류(α)와 제2종 오류(β)가 있다. 제1종 오류와 제2종 오류는 상반관계를 보이기 때문에 제1종 오류를 엄격하게 적용할수록 제2종 오류, 즉 검정력은 감소하게 된다. 특히 제1종 오류가 발생할 확률의 허용한계를 유의수준(significance level)이라고 한다. 또한 제1종 오류의 확률을 유의확률(significance probability) 또는 p-값(p-value)이라고 한다. 따라서 p-값이 유의수준보다 작으면 귀무가설(H_0)을 기각하고, 아니면 귀무가설(H_0)을 채택한다.

표8-1
가설검정의 오류

의사결정 \ 실제상태	올바른 H_0	그릇된 H_0
H_0 채택	올바른 결정	제2종 오류(α)
H_0 기각	제1종 오류(β)	올바른 결정(검정력)

5) 관능검사에서 자주 사용되는 블록화 계획법

(1) 완전 랜덤화 계획법(completely randomized design, CRD)

완전 랜덤화 계획법은 가장 간단하게 블록화할 수 있는 방법으로 실험 전체를 하나의 큰 블록으로 간주하는 것이다. 이 블록 내의 패널요원들 간에는 관능검사의 평가차이가 없다는 가정을 두고 있으며, 각각의 패널요원은 주어진 시료 1개만 평가하게 된다. 따라서 이 방법은 실험 수행이 쉽고 분석이 간단하다는 장점을 지니나 패널요원들 간에 동질성이 떨어진다면 이 방법으로 신뢰성 있는 결과를 얻기가 힘들다. 또한 시료가 여러 개인 경우에도 이 방법을 적용하기가 힘들다.

[완전 랜덤화 계획법의 예] 새로 출시된 바나나 우유 제품 A에 대해서 서울, 대전, 부산, 광주 지역의 소비자들 간 관능검사의 결과를 비교해 보고자 하는 실험

(2) 랜덤화 완전 블록 계획법(randomized complete block design, RCBD)

랜덤화 완전 블록 계획법은 동질적인 실험단위들을 블록으로 간주하여 블록의 효과를 제거한 후에 처리효과의 유의성을 알아보는 방법이다. 대부분의 경우, 패널은 블록으로, 시료는 처리구로 간주된다. 또한 개개의 블록은 블록 내에서 독립적으로 랜덤화가 이루어지며 블록마다 모든 요인수준을 실험하게 된다(표 8-2 참조). 즉 각각의 패널요원은 실험에서 사용하는 모든 시료를 랜덤화 조건 하에서 제공받고 평가하게 된다. 또한 랜덤화 완전 블록 계획법을 2회 이상 반복 수행하면 블록(패널)과 처리구(시료) 간의 교호작용을 살펴볼 수 있다.

표8-2
랜덤화 완전 블록 계획법의 자료 양식

블록 (패널)	시 료						
	1	2	3	·	·	t	행 합계
1	X_{11}	X_{12}	X_{13}	·	·	X_{1t}	$X_1 = \sum_{j=1}^{t} X_{1j}$
2	X_{21}	X_{23}	X_{23}	·	·	X_{2t}	$X_2 = \sum_{j=1}^{t} X_{2j}$
· · ·	· · ·	· · ·	· · ·	· · ·	· · ·	· · ·	· · ·
b	X_{b1}	X_{b2}	X_{b3}	·	·	X_{bt}	$X_b = \sum_{j=1}^{t} X_{bj}$
열 합계	$X_1 = \sum_{i=1}^{b} X_{i1}$	$X_2 = \sum_{i=1}^{b} X_{i2}$	$X_3 = \sum_{i=1}^{b} X_{i3}$	·	·	$X_t = \sum_{i=1}^{b} X_{it}$	

랜덤화 완전 블록 계획법을 통해 얻은 자료는 분산분석을 통해 일반적으로 분석되며 이에 대한 분산분석표는 표 8-3과 같다. 분산분석에서 귀무가설은 모든 시료의 평균은 같다는 것이며 이에 대한 대립가설은 시료 중 최소한 두 시료의 평균은 서로 다르다는 것이다. 분산분석을 통해 귀무가설이 기각되고 대립가설이 채택되는 경우

다중비교검사를 적용하여 어느 시료 간에 있어서 평균의 차이가 있는지 알아본다.

변량원	자유도	제곱합	평균제곱합	F-값
합 계	$bt-1$	SS_T		
블록(패널)	$b-1$	SS_J		
시 료	$df_S=t-1$	SS_S	$MS_s = \frac{SS_S}{df_s}$	$\frac{MS_S}{MS_E}$
오 차	$df_E=(b-1)(t-1)$	SS_E	$MS_E = \frac{SS_E}{df_E}$	

표8-3
랜덤화 완전 블록 계획법의 분산분석표

(3) 균형 불완전 블록 계획법(balanced incomplete block design, BIBD)

균형 불완전 블록 계획법은 패널요원당 주어진 시료수가 너무 많아서 앞서 언급한 완전 블록 계획법을 적용하기 어려운 경우에 사용되는 방법이다. 균형 불완전 블록 계획법에서는 각 패널요원이 시료 전체를 모두 평가하지 않고 그 중 일부만 평가하게 된다. 이때, 각 시료가 평가되는 횟수는 일정하게 유지시키고 함께 평가되는 시료쌍에 대한 횟수도 일정하게 조정한다(표 8-4 참조). 또한 충분한 자료를 얻기 위해서 전체 BIB 디자인을 여러 번 반복 수행할 수 있다.

블 록	시 료							
	1	2	3	4	5	6	7	블록 합계
1	O		O		O			B_1
2		O	O	O				B_2
3		O			O	O		B_3
4				O	O		O	B_4
5	O			O		O		B_5
6			O			O	O	B_6
7	O	O					O	B_7
처리 합계	R_1	R_2	R_3	R_4	R_5	R_6	R_7	G

O : 개별 관측, Bi : i번째 행의 관측의 합, Rj : j번째 열의 관측의 합, G : 모든 관측의 총합

표8-4
균형 불완전 블록 계획법의 자료 양식

균형 불완전 블록 계획법을 통해 얻은 자료는 분산분석을 통해 분석한다(표 8-5 참조). 만약 각 패널요원이 모든 블록을 다 평가하였으면 패널효과를 총 변량에서부

터 따로 구분할 수 있고(표 8-5의 ①), 만약 각 패널요원이 단지 하나의 블록만을 평가한 경우에는 패널효과가 블록효과와 혼합된다(표 8-5의 ②).

표8-5 불완전 블록 계획법의 분산분석표

① p명의 패널요원이 각각 b개의 모든 블록을 평가한 경우

변량원	자유도	제곱합	평균제곱합	F-값
합 계	$tpr-1$	SS_T		
패 널	$p-1$	SS_P		
블록(패널 내)	$p(b-1)$	$SS_{B(P)}$		
시 료	$df_S = t-1$	SS_S	$MS_s = \frac{SS_S}{df_s}$	$\frac{MS_S}{MS_E}$
오 차	$df_E = tpr-t-pb+1$	SS_E	$MS_E = \frac{SS_E}{df_E}$	

② pb명의 패널요원이 각각 하나의 블록만을 평가한 경우

변량원	자유도	제곱합	평균제곱합	F-값
합 계	$tpr-1$	SS_T		
패 널	$pb-1$	SS_P		
시 료	$df_S = t-1$	SS_S	$MS_s = \frac{SS_S}{df_s}$	$\frac{MS_S}{MS_E}$
오 차	$df_E = tpr-t-pb+1$	SS_E	$MS_E = \frac{SS_E}{df_E}$	

(4) 라틴 정방 계획법(Latin square design)

라틴 정방 계획법은 처리 효과를 알아보는 데 영향을 미치는 2개의 변량을 통제할 때 사용하는 방법이다. 예를 들면, 패널요원의 평가 능력 또는 결과가 평가 시기와 시료 제시 순서의 두 요인에 의해 영향을 받는다고 하면 그림 8-5와 같이 평가 시기와 시료 제시 순서가 교차하도록 실험을 계획할 수 있다.

라틴 정방 계획법을 통해 얻은 자료는 분산분석을 통해 분석한다(표 8-6 참조).

평가 시기 \ 시료 제시 순서	1	2	3	4
1	A	B	C	D
2	D	A	B	C
3	C	D	A	B
4	B	C	D	A

그림8-5 라틴 정방 계획법의 자료 양식

변량원	자유도	제곱합	평균제곱합	F-값
합 계	pt^2-1	SS_T		
패 널	$p-1$	SS_P		
평가시기	$p(t-1)$	$SS_{B(P)}$		
제시순서	$p(t-1)$	SS_O		
시 료	$df_S = t-1$	SS_S	$MS_s = \frac{SS_S}{df_s}$	$\frac{MS_S}{MS_E}$
오 차	$df_E = (pt-p-1)(t-1)$	SS_E	$MS_E = \frac{SS_E}{df_E}$	

표8-6
라틴 정방
계획법의
분산분석표

(5) 분할구 계획법(split-plot design)

분할구 계획법은 실험 전체를 완전 랜덤화하는 것이 힘들 경우 이를 몇 단계로 나누어서 랜덤화하는 방법이다. 분할구 계획법에 있어서 블록으로 간주하는 요인의 수준(A)를 주구(whole-plot)라 하며, 주구에서 독립적으로 랜덤하게 배치되는 요인의 수준(B)를 세구(split-plot)라고 한다.

분할구 계획법을 통해 얻은 자료는 분산분석을 통해 분석한다(표 8-7 참조). 이 표에서 시료 효과(F_1)는 '주구 효과'이고 패널(F_2) 및 패널과 시료의 교호작용(F_3)은 '세구 효과'이며, 주구와 세구 효과의 유의성을 알아보기 위해서 분리된 오차항이 사용된다.

변량원	자유도	제곱합	평균제곱합	F-값
합계	$pbt-1$	SS_T		
패널 그룹	$p-1$	SS_P		
시료	$t-1$	SS_S	$MS_S = \frac{SS_S}{t-1}$	$F_1 = \frac{MS_S}{MS_{E(A)}}$
오차(A)	$df_{E(A)} = (p-1)(t-1)$	$SS_{E(A)}$	$MS_{E(A)} = \frac{SS_{E(A)}}{df_{E(A)}}$	
패널	$b-1$	SS_J	$MS_J=SS_J/(b-1)$	$F_2 = \frac{MS_S}{MS_{E(B)}}$
패널×시료	$df_{JS} = (b-1)(t-1)$	SS_{JS}	$MS_{JS} = \frac{SS_{JS}}{df_{JS}}$	$F_3 = \frac{MS_{JS}}{MS_{E(B)}}$
오차(B)	$df_{E(B)} = t(p-1)(b-1)$	$SS_{E(B)}$	$MS_{E(B)} = \frac{SS_{E(B)}}{df_{E(B)}}$	

표8-7
분할구 계획법의
분산분석표

6) 관능검사에 사용되는 대표적인 통계분석 방법

(1) 카이제곱 검정(x^2-test)

카이제곱 검정은 보통 비모수 형태의 자료에 활용되는데, 측정된 명목변수들 간의 상호관련성 여부를 검정하거나(독립성 검정) 두 명목변수 간의 분포의 동질성을 검정할 때(동질성 검정) 사용하는 방법이다.

(2) *t*–검정(*t*–test)

t-검정은 두 집단 간 평균의 차이 여부를 분석하고자 하는 경우 사용하는 방법이다. *t*-검정은 두 독립 표본의 평균 차이를 검정하는 경우와 서로 짝지어진 쌍체 표본의 평균 차이를 검정하는 경우로 구분된다.

(3) 분산분석(analysis of variance, ANOVA)

분산분석은 세 집단 이상의 집단 간 평균 차이 여부를 검정하는 방법이다. 독립변수가 1개인 경우에는 일원배치 분산분석(one-way ANOVA), 2개인 경우에는 이원배치 분산분석(two-way ANOVA), 그리고 3개 이상인 경우에는 다원배치 분산분석(multiway ANOVA)이라고 한다. 분산분석에서는 집단이 서로 독립적이어야 하고 표본평균의 분포가 정규분포를 따라야 하며, 집단들은 거의 같은 분산을 가져야 한다는 가정을 하고 있다.

(4) 상관분석(correlation analysis)

상관분석은 두 연속변수의 선형 상관계수를 구하는 통계방법이다. 즉, 하나의 변수가 다른 변수와 어느 정도 밀접한 관련성을 가지면서 변화하는가를 알아보는 것이다. 일반적으로 자료가 서열척도인 경우에는 스피어만(spearman) 서열 상관계수를 사용하며 자료가 등간척도 이상인 경우에는 피어슨(pearson) 상관계수를 사용한다. 상관계수 r의 범위는 $-1 \leq r \leq 1$이며, 상관계수의 부호는 중심축의 방향이 양이면 +로, 음이면 -로 나타낸다. 또한 상관관계의 크기는 상관계수의 절대값 $|r|$로 평가하는데 1

에 가까울수록 상관관계가 크다는 것을 의미하며, 상관관계가 작을수록 상관계수의 절대값은 0에 가까운 값을 보인다.

(5) 회귀분석(regression analysis)

상관분석이 변수 간의 종속관계가 명확하지 않아 단지 두 변수간의 관계를 살펴보는 것인데 반하여, 회귀분석은 독립변수와 종속변수 간의 함수적 관계식을 통계적 방법으로 추정하는 방법이다. 관능검사에서는 독립변수의 수가 하나인 단순 회귀분석(simple regression analysis)과 여러 개인 다중 회귀분석(multiple regression analysis)이 주로 사용된다.

(6) 주성분분석(principal component analysis, PCA)

주성분분석은 여러 변수들의 변량을 주성분이라 불리는 보다 적은 수의 변수로 요약하는 방법이다. 주성분은 원 변수의 선형결합으로, 주성분 점수들은 서로 비상관관계이다. 제1주성분은 원 자료의 변량을 최대로 설명하는 선형결합이며 제2주성분은 제1주성분으로 설명되지 않은 변량을 최대로 설명하는 선형결합이다. 일반적으로 주성분의 개수는 다음과 같은 근거로 결정한다.

① 고유치가 1보다 큰 것
② scree plot을 그렸을 때 그래프가 급격하게 감소하기 전까지의 주성분
③ 원자료 변량의 80~90% 이상 설명할 수 있는 것
④ 연구자가 사전에 결정

(7) 요인분석(factor analysis)

요인분석은 여러 변수들 간의 관계를 고려하여 내면에 잠재되어 있는 공통요인을 찾아내는 방법이다. 변수들 가운데에서 서로 의미가 비슷한 변수들끼리 묶어서 변수의 수를 함축성있게 줄이는 것이 목적이다.

(8) 군집분석(cluster analysis)

군집분석은 관측대상들을 비슷한 특징을 갖는 대상들끼리 군집형성을 통하여 분류하는 방법이다. 관측대상들 서로 간 유사성이 높은 관측치들은 같은 군집으로 묶고 상대적으로 비유사성이 높은 관측치들은 서로 다른 군집으로 묶어 군집화시킨다.

7) SAS와 엑셀(EXCEL)을 활용한 예제와 실습

SAS는 Statistical Analysis Software의 약어로서 미국 North Carolina에 있는 SAS 연구소에서 개발한 통계분석 패키지다. SAS는 실제 프로그램을 작성하는 확장편집기창(확장자 : SAS)과 SAS 작업의 진행상황과 에러를 전달하는 로그창(확장자 : LOG), 그리고 SAS 작업의 결과를 보여주는 출력창(확장자 : LST)으로 구성된다. 여기서는 SAS를 활용하여 관능검사에서 많이 사용하는 통계분석의 예를 아래와 같이 제시한다.

SAS에 대한 접근성이 용이하지 않은 사용자를 위해 Microsoft 회사의 엑셀 프로그램을 이용한 통계분석방법 또한 아래와 같이 제시한다.

(1) 단일표본 *t*-검정(one-sample *t*-test)

예 10명의 패널요원들이 커피 제품 A의 쓴맛 강도를 15cm 선척도로 다음과 같이 평가하였다. 커피 제품 A의 쓴맛 강도가 10.0이라고 할 수 있는지 유의수준 5% 하에서 검정하시오.

① 평가 자료

	패널요원									
	1	2	3	4	5	6	7	8	9	10
쓴맛 강도	8.0	10.0	10.5	9.0	9.0	10.0	11.0	10.5	11.5	12.0

② SAS를 활용한 방법

a. SAS 프로그램

1	data AAA;
2	input x @@;
3	cards;
4	8.0 10.0 10.5 9.0 9.0 10.0 11.0 10.5 11.5 12.0
5	run;
6	proc ttest data=AAA h0=10 sides=2 alpha=0.05;
7	var x;
8	run;

b. SAS 프로그램 설명

1	AAA라는 data set를 생성하라.
2	변수명은 x이며 데이터는 가로로 연속 입력하라(@@);
3	자료를 입력하라.
4	커피 제품 A의 자료 입력
5	실행하라.
6	proc ttest 라는 프로시저를 이용하여 커피 제품 A의 쓴맛 강도가 10.0이라는 귀무가설(H0)을 양측검정으로 유의수준 5% 하에서 t-검정하여라.
7	변수 x에 대하여 기술통계량을 구하라.
8	실행하라.

c. SAS 결과

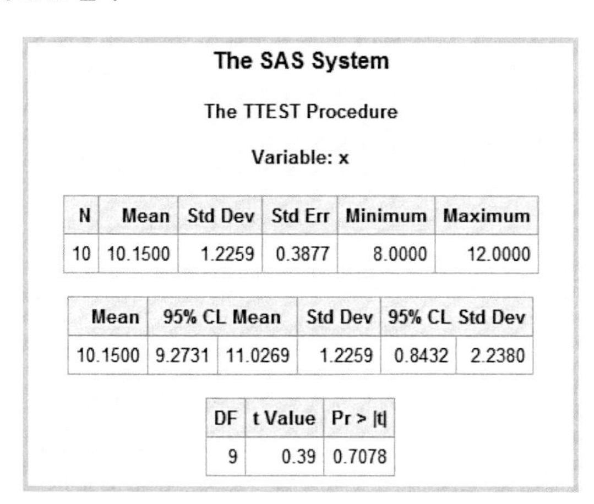

The SAS System

The TTEST Procedure

Variable: x

N	Mean	Std Dev	Std Err	Minimum	Maximum
10	10.1500	1.2259	0.3877	8.0000	12.0000

Mean	95% CL Mean		Std Dev	95% CL Std Dev	
10.1500	9.2731	11.0269	1.2259	0.8432	2.2380

DF	t Value	Pr > |t|
9	0.39	0.7078

d. SAS 결과해석

패널요원 10명이 커피 제품 A를 평가한 결과, 제품 A의 쓴맛 평균은 10.1500이며 표준편차는 1.2259이다. 분석결과, t-값은 0.39이고 p-값은 0.7078로, 유의수준 0.05보다 크므로 "커피 제품 A의 쓴맛 강도가 10.0이다."라는 귀무가설을 채택한다. 즉, 10명의 패널요원들이 평가한 커피 제품 A의 쓴맛 강도는 10.0이라고 할 수 있다.

③ 엑셀을 활용한 방법

a. 엑셀을 활용한 분석과정

	A	B	C	D	E	F	G	H	I	J	K
1	패널요원	1	2	3	4	5	6	7	8	9	10
2	쓴맛강도	8.0	10.0	10.5	9.0	9.0	10.0	11.0	10.5	11.5	12.0
3											
4			엑셀 함수								
5	평균	10.1500	=AVERAGE(B2:K2)								
6	표준편차	1.2259	=STDEV(B2:K2)								
7	검정통계량 (t)	0.3869	=(B5-10)/(B6/SQRT(10))								
8	p값	0.7078	=T.DIST.2T(B7, 9)								

b. 엑셀 분석과정 설명

평균	= AVERAGE(데이터 범주 지정)
표준편차	= STDEV(데이터 범주 지정)
검정통계량 (t-값)	$= \frac{\overline{X} - \mu}{S/\sqrt{n}}$
p-값	= T.DIST.2T(t-값, 자유도)

c. 엑셀 분석결과 및 해석

SAS를 통해 산출된 t-값과 p-값이 일치하는 것을 볼 수 있다. p-값은 0.7078로, 유의수준 0.05보다 크므로 "커피 제품 A의 쓴맛 강도가 10.0이다."라는 귀무가설을 채택한다.

(2) 두 독립표본의 평균에 대한 검정

예 단일표본 t-검정에서 알아본 커피 제품 A의 쓴맛 강도가 또 다른 커피 회사에서 출시한 커피 제품 B의 쓴맛 강도와 동일한지 알아보기 위하여 10명의 패널요원들이 15cm 선척도를 이용하여 두 커피 제품의 쓴맛 강도를 다음과 같이 평가하였다. 쓴맛 강도에 있어서 커피 제품 A와 B 각각의 평균이 동일한지 유의수준 5% 하에서 검정하시오.

① 평가 자료

	패널요원									
	1	2	3	4	5	6	7	8	9	10
커피 A	8.0	10.0	10.5	9.0	9.0	10.0	11.0	10.5	11.5	12.0
커피 B	5.0	6.0	5.5	5.5	7.5	7.0	6.0	6.3	6.2	5.0

② SAS를 활용한 방법

a. SAS 프로그램

1	data BBB;
2	input group $ bitter @@;
3	cards;
4	A 8.0 A 10.0 A 10.5 A 9.0 A 9.0 A 10.0 A 11.0 A 10.5 A 11.5 A 12.0
5	B 5.0 B 6.0 B 5.5 B 5.5 B 7.5 B 7.0 B 6.0 B 6.3 B 6.2 B 5.0
6	run;
7	proc ttest;
8	class group;
9	var bitter;
10	run;

b. SAS 프로그램 설명

1	BBB라는 data set를 생성하라.
2	변수명을 group, bitter라고 설정하며 group은 문자변수임($). 또한 데이터는 가로로 연속 입력하라(@@).
3	자료를 직접 입력하라.
4	커피 제품 A의 평가 자료를 입력
5	커피 제품 B의 평가 자료를 입력
6	실행하라.
7	독립표본 두 집단의 평균분석을 검정하기 위하여 t-test를 하라.
8	group으로 분류하라.
9	bitter값(종속변수)으로 group간의 평균분석을 하여라.
10	실행하라.

c. SAS 결과

The SAS System

The TTEST Procedure

Variable: bitter

group	N	Mean	Std Dev	Std Err	Minimum	Maximum
A	10	10.1500	1.2259	0.3877	8.0000	12.0000
B	10	6.0000	0.8083	0.2556	5.0000	7.5000
Diff (1-2)		4.1500	1.0383	0.4643		

group	Method	Mean	95% CL Mean		Std Dev	95% CL Std Dev	
A		10.1500	9.2731	11.0269	1.2259	0.8432	2.2380
B		6.0000	5.4218	6.5782	0.8083	0.5560	1.4756
Diff (1-2)	Pooled	4.1500	3.1745	5.1255	1.0383	0.7845	1.5355
Diff (1-2)	Satterthwaite	4.1500	3.1635	5.1365			

Method	Variances	DF	t Value	Pr > |t|
Pooled	Equal	18	8.94	<.0001
Satterthwaite	Unequal	15.582	8.94	<.0001

Equality of Variances				
Method	Num DF	Den DF	F Value	Pr > F
Folded F	9	9	2.30	0.2306

d. SAS 결과해석

분산의 동질성 검정에 있어서 p-값(0.2306)이 유의수준 0.05보다 크기 때문에 두 집단의 분산은 동일하다. 분산이 동일하기 때문에 'Pooled'의 방법을 택하고 이 방법을 통한 t-값은 8.94이며 p-값(<0.0001)은 유의수준 0.05보다 작으므로 "커피 제품 A와 B의 쓴맛 강도의 평균은 동일하다."라는 귀무가설을 기각한다. 즉, 10명의 패널요원들이 평가한 커피 제품 A와 B의 쓴맛 강도의 평균값들은 유의적으로 동일하지 않다(즉, 다르다).

만약 분산의 동질성 검정에 있어서 p-값이 유의수준 0.05보다 작아서 "두 집단의 분산이 동일하다."라는 귀무가설을 기각할 경우(즉, 두 집단의 분산이 동일하지 않을 경우)에는 t-test의 'Satterthwaite'의 방법을 택한다. 이때 자유도는 Pooled의 방법에서의 자유도와 다른 값을 지니는데 이는 Satterthwaite의 자유도 근사식을 통해 산출되었기 때문이다.

③ 엑셀을 활용한 방법

a. 엑셀을 활용한 분석 과정

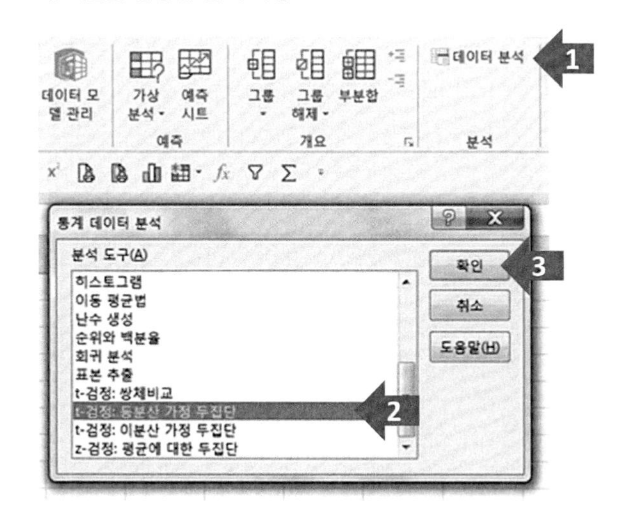

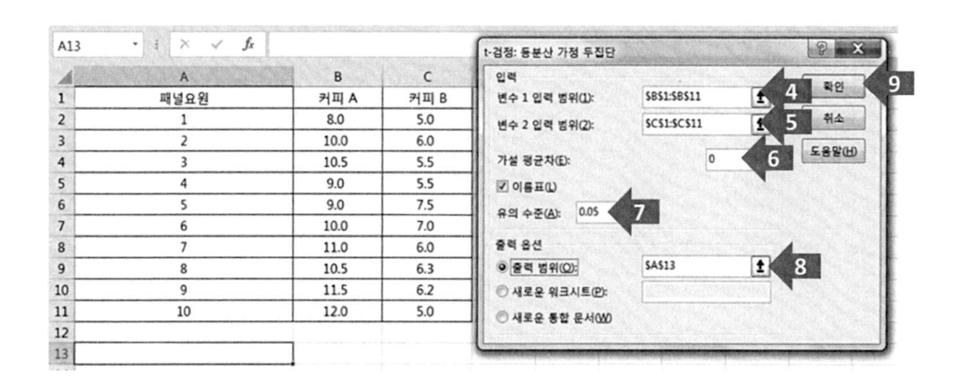

b. 엑셀 분석과정 설명

1	엑셀 메뉴바의 '데이터'에 속해 있는 '데이터 분석' 버튼을 누른다.
2	't-검정: 등분산 가정 두 집단'을 선택한다. 이분산을 가정한 두 집단의 자료를 분석할 경우에는 't-검정: 이분산 가정 두 집단'을 선택한다.
3	'확인'을 누른다.
4	커피 A의 범주를 설정한다.
5	커피 B의 범주를 설정한다.
6	'가설 평균차'에 0을 기입한다.
7	'유의수준'에 0.05를 기입한다.
8	'출력 범위'를 지정한다.
9	'확인'을 누른다.

c. 엑셀 분석결과 및 해석

13	t-검정: 등분산 가정 두 집단		
14			
15		커피 A	커피 B
16	평균	10.1500	6.0000
17	분산	1.5028	0.6533
18	관측수	10.0000	10.0000
19	공동(Pooled) 분산	1.0781	
20	가설 평균차	0.0000	
21	자유도	18.0000	
22	t 통계량	8.9374	
23	P(T<=t) 단측 검정	0.0000	
24	t 기각치 단측 검정	1.7341	
25	P(T<=t) 양측 검정	0.0000	
26	t 기각치 양측 검정	2.1009	

SAS를 통해 산출된 *t*-값과 *p*-값이 일치하는 것을 볼 수 있다. 양측검정(two-tail)에 대한 p-값은<0.00001로, 유의수준 0.05보다 작으므로 "커피 제품 A와 B의 쓴맛 강도의 평균값들은 동일하다."라는 귀무가설을 기각한다.

(3) 두 쌍체표본의 평균에 대한 검정

예 단일표본 *t*-검정에서 알아본 커피 제품 A를 개봉 후 일주일 동안 상온에 보관하였다. 커피 제품 A의 쓴맛이 개봉 일주일 후에도 동일한지 알아보기 위하여 10명의 동일한 패널요원들이 동일한 방법으로 다음과 같이 평가하였다. 커피 제품 A에 있어서 저장 처리에 따른 쓴맛의 평균 차이 여부를 유의수준 5% 하에서 검정하시오.

① 평가 자료

	패널요원									
	1	2	3	4	5	6	7	8	9	10
커피 A (개봉 당일)	8.0	10.0	10.5	9.0	9.0	10.0	11.0	10.5	11.5	12.0
커피 A' (개봉 1주후)	9.0	10.0	11.0	8.5	11.0	12.0	9.3	11.5	10.7	14.0

② SAS를 활용한 방법

a. SAS 프로그램

1	data CCC;
2	input day week @@;
3	cards;
4	8.0 9.0 10.0 10.0 10.5 11.0 9.0 8.5 9.0 11.0 10.0 12.0 11.0 9.3 10.5 11.5 11.5 10.7 12.0 14.0
5	run;
6	proc ttest;
7	paired day*week;
8	run;

b. SAS 프로그램 설명

1	CCC라는 data set를 생성하라.
2	변수명을 day와 week라고 설정하며 자료를 가로로 연속 입력하라(@@);
3	자료를 입력하라.
4	커피 제품 A의 개봉 당일(day)과 개봉 1주 후(week) 자료를 순서대로 입력
5	실행하라.
6	proc ttest라는 프로시저를 이용하여, 개봉 당일과 개봉 1주 후 평가한 커피 제품 A의 쓴맛 강도의 평균값들이 동일하다는 귀무가설(H0)을 양측검정으로 유의수준 5% 하에서 t-검정하여라.
7	개봉 당일(day)과 개봉 1주후(week) 자료는 쌍체표본이다.
8	실행하라.

c. SAS 결과

The SAS System

The TTEST Procedure

Difference: day - week

N	Mean	Std Dev	Std Err	Minimum	Maximum
10	-0.5500	1.2912	0.4083	-2.0000	1.7000

Mean	95% CL Mean		Std Dev	95% CL Std Dev	
-0.5500	-1.4737	0.3737	1.2912	0.8881	2.3572

DF	t Value	Pr > |t|
9	-1.35	0.2109

d. SAS 결과해석

커피 제품 A의 개봉 당일의 쓴맛과 개봉 1주 후의 쓴맛 강도의 유사성 여부를 알아보기 위한 두 쌍체표본의 평균에 대한 t-검정 결과, t-값은 -1.35이고 p-값은 0.2109로 유의수준 0.05보다 크다. 따라서 "커피 제품 A의 개봉 당일의 쓴맛과 개봉 1주 후의 쓴맛 강도의 평균은 동일하다."라는 귀무가설을 채택한다. 즉 개봉 당일의 쓴맛 강도의 평균값과 개봉 1주 후의 쓴맛 강도의 평균값이 동일하다(즉, 유의적인 차이가 없다).

③ 엑셀을 활용한 방법

a. 엑셀을 활용한 분석 과정

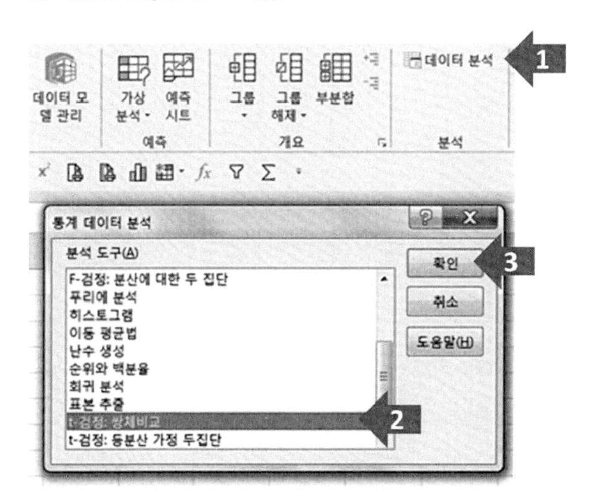

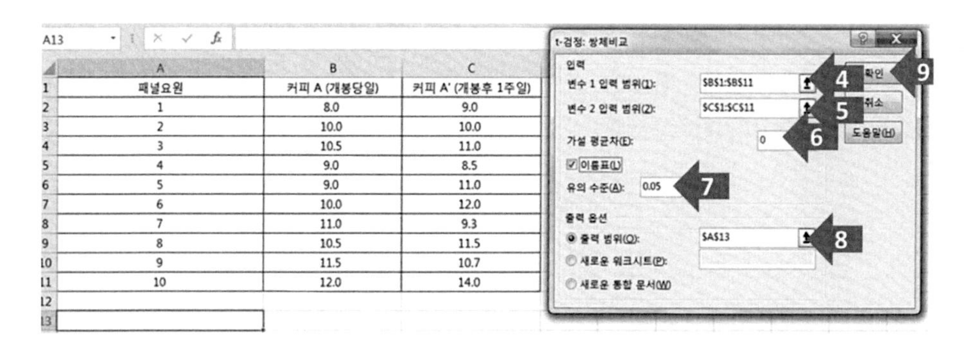

	A	B	C
1	패널요원	커피 A (개봉당일)	커피 A' (개봉후 1주일)
2	1	8.0	9.0
3	2	10.0	10.0
4	3	10.5	11.0
5	4	9.0	8.5
6	5	9.0	11.0
7	6	10.0	12.0
8	7	11.0	9.3
9	8	10.5	11.5
10	9	11.5	10.7
11	10	12.0	14.0

b. 엑셀 분석과정 설명

1	엑셀 메뉴바의 '데이터'에 속해 있는 '데이터 분석' 버튼을 누른다.
2	't-검정: 쌍체 비교'를 선택한다.
3	'확인'을 누른다.
4	커피 A(개봉 당일)의 범주를 설정한다.
5	커피 A' (개봉 후 1주일)의 범주를 설정한다.
6	'가설 평균차'에 0을 기입한다.
7	'유의수준'에 0.05를 기입한다.
8	'출력 범위'를 지정한다.
9	'확인'을 누른다.

c. 엑셀 분석결과 및 해석

13	t-검정: 쌍체 비교		
14			
15		커피 A (개봉당일)	커피 A' (개봉후 1주일)
16	평균	10.1500	10.7000
17	분산	1.5028	2.6200
18	관측수	10.0000	10.0000
19	피어슨 상관 계수	0.6188	
20	가설 평균차	0.0000	
21	자유도	9.0000	
22	t 통계량	-1.3470	
23	P(T<=t) 단측 검정	0.1055	
24	t 기각치 단측 검정	1.8331	
25	P(T<=t) 양측 검정	0.2109	
26	t 기각치 양측 검정	2.2622	

SAS를 통해 산출된 t-값과 p-값이 일치하는 것을 볼 수 있다. 양측 검정에 대한 p-값은 0.2109로, 유의수준 0.05보다 크기 때문에 "커피 제품 A의 개봉 당일의 쓴맛과 개봉 1주 후의 쓴맛 강도의 평균값들은 동일하다."라는 귀무가설을 채택한다.

(4) 일원배치 분산분석

예 세 가지 다른 커피 제품 A, B, C에 있어서 색의 명도(흰색 정도)에 차이가 있는지 알아보기 위하여 색차계를 이용하여 다음과 같이 각 제품을 10회 반복하여 측정하였다. 세 가지 다른 커피 제품들 간 색의 명도가 동일한지 유의수준 5% 하에서 검정하시오.

① 평가 자료

	색차계									
	1	2	3	4	5	6	7	8	9	10
커피 A	25.5	25.3	25.0	26.0	26.1	24.0	24.5	26.7	24.9	27.0
커피 B	10.1	10.9	13.3	12.8	11.7	10.2	11.6	11.0	13.4	10.0
커피 C	18.3	19.9	18.0	19.4	19.0	17.7	18.1	20.0	21.6	22.0

② SAS를 활용한 방법

a. SAS 프로그램

1	data DDD;
2	input coffee $ brightness @@;
3	cards;
4	A 25.5 A 25.3 A 25.0 A 26.0 A 26.1 A 24.0 A 24.5 A 26.7 A 24.9 A 27.0
5	B 10.1 B 10.9 B 13.3 B 12.8 B 11.7 B 10.2 B 11.6 B 11.0 B 13.4 B 10.0
6	C 18.3 C 19.9 C 18.0 C 19.4 C 19.0 C 17.7 C 18.1 C 20.0 C 21.6 C 22.0
7	run;
8	proc anova;
9	class coffee;
10	model brightness=coffee;
11	means coffee/duncan;
12	run;

b. SAS 프로그램 설명

1	DDD라는 data set를 생성하라.
2	coffee라는 문자변수($)와 brightness라는 변수를 설정하고 가로로 연속 입력하라(@@).
3	자료를 직접 입력하라.
4	커피 제품 A의 명도 자료 입력
5	커피 제품 B의 명도 자료 입력
6	커피 제품 C의 명도 자료 입력
7	실행하라.
8	proc anova라는 프로시저를 이용하여 분산분석을 수행하라.
9	독립변수는 coffee이다.
10	종속변수는 brightness이다.
11	각 커피 제품의 평균값을 토대로 출력하고 사후분석은 duncan 방법을 이용하라.
12	실행하라.

c. SAS 결과

The SAS System

The ANOVA Procedure

Class Level Information		
Class	Levels	Values
coffee	3	A B C

Number of Observations Read	30
Number of Observations Used	30

The SAS System

The ANOVA Procedure

Dependent Variable: brightness

Source	DF	Sum of Squares	Mean Square	F Value	Pr > F
Model	2	985.400000	492.700000	306.38	<.0001
Error	27	43.420000	1.608148		
Corrected Total	29	1028.820000			

R-Square	Coeff Var	Root MSE	brightness Mean
0.957796	6.745361	1.268128	18.80000

Source	DF	Anova SS	Mean Square	F Value	Pr > F
coffee	2	985.4000000	492.7000000	306.38	<.0001

The SAS System

The ANOVA Procedure

Duncan's Multiple Range Test for brightness

Note: This test controls the Type I comparisonwise error rate, not the experimentwise error rate.

Alpha	0.05
Error Degrees of Freedom	27
Error Mean Square	1.608148

Number of Means	2	3
Critical Range	1.164	1.223

Means with the same letter are not significantly different.			
Duncan Grouping	Mean	N	coffee
A	25.5000	10	A
B	19.4000	10	C
C	11.5000	10	B

d. SAS 결과해석

커피 제품 A, B, C의 색의 명도에 대한 분산분석 결과, *F*-값은 306.38이고 *p*-값(<0.0001)은 유의수준 0.05보다 작으므로 "커피 제품 A, B, C의 명도의 평균값들은 동일하다."라는 귀무가설을 기각한다. 즉, 커피 제품 A, B, C는 색 명도의 평균에 있어서 유의적인 차이가 있다.

커피 제품 간 유의적인 차이가 어느 제품 간에 있는지 알아보기 위하여 Duncan의 다중범위 사후분석을 실시한 결과, 커피 제품 A가 유의적으로 가장 높은 명도를 보였으며 커피 제품 B가 유의적으로 가장 낮은 명도를 보였다(즉 A>C>B).

③ 엑셀을 활용한 방법

a. 엑셀을 활용한 분석 과정

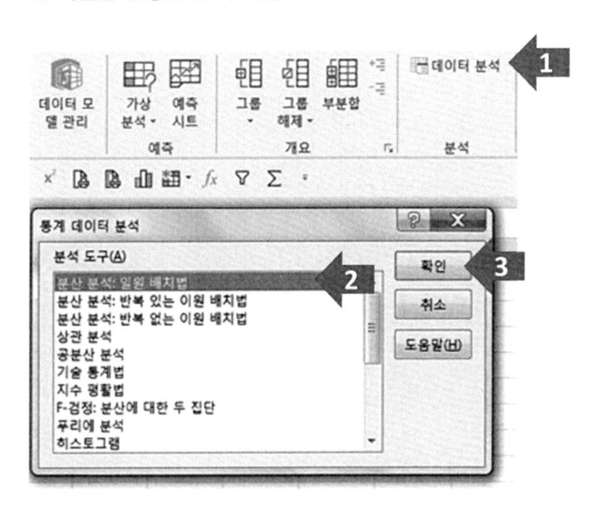

A13

	A	B	C	D
1	색차계	커피 A	커피 B	커피 C
2	1	25.5	10.1	18.3
3	2	25.3	10.9	19.9
4	3	25.0	13.3	18.0
5	4	26.0	12.8	19.4
6	5	26.1	11.7	19.0
7	6	24.0	10.2	17.7
8	7	24.5	11.6	18.1
9	8	26.7	11.0	20.0
10	9	24.9	13.4	21.6
11	10	27.0	10.0	22.0
12				
13				

분산 분석: 일원 배치법
입력
입력 범위(I): $B$1:$D$11 4
데이터 방향: 열(C) 행(R)
첫째 행 이름표 사용(L)
유의 수준(A): 0.05 5
출력 옵션
출력 범위(O): $A$13 6
새로운 워크시트(P):
새로운 통합 문서(W)
확인 7
취소
도움말(H)

b. 엑셀 분석과정 설명

1	엑셀 메뉴바의 '데이터' 에 속해 있는 '데이터 분석' 버튼을 누른다.
2	'분산 분석: 일원 배치법' 을 선택한다.
3	'확인' 을 누른다.
4	커피 A, B, C의 데이터 범주를 설정한다.
5	'유의 수준' 에 0.05를 기입한다.
6	'출력 범위' 를 지정한다.
7	'확인' 을 누른다.

c. 엑셀 분석결과 및 해석

13	분산 분석: 일원 배치법						
14							
15	요약표						
16	인자의 수준	관측수	합	평균	분산		
17	커피 A	10	255	25.5	0.9111111		
18	커피 B	10	115	11.5	1.6777778		
19	커피 C	10	194	19.4	2.2355556		
20							
21							
22	분산 분석						
23	변동의 요인	제곱합	자유도	제곱 평균	F 비	P-값	F 기각치
24	처리	985.4	2	492.7000	306.3772	0.0000	3.3541
25	잔차	43.42	27	1.6081			
26							
27	계	1028.82	29				

SAS를 통해 산출된 F-값과 p-값이 일치하는 것을 볼 수 있다. p-값은 <0.00001로, 유의수준 0.05보다 작기 때문에 "커피 제품 A, B, C의 명도의 평균값들은 동일하다." 라는 귀무가설을 기각한다.

(5) 반복이 없는 이원배치 분산분석

예 세 가지 다른 커피 제품 A, B, C에 있어서 쓴맛 강도의 유사성 여부를 알아보기 위하여 10명의 패널요원들이 15cm 선척도를 이용하여 커피 제품들을 다음과 같이 평가하였다. 10명의 패널요원들 간에 평가결과의 차이를 고려하여, 세 가지 다른 커피 제품들의 쓴맛 강도가 차이를 보이는지 유의수준 5% 하에서 알아보시오.

① 평가 자료

	패널요원									
	1	2	3	4	5	6	7	8	9	10
커피 A	8.0	10.0	10.5	9.0	9.0	10.0	11.0	10.5	11.5	12.0
커피 B	5.0	4.5	3.8	5.0	5.2	6.0	4.4	5.0	6.6	5.5
커피 C	11.0	13.2	12.0	12.0	9.8	11.8	11.6	13.4	10.2	13.0

② SAS를 활용한 방법

a. SAS 프로그램

1	data EEE;
2	input coffee $ panel bitter @@;
3	cards;
4	A 1 8.0 A 2 10.0 A 3 10.5 A 4 9.0 A 5 9.0 A 6 10.0 A 7 11.0 A 8 10.5 A 9 11.5 A 10 12.0
5	B 1 5.0 B 2 4.5 B 3 3.8 B 4 5.0 B 5 5.2 B 6 6.0 B 7 4.4 B 8 5.0 B 9 6.6 B 10 5.5
6	C 1 11.0 C 2 13.2 C 3 12.0 C 4 12.0 C 5 9.8 C 6 11.8 C 7 11.6 C 8 13.4 C 9 10.2 C 10 13.0
7	run;
8	proc anova;
9	class coffee panel;
10	model bitter=coffee panel;
11	means coffee/duncan;
12	run;

b. SAS 프로그램 설명

1	EEE라는 data set를 생성하라.
2	coffee라는 문자변수($)와 panel, bitter라는 변수를 설정하고 가로로 연속 입력하라(@@).
3	자료를 직접 입력하라.
4	커피 제품 A, 패널요원 번호, 쓴맛 강도 순으로 커피 제품 A의 자료 입력
5	커피 제품 B, 패널요원 번호, 쓴맛 강도 순으로 커피 제품 B의 자료 입력
6	커피 제품 C, 패널요원 번호, 쓴맛 강도 순으로 커피 제품 C의 자료 입력

(계속)

7	실행하라.
8	proc anova라는 프로시저를 이용하여 분산분석을 수행하라.
9	독립변수는 coffee와 panel이다.
10	종속변수는 bitter이다.
11	각 커피 제품의 평균값을 토대로 출력하고 사후분석은 duncan 방법을 이용하라.
12	실행하라.

c. SAS 결과

The SAS System

The ANOVA Procedure

Class Level Information		
Class	Levels	Values
coffee	3	A B C
panel	10	1 2 3 4 5 6 7 8 9 10

Number of Observations Read	30
Number of Observations Used	30

The SAS System

The ANOVA Procedure

Dependent Variable: bitter

Source	DF	Sum of Squares	Mean Square	F Value	Pr > F
Model	11	256.4316667	23.3119697	21.10	<.0001
Error	18	19.8900000	1.1050000		
Corrected Total	29	276.3216667			

R-Square	Coeff Var	Root MSE	bitter Mean
0.928019	11.65830	1.051190	9.016667

Source	DF	Anova SS	Mean Square	F Value	Pr > F
coffee	2	243.7166667	121.8583333	110.28	<.0001
panel	9	12.7150000	1.4127778	1.28	0.3130

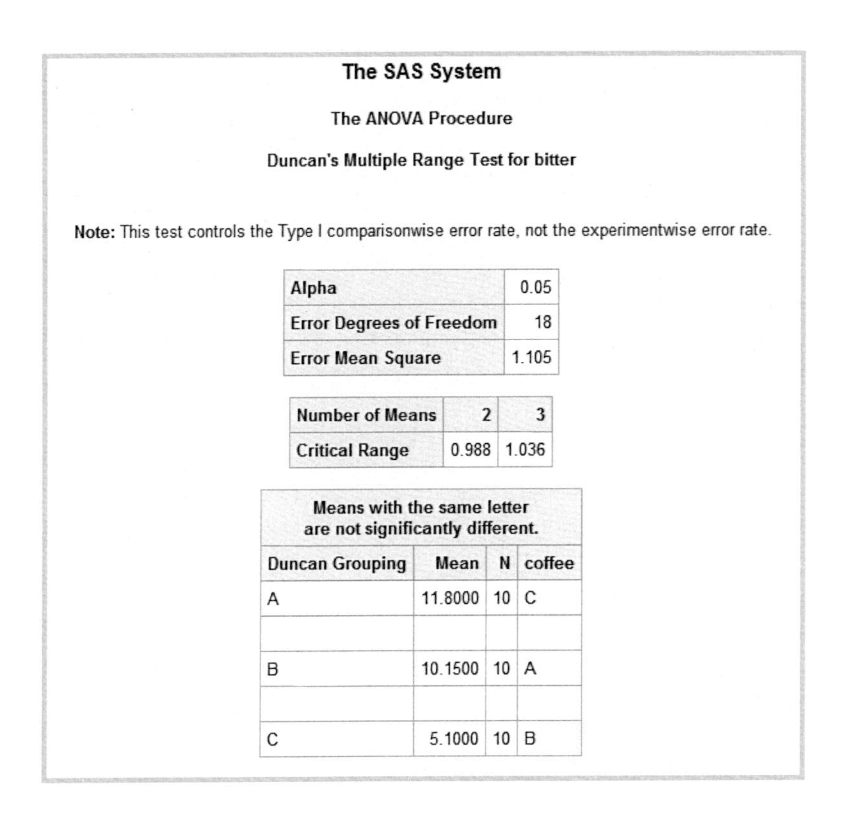

The SAS System

The ANOVA Procedure

Duncan's Multiple Range Test for bitter

Note: This test controls the Type I comparisonwise error rate, not the experimentwise error rate.

Alpha	0.05
Error Degrees of Freedom	18
Error Mean Square	1.105

Number of Means	2	3
Critical Range	0.988	1.036

Means with the same letter are not significantly different.			
Duncan Grouping	Mean	N	coffee
A	11.8000	10	C
B	10.1500	10	A
C	5.1000	10	B

d. SAS 결과해석

커피 제품 A, B, C의 쓴맛 강도에 대한 이원배치 분산분석 결과, F-값은 21.10이고 p-값(<0.0001)은 유의수준 0.05보다 작으므로 전체 모델에 유의적인 차이가 있다. 커피 제품별 F-값은 110.28이고 p-값(<0.0001)은 유의수준 0.05보다 작으므로 "커피 제품 간 쓴맛 강도의 평균은 동일하다."라는 귀무가설을 기각한다(즉 제품 간 유의적인 차이가 있다). 반면, 패널의 F-값은 1.28이고 p-값(0.3130)은 유의수준 0.05보다 크므로 패널요원들 간 쓴맛 강도에는 유의적인 차이가 없다.

커피 제품별 유의적인 차이가 어느 제품 간에 있는지 알아보기 위하여 Duncan의 다중범위 사후분석을 실시한 결과, 커피 제품 C가 유의적으로 가장 높은 쓴맛 강도를 보였으며 커피 제품 B가 유의적으로 가장 낮은 강도를 보였다(즉, C>A>B).

③ 엑셀을 활용한 방법

a. 엑셀을 활용한 분석 과정

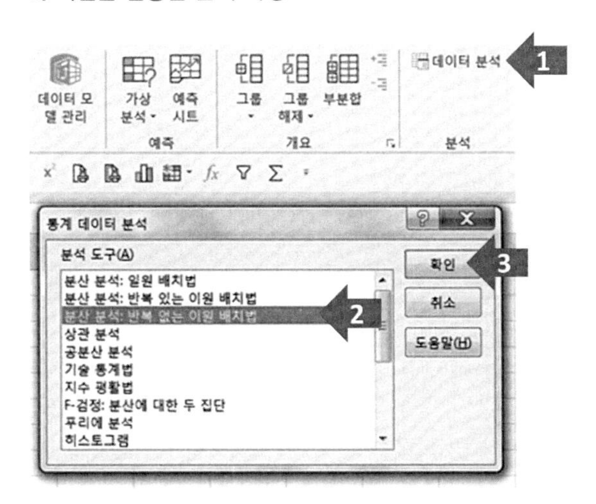

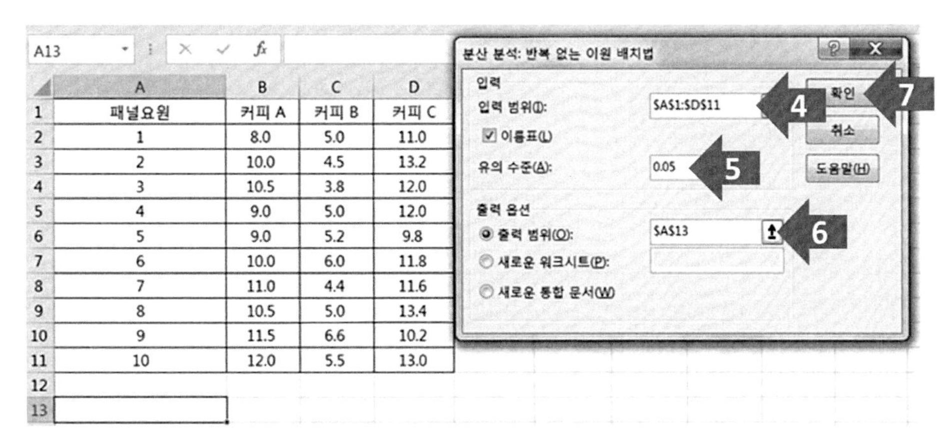

	A	B	C	D
1	패널요원	커피 A	커피 B	커피 C
2	1	8.0	5.0	11.0
3	2	10.0	4.5	13.2
4	3	10.5	3.8	12.0
5	4	9.0	5.0	12.0
6	5	9.0	5.2	9.8
7	6	10.0	6.0	11.8
8	7	11.0	4.4	11.6
9	8	10.5	5.0	13.4
10	9	11.5	6.6	10.2
11	10	12.0	5.5	13.0
12				
13				

b. 엑셀 분석과정 설명

1	엑셀 메뉴바의 '데이터'에 속해 있는 '데이터 분석' 버튼을 누른다.
2	'분산 분석: 반복 없는 이원 배치법'을 선택한다.
3	'확인'을 누른다.
4	커피 A, B, C와 패널요원의 데이터 범주를 설정한다.
5	'유의수준'에 0.05를 기입한다.
6	'출력 범위'를 지정한다.
7	'확인'을 누른다.

c. 엑셀 분석결과 및 해석

13	분산 분석: 반복 없는 이원 배치법				
14					
15	요약표	관측수	합	평균	분산
16	1	3	24	8.0000	9.0000
17	2	3	27.7	9.2333	19.3633
18	3	3	26.3	8.7667	19.0633
19	4	3	26	8.6667	12.3333
20	5	3	24	8.0000	6.0400
21	6	3	27.8	9.2667	8.8133
22	7	3	27	9.0000	15.9600
23	8	3	28.9	9.6333	18.2033
24	9	3	28.3	9.4333	6.4433
25	10	3	30.5	10.1667	16.5833
26					
27	커피 A	10	101.5	10.1500	1.5028
28	커피 B	10	51	5.1000	0.6444
29	커피 C	10	118	11.8000	1.4756
30					
31					

32	분산 분석						
33	변동의 요인	제곱합	자유도	제곱 평균	F 비	P-값	F 기각치
34	인자 A(행)	12.715	9	1.4128	1.2785	0.3130	2.4563
35	인자 B(열)	243.7167	2	121.8583	110.2790	0.0000	3.5546
36	잔차	19.89	18	1.1050			
37							
38	계	276.3217	29				

SAS를 통해 산출된 커피 제품 및 패널의 F-값과 p-값이 일치하는 것을 볼 수 있다. 커피 제품 효과(인자 B)의 p-값은 <0.00001로, 유의수준 0.05보다 작기 때문에 "커피 제품 간 쓴맛 강도의 평균값들은 동일하다."라는 귀무가설을 기각한다. 반면, 패널 효과(인자 A)의 p-값은 0.3130으로 유의수준 0.05보다 크기 때문에 "패널요원들 간 쓴맛 강도의 평균값들은 동일하다."라는 귀무가설을 채택한다.

(6) 반복이 있는 이원배치 분산분석

예 세 가지 다른 커피 제품 A, B, C에 있어서 명도, 고소한 향, 신맛, 쓴맛, 풍부함의 강도에 차이가 있는지 알아보기 위하여 6명의 패널요원들이 각 제품을 15cm 선

척도를 이용하여 2회 반복 평가하였다. 6명의 패널요원들 간에 있어서 평가결과의 차이를 고려하여 세 가지 다른 커피 제품들 간에 쓴맛의 강도가 동일한지 유의수준 5% 하에서 검정하시오.

① 평가 자료

커피 제품	패널요원	반복	쓴맛
A	1	1	9.0
A	1	2	10.0
A	2	1	10.0
A	2	2	10.5
A	3	1	10.5
A	3	2	10.0
A	4	1	9.0
A	4	2	7.8
A	5	1	10.0
A	5	2	10.5
A	6	1	9.0
A	6	2	10.0
B	1	1	5.0
B	1	2	6.0
B	2	1	5.0
B	2	2	6.0
B	3	1	5.0
B	3	2	6.0
B	4	1	5.0
B	4	2	7.0
B	5	1	6.0
B	5	2	6.0
B	6	1	6.0
B	6	2	6.0

(계속)

커피 제품	패널요원	반복	쓴맛
C	1	1	12.0
C	1	2	11.0
C	2	1	13.2
C	2	2	12.0
C	3	1	12.0
C	3	2	13.0
C	4	1	12.0
C	4	2	11.0
C	5	1	10.8
C	5	2	11.0
C	6	1	11.3
C	6	2	12.0

② SAS를 활용한 방법

a. SAS 프로그램

1	data FFF;
2	input coffee $ panel rep bitter;
3	cards;
4	A 1 1 9.0
5	A 1 2 10.0
6	A 2 1 10.0
7	A 2 2 10.5
8	. . .
9	C 5 1 10.8
10	C 5 2 11.0
11	C 6 1 11.3
12	C 6 2 12.0

(계속)

13	run;
14	proc anova;
15	class coffee panel;
16	model bitter=coffee panel coffee*panel;
17	means coffee panel/duncan;
18	run;

b. SAS 프로그램 설명

1	FFF라는 data set만를 생성하라.
2	coffee라는 문자변수($)와 panel, bitter라는 변수를 설정하라.
3	자료를 직접 입력하라.
4-12	커피 제품, 패널요원 번호, 반복 번호, 쓴맛 순으로 자료 입력
13	실행하라.
14	proc anova라는 프로시저를 이용하여 분산분석을 수행하라.
15	독립변수는 coffee와 panel이다.
16	종속변수는 bitter이고 커피 제품과 패널요원 간의 교호작용을 검사하라(coffee*panel).
17	각 커피 제품과 패널요원의 결과를 평균값을 토대로 출력하고 사후분석은 duncan 방법을 이용하라.
18	실행하라.

c. SAS 결과

The SAS System

The ANOVA Procedure

Class Level Information		
Class	Levels	Values
coffee	3	A B C
panel	6	1 2 3 4 5 6

Number of Observations Read	36
Number of Observations Used	36

The SAS System

The ANOVA Procedure

Dependent Variable: bitter

Source	DF	Sum of Squares	Mean Square	F Value	Pr > F
Model	17	235.0922222	13.8289542	30.81	<.0001
Error	18	8.0800000	0.4488889		
Corrected Total	35	243.1722222			

R-Square	Coeff Var	Root MSE	bitter Mean
0.966773	7.385089	0.669992	9.072222

Source	DF	Anova SS	Mean Square	F Value	Pr > F
coffee	2	224.7105556	112.3552778	250.30	<.0001
panel	5	3.0722222	0.6144444	1.37	0.2821
coffee*panel	10	7.3094444	0.7309444	1.63	0.1767

The SAS System

The ANOVA Procedure

Duncan's Multiple Range Test for bitter

Note: This test controls the Type I comparisonwise error rate, not the experimentwise error rate.

Alpha	0.05
Error Degrees of Freedom	18
Error Mean Square	0.448889

Number of Means	2	3
Critical Range	.5746	.6029

Means with the same letter are not significantly different.			
Duncan Grouping	Mean	N	coffee
A	11.7750	12	C
B	9.6917	12	A
C	5.7500	12	B

The SAS System

The ANOVA Procedure

Duncan's Multiple Range Test for bitter

Note: This test controls the Type I comparisonwise error rate, not the experimentwise error rate.

Alpha	0.05
Error Degrees of Freedom	18
Error Mean Square	0.448889

Number of Means	2	3	4	5	6
Critical Range	.8126	.8527	.8779	.8954	.9082

Means with the same letter are not significantly different.			
Duncan Grouping	**Mean**	**N**	**panel**
A	9.4500	6	2
A			
A	9.4167	6	3
A			
A	9.0500	6	5
A			
A	9.0500	6	6
A			
A	8.8333	6	1
A			
A	8.6333	6	4

d. SAS 결과해석

커피 제품 A, B, C의 쓴맛 강도에 대한 이원배치 분산분석 결과, F-값은 30.81이고 p-값(<0.0001)은 유의수준 0.05보다 작으므로 전체 모델에 유의적인 차이가 있다.

커피 제품과 패널요원 간의 교호작용을 위한 분석에서는 F-값이 1.63이고 p-값은 0.1767로 유의수준 0.05보다 크므로 커피 제품과 패널요원 간의 교호작용은 유의적이지 않다. 두 변수 간에 교호작용이 없으므로 개별 변수의 효과를 살펴보면, 커피 제품의 F-값은 250.30이고 p-값(<0.0001)은 유의수준 0.05보다 작으므로 "커피 제품 간 쓴맛 강도의 평균값들은 동일하다."라는 귀무가설을 기각한다(즉 제품 간 유의적인 차이가 있다). 반면, 패널에 대한 F-값은 1.37이고 p-값(0.2821)은 유의수준 0.05보다 크므로 패널요원별 쓴맛 강도의 평균은 유의적인 차이가 없다. 커피 제품별 유의적인 차이가 어느 제품 간에 있는지 알아보기 위하여 Duncan의 다중범위 사후분석을 실시한 결과, 커피 제품 C가 유의적으로 가장 높은 쓴맛 강도를 보였으며 커

피 제품 B가 유의적으로 가장 낮은 강도를 보였다(즉, C>A>B). 패널별 쓴맛 강도의 평균값들은 유의적인 차이가 없기 때문에 Duncan의 다중범위 사후분석 결과는 고려하지 않아도 무관하다. 사후분석 출력결과 또한 여섯 명의 패널요원별 쓴맛 강도의 평균값들은 유의적인 차이가 없다고 보여준다.

③ 엑셀을 활용한 방법

a. 엑셀을 활용한 분석 과정

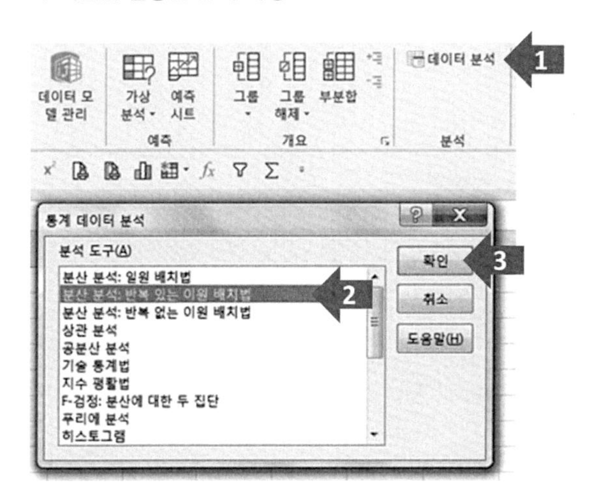

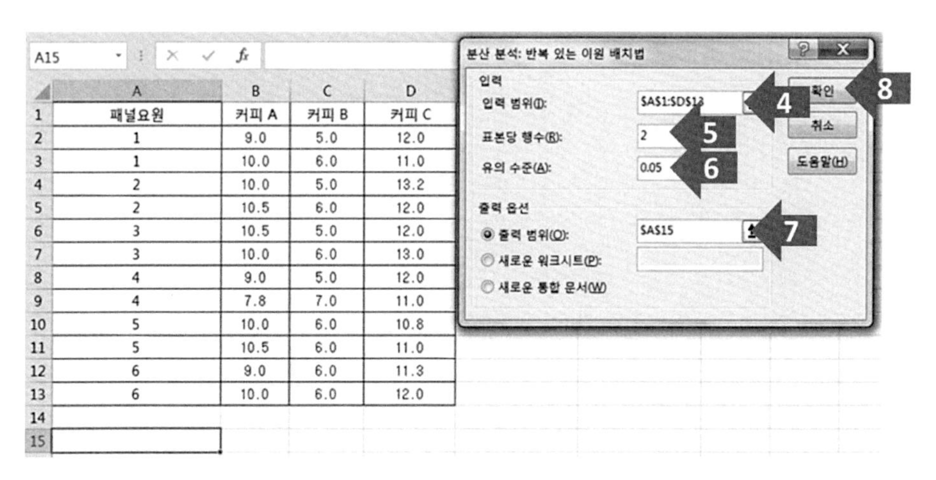

	A	B	C	D
1	패널요원	커피 A	커피 B	커피 C
2	1	9.0	5.0	12.0
3	1	10.0	6.0	11.0
4	2	10.0	5.0	13.2
5	2	10.5	6.0	12.0
6	3	10.5	5.0	12.0
7	3	10.0	6.0	13.0
8	4	9.0	5.0	12.0
9	4	7.8	7.0	11.0
10	5	10.0	6.0	10.8
11	5	10.5	6.0	11.0
12	6	9.0	6.0	11.3
13	6	10.0	6.0	12.0
14				
15				

b. 엑셀 분석과정 설명

1	엑셀 메뉴바의 '데이터' 에 속해 있는 '데이터 분석' 버튼을 누른다.
2	'분산 분석: 반복 있는 이원 배치법' 을 선택한다.
3	'확인' 을 누른다.
4	커피 A, B, C와 패널요원의 데이터 범주를 설정한다.
5	'표본당 행수' 에 2를 기입한다. 반복 검사수를 의미한다. 따라서, 3회 반복 시에는 3을 기입한다.
6	'유의수준' 에 0.05를 기입한다.
7	'출력 범위' 를 지정한다.
8	'확인' 을 누른다.

c. 엑셀 분석결과 및 해석

15	분산 분석: 반복 있는 이원 배치법				
16					
17	요약표	커피 A	커피 B	커피 C	계
18	1				
19	관측수	2	2	2	6
20	합	19	11	23	53
21	평균	9.5	5.5	11.5	8.833333333
22	분산	0.5	0.5	0.5	7.766666667
23					
24	2				
25	관측수	2	2	2	6
26	합	20.5	11	25.2	56.7
27	평균	10.25	5.5	12.6	9.45
28	분산	0.125	0.5	0.72	10.735
29					
30	3				
31	관측수	2	2	2	6
32	합	20.5	11	25	56.5
33	평균	10.25	5.5	12.5	9.416666667
34	분산	0.125	0.5	0.5	10.44166667
35					

36	4						
37	관측수	2	2	2	6		
38	합	16.8	12	23	51.8		
39	평균	8.4	6	11.5	8.633333333		
40	분산	0.72	2	0.5	6.726666667		
41							
42	5						
43	관측수	2	2	2	6		
44	합	20.5	12	21.8	54.3		
45	평균	10.25	6	10.9	9.05		
46	분산	0.125	0	0.02	5.695		
47							
48	6						
49	관측수	2	2	2	6		
50	합	19	12	23.3	54.3		
51	평균	9.5	6	11.65	9.05		
52	분산	0.5	0	0.245	6.655		
53							
54	계						
55	관측수	12	12	12			
56	합	116.3	69	141.3			
57	평균	9.6917	5.7500	11.7750			
58	분산	0.6772	0.3864	0.6148			
59							
60							
61	분산 분석						
62	변동의 요인	제곱합	자유도	제곱 평균	F 비	P-값	F 기각치
63	인자 A(행)	3.072222	5	0.6144	1.3688	0.2821	2.7729
64	인자 B(열)	224.7106	2	112.3553	250.2964	0.0000	3.5546
65	교호작용	7.309444	10	0.7309	1.6283	0.1767	2.4117
66	잔차	8.08	18	0.4489			
67							
68	계	243.1722	35				
69							

SAS를 통해 산출된 커피 제품, 패널, 그리고 교호작용에 대한 각각의 *F*-값 및 *p*-값과 일치하는 것을 볼 수 있다. 커피 제품과 패널 간의 교호작용을 위한 분석에서는 *p*-값이 0.1767로 유의수준 0.05보다 크므로 커피 제품과 패널 간의 교호작용은 유의적이지 않다.

커피 제품(인자 B)에 대한 *p*-값은 <0.00001로, 유의수준 0.05보다 작기 때문에 "커피 제품 간 쓴맛 강도의 평균값들은 동일하다."라는 귀무가설을 기각한다. 반면, 패

널(인자 A)에 대한 p-값은 0.2821로 유의수준 0.05보다 크기 때문에 "패널요원들 간 쓴맛 강도의 평균값들은 동일하다."라는 귀무가설을 채택한다.

(7) 상관분석

예 세 가지 다른 커피 제품 A, B, C에 있어서 명도, 고소한 향, 신맛, 쓴맛, 풍부함의 관능적 특성들 간에 상관관계가 있는지 유의수준 5% 하에서 알아보시오.

① 평가 자료

커피 제품	패널요원	반복	명도	고소한 향	신맛	쓴맛	풍부함
A	1	1	6.0	5.0	9.0	9.0	10.0
A	1	2	6.0	5.0	8.0	10.0	11.0
A	2	1	6.0	5.0	7.0	10.0	11.2
A	2	2	6.5	4.5	6.5	10.5	10.0
A	3	1	7.0	6.0	7.0	10.5	11.4
A	3	2	7.0	5.5	8.0	10.0	12.0
A	4	1	5.0	5.0	8.0	9.0	11.0
A	4	2	5.4	5.8	10.2	7.8	10.0
A	5	1	6.5	6.2	8.8	10.0	11.3
A	5	2	8.0	6.0	8.0	10.5	12.0
A	6	1	7.0	5.0	5.0	9.0	9.0
A	6	2	8.0	5.0	7.0	10.0	10.0
B	1	1	10.0	5.0	12.0	5.0	6.0
B	1	2	11.0	6.0	13.0	6.0	5.0
B	2	1	12.0	5.3	12.5	5.0	6.6
B	2	2	11.0	6.0	13.0	6.0	5.0
B	3	1	12.0	6.1	13.2	5.0	4.7
B	3	2	11.0	5.0	11.0	6.0	5.0
B	4	1	11.0	5.2	11.5	5.0	4.6
B	4	2	10.5	4.9	9.0	7.0	8.0
B	5	1	11.0	6.0	12.0	6.0	7.8
B	5	2	10.5	5.0	12.0	6.0	7.5
B	6	1	10.4	5.0	10.0	6.0	7.0

(계속)

커피 제품	패널요원	반복	명도	고소한 향	신맛	쓴맛	풍부함
B	6	2	11.0	4.5	11.8	6.0	8.0
C	1	1	3.0	5.0	4.0	12.0	13.0
C	1	2	4.0	5.5	4.1	11.0	12.0
C	2	1	4.0	5.0	3.2	13.2	14.1
C	2	2	3.3	5.1	3.3	12.0	13.0
C	3	1	3.0	5.3	4.0	12.0	14.0
C	3	2	3.3	5.1	3.1	13.0	14.4
C	4	1	3.7	6.0	4.6	12.0	11.0
C	4	2	3.7	6.0	4.0	11.0	13.0
C	5	1	4.0	7.0	5.0	10.8	11.2
C	5	2	2.0	5.7	5.0	11.0	12.0
C	6	1	5.0	7.0	5.0	11.3	10.4
C	6	2	4.0	5.5	3.0	12.0	12.0

② SAS를 활용한 방법

a. SAS 프로그램

1	data GGG;
2	input coffee $ panel rep bright nutty sour bitter body;
3	cards;
4	A 1 1 6.0 5.0 9.0 9.0 10.0
5	A 1 2 6.0 5.0 8.0 10.0 11.0
6	A 2 1 6.0 5.0 7.0 10.0 11.2
7	A 2 2 6.5 4.5 6.5 10.5 10.0
8	· · ·
9	C 5 1 4.0 7.0 5.0 10.8 11.2
10	C 5 2 2.0 5.7 5.0 11.0 12.0
11	C 6 1 5.0 7.0 5.0 11.3 10.4
12	C 6 2 4.0 5.5 3.0 12.0 12.0
13	run;
14	proc corr;
15	var bright nutty sour bitter body;
16	run;

b. SAS 프로그램 설명

1	GGG라는 data set만를 생성하라.
2	coffee라는 문자변수($)와 panel, rep, bright, nutty, sour, bitter, body라는 변수를 설정하라.
3	자료를 직접 입력하라.
4–12	커피 제품, 패널 번호, 반복 번호, 명도, 고소한 향, 신맛, 쓴맛, 풍부함 순으로 자료 입력
13	실행하라.
14	proc corr라는 프로시저를 이용하여 피어슨(pearson)상관계수를 구하라.
15	변수는 bright(명도), nutty(고소한 향), sour(신맛), bitter(쓴맛), body(풍부함)이다.
16	실행하라.

c. SAS 결과

The SAS System

The CORR Procedure

5 Variables:	bright nutty sour bitter body

Simple Statistics						
Variable	N	Mean	Std Dev	Sum	Minimum	Maximum
bright	36	7.02222	3.15894	252.80000	2.00000	12.00000
nutty	36	5.45000	0.60921	196.20000	4.50000	7.00000
sour	36	7.82778	3.38717	281.80000	3.00000	13.20000
bitter	36	9.07222	2.63586	326.60000	5.00000	13.20000
body	36	9.83889	2.91217	354.20000	4.60000	14.40000

Pearson Correlation Coefficients, N = 36 Prob > |r| under H0: Rho=0					
	bright	nutty	sour	bitter	body
bright	1.00000	-0.12738 0.4591	0.91058 <.0001	-0.92162 <.0001	-0.90022 <.0001
nutty	-0.12738 0.4591	1.00000	-0.04265 0.8049	0.12135 0.4808	0.03511 0.8389
sour	0.91058 <.0001	-0.04265 0.8049	1.00000	-0.94566 <.0001	-0.88072 <.0001
bitter	-0.92162 <.0001	0.12135 0.4808	-0.94566 <.0001	1.00000	0.93954 <.0001
body	-0.90022 <.0001	0.03511 0.8389	-0.88072 <.0001	0.93954 <.0001	1.00000

d. SAS 결과해석

커피 제품 A, B, C의 명도, 고소한 향, 신맛, 쓴맛, 농도감의 관능적 특성들 간 상관관계를 알아본 결과, 고소한 향(nutty)은 다른 관능적 특성들과 유의적인 상관관계를 보이지 않은 반면에 명도, 신맛, 쓴맛, 농도감의 관능적 특성들은 서로 간에 유의적인 양 또는 음의 상관관계를 보였다. 예를 들면, 명도와 신맛 간에는 피어슨(Pearson)의 상관계수가 0.91058인 양의 상관관계를 보였고 *p*-값(<0.0001)은 유의수준 0.05보다 작으므로 이 상관관계는 유의적이다.

③ 엑셀을 활용한 방법

a. 엑셀을 활용한 분석과정

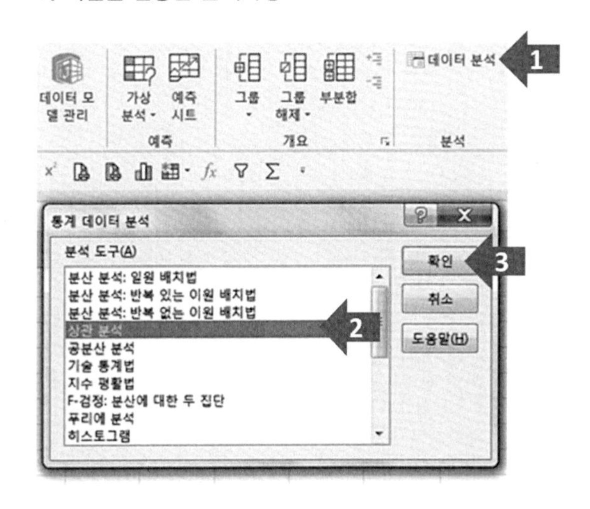

A39

	A	B	C	D	E	F	G	H
1	커피제품	패널요원	반복	명도	고소한향	신맛	쓴맛	풍부함
2	A	1	1	6	5	9	9	10
3	A	1	2	6	5	8	10	11
4	A	2	1	6	5	7	10	11.2
5	A	2	2	6.5	4.5	6.5	10.5	10
6	A	3	1	7	6	7	10.5	11.4
7	A	3	2	7	5.5	8	10	12
8	A	4	1	5	5	8	9	11
9	A	4	2	5.4	5.8	10.2	7.8	10
10	A	5	1	6.5	6.2	8.8	10	11.3
11	A	5	2	8	6	8	10.5	12
12	A	6	1	7	5	5	9	9
13	A	6	2	8	5	7	10	10
14	B	1	1	10	5	12	5	6
15	B	1	2	11	6	13	6	5
16	B	2	1	12	5.3	12.5	5	6.6
17	B	2	2	11	6	13	6	5
18	B	3	1	12	6.1	13.2	5	4.7
19	B	3	2	11	5	11	6	5

상관 분석
입력
입력 범위(I): $D$1:$H$37
4
데이터 방향: 열(C) / 행(R)
5
첫째 행 이름표 사용(L)
출력 옵션
출력 범위(O): $A$39
6
새로운 워크시트(P):
새로운 통합 문서(W)
확인
7
취소
도움말(H)

b. 엑셀 분석과정 설명

1	엑셀 메뉴바의 '데이터'에 속해 있는 '데이터 분석' 버튼을 누른다.
2	'상관 분석'을 선택한다.
3	'확인'을 누른다.
4	관능적 특성인 명도, 고소한향, 신맛, 쓴맛, 풍부함의 데이터 범주를 설정한다.
5	'데이터 방향'에서 '열'을 선택한다.
6	'출력 범위'를 지정한다.
7	'확인'을 누른다.

c. 엑셀 분석결과 및 해석

39		명도	고소한향	신맛	쓴맛	풍부함
40	명도	1.0000				
41	고소한향	-0.1274	1.0000			
42	신맛	0.9106	-0.0426	1.0000		
43	쓴맛	-0.9216	0.1213	-0.9457	1.0000	
44	풍부함	-0.9002	0.0351	-0.8807	0.9395	1.0000

SAS를 통해 산출된 관능적 특성들 간 피어슨 상관관계 계수들과 일치하는 것을 볼 수 있다.

APPENDIX

부록

▶ 표 1 **난수표**

	00–04	05–09	10–14	15–19	20–24	25–29	30–34	35–39	40–44	45–49
00	54463	22662	65905	70639	79365	67382	29085	69831	47058	08186
01	15389	85205	18850	39226	42249	90669	96325	23248	60933	26927
02	85941	40756	82414	02015	13858	78030	16269	65978	01385	15345
03	61149	69440	11286	88218	58925	03638	52862	62733	33451	77455
04	05219	81619	10651	67079	92511	59888	84502	72095	83463	75577
05	41417	98326	87719	92294	46614	50948	64886	20002	97365	30976
06	28357	94070	20652	35774	16249	75019	21145	05217	47286	76305
07	17783	00015	10806	83091	91530	36466	39981	62481	49917	75779
08	40950	84820	29881	85966	62800	70326	84740	62660	77379	90279
09	82995	64157	66164	41180	10089	41757	78258	96488	88629	37231
10	96754	17676	55659	44105	47361	34833	86679	23930	53249	27083
11	34357	88040	53364	71726	45690	66334	60332	22554	90600	71113
12	06318	37403	49927	57715	50423	67372	63116	48888	21505	80182
13	62111	52820	07243	79931	89292	84767	85693	73947	22278	11551
14	47534	09243	67879	00544	23410	12740	02540	54440	32949	13491
15	98614	75993	84460	62846	59844	14922	48730	73443	48167	34770
16	24856	03648	44898	09351	98795	18644	39765	71058	90368	44104
17	96887	12479	80621	66226	86085	78285	02432	53342	42846	94771
18	90801	21472	42815	77408	37390	76766	52615	32141	30268	18106
19	55165	77312	83666	36028	28420	70219	81369	41943	47366	41067
20	75884	12952	84318	95108	72305	64620	91318	89872	45375	85436
21	16777	37116	58550	42958	21460	43910	01175	87894	81378	10620
22	46230	43877	80207	88877	89380	32992	91380	03164	98656	59337
23	42902	66892	46134	01432	94710	23474	20423	60137	60609	13119
24	81007	00333	39693	28039	10154	95425	39220	19774	31782	49037
25	68089	01122	51111	72373	06902	74373	96199	97017	41273	21546
26	20411	67081	89950	16944	93054	87687	96693	87236	77054	33848
27	58212	13160	06468	15718	82627	76999	05999	58680	96739	63700
28	70577	42866	24969	61210	76046	67699	42054	12696	93758	03283
29	94522	74358	71659	62038	79643	79169	44741	05437	39038	13163
30	42626	86819	85651	88678	17401	03252	99547	32404	17918	62880
31	16051	33763	57194	16752	54450	19031	58580	47629	54132	60631
32	08244	37647	33851	44705	94211	46716	11738	55784	95374	72655
33	59497	04392	09419	89964	51211	04894	72882	17805	21896	83864
34	97155	13428	40293	09985	58434	01412	69124	82171	59058	82859
35	98409	66162	95763	47420	20792	61527	20441	39435	11859	41567
36	45476	84882	65109	96597	25930	66790	65706	61203	53634	22557
37	89300	69700	50741	30329	11658	23166	05400	66669	78708	03887
38	50051	95137	91631	66315	91428	12275	24816	68091	71710	33258
39	31753	85178	31310	89642	98364	02306	24617	09609	83942	22716
40	79152	53829	77250	20190	56535	18760	69942	77448	33278	48805
41	44560	38750	83635	56540	64900	42912	13953	79149	18710	68618
42	68328	83378	63369	71381	39564	05615	42451	64559	97501	65747
43	46939	38689	58625	08342	30459	85863	20781	09284	26333	81397
44	83544	86141	15707	96256	23068	13782	08467	89469	93842	93886
45	91621	00881	04900	54224	46177	55309	17852	27491	89415	42633
46	91896	67126	04151	03795	59077	11848	12630	98375	52068	73153
47	55751	62515	21108	95142	02263	29303	37204	96926	30506	64279
48	85156	87689	95493	88842	00664	55017	55539	17771	69448	11765
49	07521	56898	12236	60277	39102	62315	12239	07105	11844	59815

> 표 2 χ^2 분포표

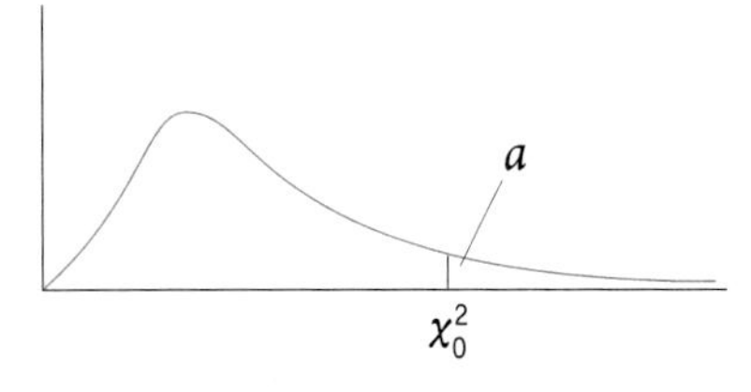

d.f.	a								
v	.990	.950	.900	.500	.100	.050	.025	.010	.005
1	.0002	.004	.02	.45	2.71	3.84	5.02	6.63	7.88
2	.02	.10	.21	1.39	4.61	5.99	7.38	9.21	10.60
3	.11	.35	.58	2.37	6.25	7.81	9.35	11.34	12.84
4	.30	.71	1.06	3.36	7.78	9.49	11.14	13.28	14.88
5	.55	1.15	1.61	4.35	9.24	11.07	12.83	15.09	16.75
6	.87	1.64	2.20	5.35	10.64	12.59	14.45	16.81	18.55
7	1.24	2.17	2.83	6.35	12.02	14.07	16.01	18.48	20.28
8	1.65	2.73	3.49	7.34	13.36	15.51	17.53	20.09	21.95
9	2.09	3.33	4.17	8.34	14.68	16.92	19.02	21.67	23.95
10	2.56	3.94	4.57	9.34	15.99	18.31	20.48	23.21	25.19
11	3.05	4.57	5.58	10.34	17.28	19.68	21.92	24.72	26.76
12	3.57	5.23	6.30	11.34	18.55	21.03	23.34	26.22	28.30
13	4.11	5.89	7.04	12.34	19.81	22.36	24.74	27.69	29.82
14	4.66	6.57	7.79	13.34	21.06	23.68	26.12	29.14	31.32
15	5.23	7.26	8.55	14.34	22.31	25.00	27.49	30.58	32.80
16	5.81	7.96	9.31	15.34	23.54	26.30	28.85	32.00	34.27
17	6.41	8.67	10.09	16.34	24.77	27.59	30.19	33.41	35.72
18	7.01	9.39	10.86	17.34	25.99	28.87	31.53	34.81	37.16
19	7.63	10.12	11.65	18.34	27.20	30.14	32.85	36.19	38.58
20	8.26	10.85	12.44	19.34	28.41	31.41	34.17	37.57	40.00
21	8.90	11.59	13.24	20.34	29.62	32.67	35.48	38.93	41.40
22	9.54	12.34	14.4	21.34	30.81	33.92	36.78	40.29	42.80
23	10.20	13.09	14.85	22.34	32.01	35.17	38.08	41.64	44.18
24	10.88	13.85	15.66	23.34	33.20	36.42	39.36	42.98	45.56
25	11.52	14.61	16.47	24.34	34.38	37.65	40.05	44.31	45.93
26	12.20	15.38	17.29	25.34	34.56	38.89	41.92	45.64	48.29
27	12.88	16.15	18.11	26.34	36.74	40.11	43.19	46.96	49.64
28	13.56	16.93	18.94	27.34	37.92	41.34	44.46	48.28	50.99
29	14.26	17.71	19.77	28.34	39.09	42.56	45.72	49.59	52.34
30	14.95	18.49	20.60	29.34	40.26	43.77	46.98	50.89	53.67
40	22.16	26.51	29.05	39.34	51.81	55.76	59.34	63.69	56.77
50	29.71	34.76	37.69	49.33	63.17	67.50	71.42	76.15	79.49
60	37.48	43.19	46.46	59.33	74.40	79.05	83.30	88.38	91.95
70	45.44	51.74	55.33	69.33	85.53	90.53	95.02	100.43	104.21
80	53.54	60.39	64.28	79.33	96.58	101.83	106.63	112.33	116.32
90	61.75	69.13	73.29	89.33	107.57	113.15	116.14	124.12	128.30
100	70.06	77.93	82.36	99.33	118.50	124.34	129.56	135.81	140.17

➤ 표 3-1 **순위법 유의성 검정표(5%)**

4개의 숫자는 최소 비유의적 순위합-최대 비유의적 순위합(표준시료가 없는 경우).
최소 비유의적 순위합-최대 비유의적 순위합(표준시료가 있는 경우)을 나타낸다.

반복수	처리수								
	2	3	4	5	6	7	8	9	10
2	-	-	-	-	-	-	-	-	-
	-	-	-	3-9	3-11	3-13	4-14	4-16	4-18
3	-	-	-	4-14	4-17	4-20	4-23	5-25	5-28
	-	4-8	4-11	5-13	6-15	6-18	7-20	8-22	8-25
4	-	5-11	5-15	6-18	6-22	7-25	7-29	8-32	8-36
	-	5-11	6-14	7-17	8-20	9-23	10-26	11-29	13-31
5	-	6-14	7-18	8-22	9-26	9-31	10-35	11-39	12-43
	6-9	7-13	8-17	10-20	11-24	13-27	14-31	15-35	17-38
6	7-11	8-16	9-21	10-6	11-31	12-36	13-41	14-46	15-51
	7-11	9-15	11-19	12-24	14-28	16-32	18-36	20-40	21-45
7	8-13	10-18	11-24	12-30	14-35	15-41	17-46	18-52	19-58
	8-13	10-18	13-22	15-27	17-32	19-37	22-41	24-46	26-51
8	9-15	11-21	13-27	15-33	17-39	18-46	20-52	22-58	24-64
	10-15	12-20	15-25	17-31	20-36	23-41	25-47	28-52	31-57
9	11-16	13-23	15-30	17-37	19-44	22-50	24-57	26-64	28-71
	11-16	14-22	17-28	20-34	23-40	26-46	29-52	32-58	35-64
10	12-18	15-25	17-33	20-40	22-48	25-55	27-63	30-70	32-78
	12-18	16-24	19-31	23-37	26-44	30-50	33-57	37-63	40-70
11	13-20	16-28	19-36	22-44	25-52	28-60	31-68	34-76	36-85
	14-19	18-26	21-34	25-1	29-48	33-55	37-62	41-69	45-76
12	15-21	18-30	21-39	25-47	28-56	31-65	34-74	38-82	41-91
	15-21	19-29	24-36	28-44	32-52	37-59	41-67	45-75	50-82
13	16-23	20-32	24-41	27-51	31-60	35-69	38-79	42-88	45-98
	17-22	21-31	21-39	31-47	35-56	40-64	45-72	50-80	54-89
14	17-25	22-34	26-44	30-54	34-64	38-74	42-84	46-94	50-104
	18-24	23-33	28-42	33-51	38-60	44-68	49-77	54-86	59-95
15	19-26	23-37	28-47	32-58	37-68	41-79	46-89	50-100	54-111
	19-26	25-35	30-45	36-54	42-63	47-73	53-82	59-61	64-101
16	20-28	25-39	30-50	35-61	40-2	45-83	49-95	54-106	59-117
	1-27	27-37	33-47	39-57	45-67	51-77	57-87	63-97	69-107
17	22-29	27-41	32-53	38-64	43-76	48-88	53-100	58-112	63-124
	22-29	28-40	35-50	41-61	48-71	54-82	61-92	67-103	74-113
18	23-31	29-43	34-56	40-68	46-80	51-93	57-105	62-118	68-130
	24-30	30-42	37-53	44-64	51-75	58-86	65-97	72-108	79-119
19	24-33	30-46	37-58	43-71	49-84	55-97	61-110	67-123	73-136
	25-32	32-44	39-56	47-67	54-79	62-90	69-102	76-114	84-125
20	26-34	32-48	39-61	45-75	52-88	58-102	65-115	71-129	77-143
	26-34	34-46	42-58	50-70	57-83	65-95	73-107	81-119	89-131
21	27-36	34-50	41-64	48-78	55-92	62-106	68-121	75-135	82-149
	28-35	36-48	44-61	52-74	61-86	69-99	77-112	86-124	94-137
22	28-38	36-52	43-67	51-81	58-96	65-111	72-126	80-140	87-155
	29-37	38-50	46-64	55-77	64-90	73-103	81-117	90-130	99-143
23	30-39	38-54	46-69	53-85	61-100	69-115	76-131	84-146	91-162
	31-38	40-52	49-66	58-80	76-94	78-108	84-122	95-135	104-149

(계속)

반복수	처리수								
	2	3	4	5	6	7	8	9	10
24	31-41	40-56	48-72	56-88	64-104	72-120	80-136	88-152	96-168
	32-40	41-55	51-69	61-83	70-98	80-112	90-126	99-141	109-155
25	33-42	41-59	50-75	59-91	67-108	76-124	84-141	92-158	101-174
	33-42	43-57	53-72	63-87	73-102	84-116	94-131	104-146	114-161
26	34-44	43-61	52-78	61-95	70-112	79-129	88-146	97-163	106-180
	35-43	45-59	56-74	66-90	77-105	87-121	98-136	108-152	119-167
27	35-46	45-63	55-80	64-98	73-116	83-133	92-151	101-169	110-187
	36-45	47-61	58-77	69-93	80-109	91-125	102-141	113-157	124-173
28	37-47	47-65	57-83	67-101	76-120	86-138	96-156	106-174	115-193
	38-46	49-63	60-80	72-96	83-113	95-129	106-146	118-162	129-179
29	38-49	49-67	59-86	69-105	80-123	90-142	100-161	110-180	120-199
	39-48	51-65	63-82	74-100	86-117	98-134	110-151	122-168	134-185
30	40-50	51-69	61-89	72-108	83-127	93-147	104-166	114-186	125-205
	41-49	53-67	65-85	77-103	90-120	102-138	114-156	127-173	130-191
31	41-52	52-72	64-91	75-111	86-131	97-151	108-171	119-191	130-211
	42-51	55-69	67-88	80-106	93-124	106-142	119-160	131-179	144-197
32	42-54	54-74	66-94	77-115	89-135	100-156	112-176	123-197	134-218
	43-53	56-72	70-90	83-109	96-128	109-147	123-165	136-184	149-203
33	44-55	56-76	68-97	80-118	92-139	104-160	116-181	128-202	139-224
	45-54	58-74	72-93	86-112	99-132	113-151	127-170	141-189	154-209
34	45-57	58-78	70-100	83-121	95-143	108-164	120-186	132-208	144-230
	46-56	60-76	74-96	88-116	103-135	117-155	131-175	145-195	159-215
35	47-58	60-80	73-102	86-124	98-147	111-169	124-191	136-214	149-236
	48-57	62-78	77-98	91-119	106-139	121-159	135-180	150-200	165-220
36	48-60	62-82	75-105	88-128	102-150	115-173	128-196	141-219	154-242
	49-59	64-80	79-101	94-122	109-143	124-164	139-185	155-205	170-226
37	50-61	63-85	77-108	91-131	105-154	118-178	132-201	145-225	159-248
	51-60	66-82	81-104	97-125	112-147	128-168	144-189	159-211	175-232
38	51-63	65-87	80-110	94-134	108-158	122-182	136-206	150-230	164-254
	52-62	68-84	84-106	100-128	116-150	132-172	148-194	164-216	180-238
39	52-65	67-89	82-113	97-137	111-162	126-186	140-211	154-236	169-260
	53-64	70-86	86-109	102-132	119-154	135-177	152-199	168-222	185-244
40	54-66	69-91	84-116	99-141	114-166	129-191	144-216	159-241	173-267
	55-65	72-88	88-112	105-135	122-158	139-181	156-204	173-227	190-250
41	55-68	71-93	87-118	102-144	117-170	133-195	148-221	163-247	178-273
	56-67	73-91	91-114	108-138	126-161	143-185	160-209	178-232	198-256
42	57-69	73-95	89-121	105-148	121-173	136-200	152-226	168-252	183-279
	58-68	75-93	93-117	111-141	129-165	147-189	165-213	182*-238	200-262
43	58-71	75-97	91-124	108-150	124-177	140-204	156-231	172-258	188-285
	59-70	77-95	95-120	114-144	132-169	150-194	169-218	187-243	206-267
44	60-72	77-99	93-127	110-154	127-181	144-208	160-236	177-263	193-291
	61-71	79-97	98-122	117-147	135-173	154-198	173-223	192-248	211-273
45	61-74	78-102	96-129	113-157	130-185	147-213	164-241	181-269	198-297
	62-73	81-99	100-125	119-151	139-176	158-202	177-228	197-253	216-279
46	62-76	80-104	98-132	116-160	133-189	151-217	168-246	186-274	203-303
	63-75	83-101	103-127	122-154	142-180	162-206	181-233	201-259	221-285
47	64-77	82-106	100-135	119-163	137-192	155-221	172-251	190-280	208-309
	65-76	85-103	105-130	125-157	145-184	165-211	186-237	206-264	226-291
48	65-79	84-108	103-137	121-167	140-196	158-226	176-256	195-285	213-315
	66-78	87-105	107-133	128-160	149-187	169-215	190-242	211-269	231-297
49	67-80	86-110	105-140	124-170	143-200	162-230	181-260	199-291	218-321
	68-79	89-107	110-135	131-163	152-191	172-219	194-247	215-275	236-303
50	68-82	88-112	107-143	127-173	146-204	165-235	185-265	204-296	223-327
	69-81	91-109	112-138	134-166	155-195	177-223	198-252	220-280	242-308

➤ 표 3-2 순위법 유의성 검정표(1%)

4개의 숫자는 최소 비유의적 순위합–최대 비유의적 순위합(표준시료가 없는 경우).
최소 비유외적 순위합–최대 비유의적 순위합(표준시료가 있는 경우)을 나타낸다.

반복수	처리수								
	2	3	4	5	6	7	8	9	10
2	- -	- -	- -	- -	- -	- -	- -	- -	- 3-19
3	- -	- -	- -	- 4-14	- 4-17	- 4-20	- 5-22	- 5-25	4-29 6-27
4	- -	- -	- 5-15	5-19 6-18	5-23 6-22	5-27 7-25	6-30 8-28	6-34 8-32	6-38 9-35
5	- -	- 6-14	6-19 7-18	7-23 8-22	7-28 9-26	8-32 10-30	8-37 11-34	9-41 12-38	9-46 13-42
6	- -	7-17 8-196	8-22 9-21	9-27 10-26	9-33 12-30	10-38 13-35	11-43 14-40	14-48 16-44	13-53 17-49
7	- 8-13	8-20 9-19	10-25 11-24	11-32 12-30	12-37 14-35	13-43 16-40	14-49 18-45	15-55 19-51	16-61 21-56
8	9-15 9-15	10-22 11-21	11-29 13-27	13-35 15-33	14-42 17-39	16-48 19-45	17-55 21-51	19-61 23-57	20-68 25-63
9	10-17 10-17	12-24 12-24	13-32 15*-30	15-39 17-37	17-46 20-43	19-53 22-50	21-60 25-56	22-68 27-63	24-75 30-69
10	11-19 11-19	13-27 14-26	15-35 17-35	18-42 20-40	20-50 23-47	22-58 25-55	24-56 28-62	26-74 31-69	28-82 34-76
11	12-21 13-20	15-29 16-28	17-38 19-36	20-46 22-44	22-55 25-52	25-63 29-59	27-72 32-67	30-80 35-75	32-89 39-82
12	14-22 14-22	17-31 18-30	19-41 21-39	22-50 25-47	25-59 28-56	28-68 32-61	31-77 36-72	33-87 39-81	36-96 43-89
13	15-24 15-24	18-34 19-33	21-44 23-42	25-53 27-51	28-63 31-60	31-73 35-69	34-83 39-78	37-93 44-86	40-103 48-95
14	16-26 17-25	20-36 21-35	24-46 25-45	27-57 30-54	31-67 34-64	34-78 39-73	38-88 43-83	41-99 48-92	45-109 52-102
15	18-27 18-27	22-38 23-37	26-49 28-47	30-60 32-58	34-71 37-68	37-83 42-78	41-94 47-88	45-105 52-98	49-116 57-108
16	19-29 19-29	23-41 25-39	28-52 30-50	32-64 35-61	36-76 40-72	41-87 46-82	45-99 51-93	49-111 56-104	53-123 61-115
17	20-31 21-30	25-43 26-42	30-55 32-53	35-67 38-64	39-80 43-76	44-92 49-87	49-104 55-98	53-117 60-110	58-129 66-121
18	22-32 22-32	27-45 28-44	32-58 34-56	37-71 40-68	42-84 46-80	57-97 52-92	52-110 59-103	57-123 65-115	62-36 71-127
19	23-34 24-33	29-47 30-46	34-61 36-59	40-74 43-71	45-88 49-84	50-102 56-96	56-115 62-109	61-129 69-121	67-142 76-133
20	24-36 25-35	30-50 32-48	36-64 68-62	42-78 45-75	48-92 52-88	54-106 59-101	60-120 66-114	65-135 73-127	71-149 80-140
21	26-37 26-37	32-52 33-51	38-67 41-64	45-81 48-78	51-96 55-92	57-111 63-105	63-126 70-119	69-141 78-132	75-156 75-146
22	27-39 28-38	34-54 35-53	40-70 43-67	47-85 51-81	54-100 58-96	60-116 66-110	67-131 74-124	74-146 82-138	80-162 90-152
23	28-41 29-40	36-56 37-55	43-72 45-70	50-88 53-85	57-104 62-99	64-120 70-114	71-136 78-129	78-152 86-144	85-168 95-158
24	30-42 30-42	37-59 39-57	45-75 47-73	52-92 56-88	60-108 65-103	67-125 73-119	75-141 82-134	82-158 91-149	89-175 99-165

(계속)

반복수	처리수								
	2	3	4	5	6	7	8	9	10
25	31-44	39-61	47-78	55-95	63-112	71-129	78-147	86-164	94-181
	32-43	41-59	50-75	59-91	68-107	77-123	86-139	95-155	104-171
26	33-45	41-63	49-81	57-99	66-116	74-134	82-152	90-170	98-188
	33-45	42-62	52-78	61-95	71-111	80-128	90-144	100-166	109-177
27	34-47	43-65	51-84	60-102	69-120	77-139	86-157	94-176	103-194
	35-46	44-64	54-81	65-98	74-115	84-132	94-149	104-166	114-183
28	35-49	44-68	54-86	63-105	72-124	81-143	90-162	99-181	108-200
	36-48	46-66	56-84	67-101	77-119	88-136	98-185	108-172	119-189
29	37-50	46-70	56-89	65-109	75-128	84-148	94-167	103-187	112-207
	37-50	48-68	59-86	69-105	80-123	91-141	102-159	113-177	124-195
30	38-52	48-72	58-92	68-112	78-132	88-152	97-173	107-193	117-213
	39-51	50-70	61-89	72-108	83-127	95-145	106-164	117-183	129-201
31	39-54	50-74	60-95	71-115	81-136	91-157	101-175	112-198	122-219
	40-53	51-73	63-92	75-111	86-131	98-150	110-169	122-188	133-208
32	41-55	52-76	62-98	73-119	84-140	95-161	105-183	116-204	126-226
	41-55	53-75	65-95	77-115	90-134	102-154	114-174	126-194	138-214
33	42-57	53-79	65-100	76-122	87-144	98-166	109-188	120-210	131-232
	43-56	55-77	68-97	80-118	93-138	105-159	118-179	131-199	143-220
34	44-58	55-81	67-103	78-126	90-148	102-170	113-193	124-216	136-238
	44-58	57-79	70-100	83-121	96-142	109-163	122-184	135-205	148-226
35	45-60	57-83	69-106	81-129	93-152	105-175	117-198	129-221	141-244
	46-59	59-81	72-103	86-124	99-146	113-167	126-189	140-210	153-232
36	46-62	59-82	74-109	84-132	96-156	109-176	121-203	133-227	145-251
	47-61	61-83	74-106	8-128	102-1550	116-172	130-194	144-216	158-238
37	48-63	61-87	74-111	86-136	99-160	112-184	125-208	137-233	150-257
	48-63	63-85	77-108	91-131	105-154	120-176	134-199	149-221	163-244
38	49-65	62-90	76-114	89-139	102-164	116-188	129-213	142-238	155-263
	50-64	64-88	79-111	94-134	109-157	123-181	138-204	153-227	168-250
39	51-66	64-92	78-117	92-142	105-168	119-193	133-218	146-244	160-269
	51-66	66-90	81-114	97-137	112-161	127-185	142-209	158-232	173-256
40	52-68	66-94	80-120	94-146	109-171	123-197	137-223	150-250	164-276
	53-67	68-92	84-116	99-141	115-165	131-189	146-214	162-238	178-262
41	53-70	68-96	83-122	97-149	112-175	126-202	140-229	155-255	169-282
	65-69	70-94	86-119	102-144	118-169	134-194	150-219	167-243	183-268
42	55-71	70-98	85-125	100-152	115-179	130-206	144-234	159-261	174-288
	56-70	72-96	88-122	105-147	121-173	138-198	155-223	171-249	188-274
43	56-73	72-100	87-128	103-155	118-183	133-211	148-239	164-266	179-294
	57-72	74-98	91-124	108-150	125-176	142-202	159-228	176-264	193-280
44	58-74	73-103	89-131	105-159	121-187	137-215	152-244	168-272	184-300
	58-74	75-101	93-127	110-154	128-180	145-207	163-233	180-260	198-286
45	59-76	75-105	92-133	108-162	124-191	140-220	156-249	172-278	188-307
	60-75	77-103	95-130	113-157	131-184	149-211	167-238	185-265	203-292
46	60-78	77-107	94-136	111-165	127-195	144-224	160-254	177-283	193-313
	61-77	79-105	97-133	116-160	134-188	153-215	171-243	189-271	208-298
47	62-79	79-109	96-139	113-169	130-199	148-229	164-259	181-289	198-319
	63-78	81-107	100-135	119-163	137-192	156-220	175-248	194-276	213-304
48	63-81	81-111	98-142	116-172	133-203	151-233	168-264	186-294	203-325
	64-80	83-109	102-138	121-167	141-195	160-224	179-253	198-282	218-310
49	65-82	83-113	101-144	119-175	137-206	155-237	172-269	190-300	208-331
	65-82	85-111	104-141	124-170	144-199	164-228	183-258	203-287	223-316
50	66-84	84-116	103-147	121-179	140-210	158-242	176-274	195-305	213-337
	67-83	87-113	107-143	127-173	149-203	167-233	187-263	208-292	228-322

▶ 표 4-1 **Basker(1988)에 의한 순위법 유의성 검정표(5%)**

아래의 표는 유의성을 표명하는 순위합의 차이값을 나타낸다.

패널 요원수	제품 수							
	3	4	5	6	7	8	9	10
2	-	-	8	10	12	14	16	18
3	6	8	11	13	15	18	20	23
4	7	10	13	15	18	21	24	27
5	8	11	14	17	21	24	27	30
6	9	12	15	19	22	26	30	34
7	10	13	17	20	24	28	32	35
8	10	14	18	22	26	30	34	40
9	10	15	19	23	27	32	36	41
10	11	15	20	24	29	34	38	43
11	11	16	21	26	30	35	40	45
12	12	17	22	27	32	37	42	48
13	12	18	23	28	33	39	44	50
14	13	18	24	29	34	40	46	52
15	13	19	24	30	36	42	47	53
16	13.3	18.8	24.4	30.2	36.0	42.0	48.1	54.2
17	13.7	19.3	25.2	31.1	37.1	43.3	49.5	55.9
18	14.1	19.9	25.9	32.0	38.2	44.5	51.0	57.5
19	14.4	20.4	26.6	32.9	39.3	45.8	52.4	59.0
20	14.8	21.0	27.3	33.7	40.3	47.0	53.7	60.6
21	15.2	21.5	28.0	34.8	41.3	48.1	55.1	62.1
22	15.5	22.0	28.6	35.4	42.3	49.2	56.4	63.5
23	15.9	22.5	29.3	36.2	43.2	50.3	57.6	65.0
24	16.2	23.0	29.9	36.9	44.1	51.4	58.9	66.4
25	16.6	23.5	30.5	37.7	45.0	52.5	60.1	67.7
26	16.9	23.9	31.1	38.4	45.9	53.5	61.3	69.1
27	17.2	24.4	31.7	39.2	46.8	54.6	62.4	70.4
28	17.5	24.8	32.3	39.9	47.7	55.6	63.6	71.7
29	17.8	25.3	32.8	40.6	48.5	56.5	64.7	72.9
30	18.2	25.7	33.4	41.3	49.3	57.5	65.8	74.2
31	18.5	26.1	34.0	42.0	50.2	58.5	66.9	75.4
32	18.7	26.5	34.5	42.6	51.0	59.4	68.0	76.6
33	19.0	26.9	35.0	43.3	51.7	60.3	69.0	77.8
34	19.3	27.3	35.6	44.0	52.5	61.2	70.1	79.0
35	19.6	27.7	36.1	44.6	53.3	62.1	71.1	80.1
36	19.9	28.1	36.6	45.2	54.0	63.0	72.1	81.3
37	20.2	28.5	37.1	45.9	54.6	63.9	73.1	82.4
38	20.4	28.9	37.6	46.5	55.5	64.7	74.1	83.5
39	20.7	29.3	38.1	47.1	56.3	65.6	75.0	84.5
40	21.0	29.7	38.6	47.7	57.0	66.4	76.0	85.7
41	21.2	30.0	39.1	48.3	57.7	67.2	76.9	86.7
42	21.5	30.4	39.5	48.9	58.4	68.0	77.9	87.8
43	21.7	30.8	40.0	49.4	59.1	68.8	78.8	88.8
44	22.0	31.1	40.5	50.0	59.8	69.8	79.7	89.9
45	22.2	31.5	40.9	50.6	60.4	70.4	80.6	90.9
46	22.5	31.8	41.4	51.1	61.1	71.2	81.5	91.9
47	22.7	32.2	41.8	51.7	61.8	72.0	82.4	92.9
48	23.0	32.5	42.3	52.2	62.4	72.7	83.2	93.8
49	23.2	32.8	42.7	52.8	63.1	73.5	84.1	94.8
50	23.4	33.2	43.1	53.3	63.7	74.2	85.0	95.8

(계속)

패널 요원수	제품수							
	3	4	5	6	7	8	9	10
51	23.7	33.5	43.6	53.8	64.3	75.0	85.8	96.7
52	23.9	33.8	44.0	54.4	65.0	75.7	86.6	97.7
53	24.1	34.1	44.4	54.9	65.6	76.4	87.5	98.6
54	24.4	34.5	44.8	55.4	66.2	77.1	88.3	99.5
55	24.6	34.8	45.2	55.9	66.9	77.9	89.1	100.5
56	24.8	35.1	45.6	56.4	67.4	78.6	89.9	101.4
57	25.0	35.4	46.1	56.9	68.0	79.3	90.7	102.3
58	25.2	35.7	46.5	57.4	68.6	80.0	91.5	103.2
59	25.5	36.0	46.9	57.9	69.2	80.6	92.3	104.0
60	25.7	36.3	47.3	58.4	69.8	81.3	93.1	104.9
61	25.9	36.6	47.6	58.9	70.4	82.0	93.8	105.8
62	26.1	36.9	48.0	59.4	70.9	82.7	94.6	106.7
63	26.3	37.2	48.4	59.8	71.5	83.3	95.4	107.5
64	26.5	37.5	48.8	60.3	72.1	84.0	96.1	108.4
65	26.7	37.8	49.2	60.8	72.6	84.6	96.9	109.2
66	26.9	38.1	49.6	61.3	73.2	85.3	97.6	110.0
67	27.1	38.4	49.9	61.7	73.7	85.9	98.3	110.9
68	27.3	38.7	50.3	62.2	74.3	86.6	99.1	111.7
69	27.5	39.0	50.7	62.6	74.8	87.2	99.8	112.5
70	27.7	39.2	51.0	63.1	75.4	87.8	100.5	113.3
71	27.9	39.5	51.4	63.5	75.9	88.5	101.2	114.1
72	28.1	39.8	51.6	64.0	76.4	89.1	101.9	114.9
73	28.3	40.1	52.1	64.4	77.0	89.7	102.7	115.7
74	28.5	40.3	52.5	64.9	77.5	90.3	103.4	116.5
75	28.7	40.6	52.8	65.3	78.0	90.9	104.0	117.3
76	28.9	40.9	53.2	65.7	78.5	91.5	104.7	118.1
77	29.1	41.2	53.5	66.2	79.0	92.1	105.4	118.9
78	9.3	41.4	53.9	66.6	79.6	92.7	106.1	119.6
79	29.5	41.7	54.2	67.0	80.1	93.3	106.8	120.4
80	29.6	42.0	54.6	67.4	80.6	93.9	107.5	121.2
81	29.8	42.2	54.9	67.9	81.1	94.5	108.1	121.9
82	30.0	42.5	55.2	68.3	81.6	95.1	108.8	122.7
83	30.2	42.7	55.6	68.7	82.1	95.6	109.5	123.4
84	30.4	43.0	55.9	69.1	82.6	96.2	110.1	124.1
85	30.6	43.2	56.2	69.5	83.1	96.8	110.8	124.9
86	30.7	43.5	56.6	69.9	83.5	97.4	111.4	125.6
87	30.9	43.7	56.9	70.3	84.0	97.9	112.1	126.3
88	31.1	44.0	57.2	70.7	84.5	98.5	112.7	127.1
89	31.3	44.2	57.5	71.1	85.0	99.0	113.3	127.8
90	31.4	44.5	57.9	71.5	85.5	99.6	114.0	128.5
91	31.6	44.7	58.2	71.9	85.9	100.1	114.6	129.2
92	31.8	45.0	58.5	72.3	86.4	100.7	115.2	129.9
93	32.0	45.2	58.8	72.7	86.9	101.2	115.9	130.6
94	32.1	45.5	59.1	73.1	87.3	101.8	116.5	131.3
95	32.3	45.7	59.5	73.5	87.8	102.3	117.1	132.0
96	32.5	46.0	59.8	73.9	88.3	102.9	117.7	132.7
97	32.6	46.2	60.1	74.3	88.7	103.4	118.3	133.4
98	32.8	46.4	60.4	74.6	89.2	103.9	118.9	134.1
99	33.0	46.7	60.7	75.0	89.6	104.5	119.5	134.8
100	33.1	46.9	61.0	75.4	90.1	105.0	120.1	135.5

▶ 표 4-2 Basker(1988)에 의한 순위법 유의성 검정표(1%)

패널 요원수	제품 수							
	3	4	5	6	7	8	9	10
2	-	-	-	-	-	-	-	19
3	-	9	12	14	17	19	22	24
4	8	11	14	17	20	23	26	29
5	9	13	16	19	23	26	30	33
6	10	14	18	21	25	29	33	37
7	11	15	19	23	28	32	36	40
8	12	16	21	25	30	34	39	43
9	13	17	22	27	32	36	41	46
10	13	18	23	28	33	38	44	49
11	14	19	24	30	35	40	46	51
12	15	20	26	31	37	42	48	54
13	15	21	27	32	38	44	50	56
14	16	22	28	34	40	46	52	58
15	16	22	28	35	41	48	54	60
16	16.5	22.7	29.1	35.6	42.2	48.9	55.6	62.5
17	17.0	23.4	30.0	36.7	43.5	50.4	57.3	64.4
18	17.5	24.1	30.9	37.8	44.7	51.8	59.0	66.2
19	18.0	24.8	1.7	38.8	46.0	53.2	60.6	68.1
20	18.4	25.4	32.5	39.8	47.2	54.6	62.2	69.8
21	18.9	26.0	33.4	40.8	48.3	56.0	63.7	71.6
22	19.3	26.7	34.1	41.7	49.5	57.3	65.2	73.2
23	19.8	27.3	34.9	42.7	50.6	58.6	66.7	74.9
24	20.2	27.8	35.7	43.6	51.7	59.8	68.1	76.5
25	20.6	28.4	36.4	44.5	52.7	61.1	69.5	78.1
26	21.0	29.0	37.1	45.4	53.8	62.3	70.9	79.6
27	21.4	29.5	37.8	46.2	54.8	63.5	72.3	81.1
28	21.8	30.1	38.5	47.1	55.8	64.6	73.6	82.6
29	22.2	30.6	39.2	47.9	56.8	65.8	74.9	84.1
30	22.6	31.1	39.9	48.7	57.8	66.9	76.2	85.5
31	22.9	31.6	40.5	49.6	58.7	68.0	77.4	86.9
32	23.3	32.2	41.2	50.3	59.7	69.1	78.7	88.3
33	23.7	32.7	41.8	51.1	60.6	70.2	79.9	89.7
34	24.0	33.1	42.4	51.9	61.5	71.2	81.1	91.0
35	24.4	33.6	43.1	52.7	62.4	72.3	82.3	92.4
36	24.7	34.1	43.7	53.4	63.3	73.3	3.4	93.7
37	25.1	34.6	44.3	54.1	64.2	74.3	84.6	95.0
38	25.4	35.0	44.9	54.9	65.0	75.3	85.7	96.2
39	25.7	35.5	45.5	55.6	65.9	76.3	86.8	97.5
40	26.1	36.0	46.0	56.3	66.7	77.3	88.0	98.7
41	26.4	36.4	46.6	57.0	67.5	78.2	89.0	100.0
42	26.7	36.8	47.2	57.7	68.3	79.2	90.1	101.2
43	27.0	37.3	47.7	58.4	69.2	80.1	91.2	102.4
44	27.3	37.7	48.3	59.0	70.0	81.1	92.2	103.6
45	27.6	38.1	48.8	59.7	70.7	81.9	93.3	104.7
46	27.9	38.6	49.4	60.4	71.5	82.9	94.3	105.9
47	28.2	39.0	49.9	61.0	72.3	83.7	95.3	107.0
48	28.5	39.4	50.4	61.7	73.1	84.6	96.3	108.2
49	28.8	39.8	50.9	62.3	73.8	85.5	97.3	109.3
50	29.1	40.2	51.5	62.9	74.6	86.4	98.3	110.4

(계속)

패널 요원수	제품수							
	3	4	5	6	7	8	9	10
51	29.4	40.6	52.0	63.6	75.3	87.2	99.3	111.5
52	29.7	41.0	52.5	64.2	76.1	88.1	100.3	112.6
53	30.0	41.4	53.0	64.8	76.8	88.9	101.2	113.7
54	30.3	41.8	53.5	65.4	77.5	89.8	102.2	114.7
55	30.6	42.2	54.0	66.0	78.2	90.6	103.1	115.8
56	30.8	42.5	54.5	66.6	78.9	91.4	104.1	116.8
57	31.1	42.9	54.9	67.2	79.6	92.2	105.0	117.9
58	1.4	43.3	55.4	67.8	80.3	93.0	105.9	118.9
59	31.6	43.7	55.9	68.4	81.0	93.8	106.8	119.9
60	31.9	44.0	56.4	68.9	81.7	94.6	107.7	120.9
61	32.2	44.4	56.8	69.5	82.4	95.4	108.6	121.9
62	32.4	44.8	57.3	70.1	83.0	96.2	109.5	122.9
63	32.7	45.1	57.8	70.6	83.7	97.0	110.4	123.9
64	33.0	45.5	58.2	71.2	84.4	97.7	111.3	124.9
65	33.2	45.8	58.7	71.8	85.0	98.5	112.1	125.9
66	33.5	46.2	59.1	2.3	85.7	99.2	113.0	126.8
67	33.7	46.5	59.6	72.8	86.3	100.0	113.8	127.8
68	34.0	46.9	60.0	73.4	87.0	100.7	114.7	128.8
69	34.2	47.2	60.5	73.9	87.6	101.5	115.5	129.7
70	34.5	47.6	60.9	74.5	88.2	102.2	116.4	130.6
71	34.7	47.9	61.3	75.0	88.9	102.9	117.2	131.6
72	35.0	48.2	61.8	75.5	89.5	103.7	118.0	132.5
73	35.2	48.6	62.2	76.0	90.1	104.4	118.8	133.4
74	35.4	48.9	62.6	76.6	90.7	105.1	119.6	134.3
75	35.7	49.2	63.0	77.1	1.3	105.8	120.4	135.2
76	35.9	49.6	63.4	77.6	91.9	106.5	121.2	136.1
77	36.2	49.9	63.9	78.1	92.5	107.2	122.0	137.0
78	36.4	50.2	64.3	78.6	93.1	107.9	122.8	137.9
79	36.6	50.5	64.7	79.1	93.7	108.6	123.6	138.8
80	36.9	50.8	65.1	79.6	94.3	109.3	124.4	139.7
81	37.1	51.2	65.5	80.1	94.9	109.9	125.2	140.5
82	37.3	51.5	65.9	80.6	95.5	110.6	125.9	141.4
83	37.5	51.8	66.3	81.1	6.1	111.3	126.7	142.2
84	37.8	52.1	66.7	81.6	96.7	112.0	127.5	143.1
85	38.0	52.4	67.1	82.0	97.2	112.6	128.2	144.0
86	38.2	52.7	67.5	82.5	97.8	113.3	129.0	144.8
87	38.4	53.0	67.9	83.0	98.4	113.9	129.7	145.6
88	38.6	53.3	68.3	83.5	98.9	114.6	130.5	146.5
89	38.9	53.6	68.7	84.0	99.5	115.2	131.2	147.3
90	39.1	53.9	69.0	84.4	100.1	115.9	131.9	148.1
91	39.3	54.2	69.4	84.9	100.6	116.5	132.7	148.9
92	39.5	54.5	69.8	85.4	101.2	117.2	133.5	149.8
93	39.7	54.8	70.2	85.8	101.7	117.8	134.1	150.6
94	39.9	55.1	70.6	86.3	102.3	118.4	134.8	151.4
95	40.2	55.4	70.9	86.7	102.8	119.1	135.5	152.2
96	40.4	55.7	71.3	87.2	103.3	119.7	136.3	153.0
97	40.6	56.0	71.7	87.7	103.9	120.3	137.0	153.8
98	40.8	56.3	72.0	88.1	104.4	120.9	137.7	154.6
99	41.0	56.6	72.4	88.5	104.9	121.5	138.4	155.4
100	41.2	56.8	72.8	89.0	105.5	122.2	139.1	156.1

> 표 5 **이점검사의 유의성 검정표(=1/2)**

검사자 수	단측 검정			양측 검정		
	최소 정답수			최소 정답수		
	a=0.05(*)	a=0.01(**)	a=0.001(***)	a=0.05(*)	a=0.01(**)	a=0.001(***)
7	7	7	-	7	-	-
8	7	8	-	8	8	-
9	8	9	-	8	9	-
10	9	10	10	9	10	-
11	9	10	11	10	11	11
12	10	11	12	10	11	12
13	10	12	13	11	12	13
14	11	12	13	12	13	14
15	12	13	14	12	13	14
16	12	14	15	13	14	15
17	13	14	16	13	15	16
18	13	15	16	14	15	17
19	14	15	17	15	16	17
20	15	16	18	15	17	18
21	15	17	18	16	17	19
22	16	17	19	17	18	19
23	16	18	20	17	19	20
24	17	19	20	18	19	21
25	18	19	21	18	20	21
26	18	20	22	19	20	22
27	19	20	22	20	21	23
28	19	21	23	20	22	23
29	20	22	24	21	22	24
30	20	22	24	21	23	25
31	21	23	25	22	24	25
32	2	24	26	23	24	26
33	22	24	26	23	25	27
34	23	25	27	24	25	27
35	23	25	27	24	26	28
36	24	26	28	25	27	29
37	24	27	29	25	27	29
38	25	27	29	26	28	30
39	26	28	30	27	28	31
40	26	28	31	27	29	31
41	27	29	31	28	30	32
42	27	29	32	28	30	32
43	28	30	32	29	31	33
44	28	31	33	29	31	34
45	29	31	34	30	32	34
46	30	32	34	31	33	35
47	30	32	35	31	33	36
48	31	33	36	32	34	36
49	31	34	36	32	34	37
50	32	34	37	33	35	37
51	32	35	37	33	36	38
52	33	35	38	34	36	39
53	33	36	39	35	37	39

▶ 표 6 **삼점검사의 유의성 검정표(=1/3)**

검사자수	유의적 차이를 표명할 수 있는 최소 정답수			검사자수	유의적 차이를 표명할 수 있는 최소 정답수		
	a=0.05(*)	a=0.01(**)	a=0.001(***)		a=0.05(*)	a=0.01(**)	a=0.001(***)
5	4	5	-	53	24	27	29
6	5	6	-	54	25	27	30
7	5	6	7	55	25	27	30
8	6	7	8	56	25	28	31
9	6	7	8	57	26	28	31
10	7	8	9	58	26	29	31
11	7	8	9	59	27	29	32
12	8	9	10	60	27	29	32
13	8	9	11	61	27	30	33
14	9	10	11	62	28	30	33
15	9	10	12	63	28	31	34
16	9	11	12	64	29	31	34
17	10	11	13	65	29	32	34
18	10	12	13	66	29	32	35
19	11	12	14	67	30	32	35
20	11	13	14	68	30	33	35
21	12	13	15	69	30	33	36
22	12	13	15	70	31	34	37
23	12	14	16	71	31	34	37
24	13	14	16	72	32	34	37
25	13	15	17	73	32	35	38
26	14	15	17	74	32	35	38
27	14	16	18	75	33	35	39
28	14	16	18	76	33	36	39
29	15	17	19	77	33	36	39
30	15	17	19	78	34	37	40
31	16	17	19	79	34	37	40
32	16	18	20	80	35	37	41
33	16	18	20	81	35	38	41
34	17	19	21	82	35	38	42
35	17	19	21	83	36	39	42
36	18	20	22	84	36	39	42
37	18	20	22	85	36	39	43
38	18	20	23	86	37	40	43
39	19	21	23	87	37	40	44
40	19	21	24	88	38	41	44
41	20	22	24	89	38	41	44
42	20	22	24	90	38	41	45
43	20	23	25	91	39	42	45
44	21	23	25	92	39	42	46
45	21	23	26	93	39	43	46
46	22	24	26	94	40	43	46
47	22	24	27	95	40	43	47
48	22	25	27	96	41	44	47
49	23	25	28	97	41	44	48
50	23	25	28	98	41	45	48
51	24	26	28	99	42	45	48
52	24	26	29	100	42	45	49

➤ 표 7 Student's t-분포표

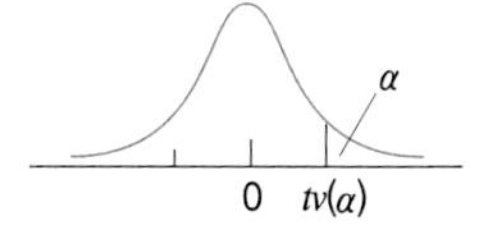

Values of required for significance at various levels for two-tailed and one-tailed for hypotheses.

Degrees of Freedom	Level of significance					
		10%[a]	5%	2%	1%	0.1%
	10%[b]	5%	2.5%	1%	0.5%	0.05%
1	3.08	6.31	12.71	31.82	63.66	636.62
2	1.89	2.92	4.3	6.96	9.92	31.6
3	1.64	2.35	3.18	4.54	5.84	12.94
4	1.53	2.13	2.78	3.75	4.6	8.61
5	1.48	2.02	2.57	3.36	4.03	6.86
6	1.44	1.94	2.46	3.14	3.71	5.96
7	1.41	1.9	2.36	3.0	3.5	5.4
8	1.4	1.86	2.31	2.9	3.36	5.04
9	1.38	1.83	2.28	2.82	3.25	4.78
10	1.37	1.81	2.23	2.76	3.17	4.59
11	1.36	1.8	2.2	2.72	3.11	4.44
12	1.36	1.78	2.16	2.68	3.06	4.32
13	1.35	1.77	2.16	2.65	3.01	4.22
14	1.34	1.76	2.14	2.62	2.98	4.14
15	1.34	1.75	2.13	2.6	2.95	4.07
16	1.34	1.75	2.12	2.58	2.92	4.02
17	1.33	1.74	2.11	2.57	2.9	3.96
18	1.33	1.73	2.1	2.55	2.88	3.92
19	1.33	1.73	2.09	2.54	2.86	3.88
20	1.33	1.72	2.09	2.53	2.84	3.85
21	1.32	1.72	2.06	2.52	2.83	3.82
22	1.32	1.72	2.07	2.51	2.82	3.79
23	1.32	1.71	2.07	2.5	2.81	3.77
24	1.32	1.71	2.06	2.49	2.8	3.74
25	1.32	1.71	2.06	2.48	2.79	3.72
26	1.32	1.71	2.05	2.48	2.78	3.71
27	1.31	1.7	2.05	2.47	2.77	3.69
28	1.31	1.7	2.05	2.46	2.76	3.67
29	1.31	1.7	2.04	2.46	2.76	3.66
30	1.31	1.7	2.04	2.46	2.75	3.65
40	1.3	1.68	2.02	2.42	2.7	3.65
60	1.3	1.67	2.0	2.39	2.66	3.46
120	1.29	1.66	1.98	2.36	2.62	3.37
∞(infinity)	1.28	1.64	1.96	2.33	2.58	3.29

[a]Two tailed hypothesis.

[b]One tailed hypothesis.

> 표 8-1 **F-분포표(5%)**

.05

$F_{v1,v2}(.05)$

	1	2	3	4	5	6	7	8	9	10	12	15	20	25	30	40	60
1	161.5	199.5	215.7	224.6	230.2	234.0	236.8	238.9	240.5	241.9	243.9	246.0	248.0	249.3	250.1	251.1	252.2
2	18.51	19.00	19.16	19.25	19.30	19.33	19.35	19.37	19.38	19.40	19.41	19.43	19.45	19.46	19.46	19.47	19.48
3	10.13	9.55	9.28	9.12	9.01	8.94	8.89	8.85	8.81	8.79	8.74	8.70	8.66	8.63	8.62	8.59	8.57
4	7.71	6.94	6.59	6.39	6.26	6.16	6.09	6.04	6.00	5.96	5.91	5.86	5.80	5.77	5.75	5.72	5.69
5	6.61	5.79	5.41	5.19	5.05	4.95	4.88	4.82	4.77	4.74	4.68	4.62	4.56	4.52	4.50	4.46	4.43
6	5.99	5.14	4.76	4.53	4.39	4.28	4.21	4.15	4.10	4.06	4.00	3.94	3.87	3.83	3.81	3.77	3.74
7	5.59	4.74	4.35	4.12	3.97	3.87	3.79	3.73	3.68	3.64	3.57	3.51	3.44	3.40	3.38	3.34	3.30
8	5.32	4.46	4.07	3.84	3.69	3.58	3.50	3.44	3.39	3.35	3.28	3.22	3.15	3.11	3.08	3.04	3.01
9	5.12	4.26	3.86	3.63	3.48	3.37	3.29	3.23	3.18	3.14	3.07	3.01	2.94	2.89	2.86	2.83	2.79
10	4.96	4.10	3.71	3.48	3.33	3.22	3.14	3.07	3.02	2.98	2.91	2.85	2.77	2.73	2.70	2.66	2.62
11	4.84	3.98	3.59	3.36	3.20	3.09	3.01	2.95	2.90	2.85	2.79	2.72	2.65	2.60	2.57	2.53	2.49
12	4.75	3.89	3.49	3.26	3.11	3.00	2.91	2.85	2.80	2.75	2.69	2.62	2.54	2.50	2.47	2.43	2.38
13	4.67	3.81	3.41	3.18	3.03	2.92	2.83	2.77	2.71	2.67	2.60	2.53	2.46	2.41	2.38	2.34	2.30
14	4.60	3.74	3.34	3.11	2.96	2.85	2.76	2.70	2.65	2.60	2.53	2.46	2.39	2.34	2.31	2.27	2.22
15	4.54	3.68	3.29	3.06	2.90	2.79	2.71	2.64	2.59	2.54	2.48	2.40	2.33	2.28	2.25	2.20	2.16
16	4.49	3.63	3.24	3.01	2.85	2.74	2.66	2.59	2.54	2.49	2.42	2.35	2.28	2.23	2.19	2.15	2.11
17	4.45	3.59	3.20	2.96	2.81	2.70	2.61	2.55	2.49	2.45	2.38	2.31	2.23	2.18	2.15	2.10	2.06
18	4.41	3.55	3.16	2.93	2.77	2.66	2.58	2.51	2.46	2.41	2.34	2.27	2.19	2.14	2.11	2.06	2.02
19	4.38	3.52	3.13	2.90	2.74	2.63	2.54	2.48	2.42	2.38	2.31	2.23	2.16	2.11	2.07	2.03	1.98
20	4.35	3.49	3.10	2.87	2.71	2.60	2.51	2.45	2.39	2.35	2.28	2.20	2.12	2.07	2.04	1.99	1.95
21	4.32	3.47	3.07	2.84	2.68	2.57	2.49	2.42	2.37	2.32	2.25	2.18	2.10	2.05	2.01	1.96	1.92
22	4.30	3.44	3.05	2.82	2.66	2.55	2.46	2.40	2.34	2.30	2.23	2.15	2.07	2.02	1.98	1.94	1.89
23	4.28	3.42	3.03	2.80	2.64	2.53	2.44	2.37	2.32	2.27	2.20	2.13	2.05	2.00	1.96	1.91	1.86
24	4.26	3.40	3.01	2.78	2.62	2.51	2.42	2.36	2.30	2.25	2.18	2.11	2.03	1.97	1.94	1.89	1.84
25	4.24	3.39	2.99	2.76	2.60	2.49	2.40	2.34	2.28	2.24	2.16	2.09	2.01	1.96	1.92	1.87	1.82
26	4.23	3.37	2.98	2.74	2.59	2.47	2.39	2.32	2.27	2.22	2.15	2.07	1.99	1.94	1.90	1.85	1.80
27	4.21	3.35	2.96	2.73	2.57	2.46	2.37	2.31	2.25	2.20	2.13	2.06	1.97	1.92	1.88	1.84	1.79
28	4.20	3.34	2.95	2.71	2.56	2.45	2.36	2.29	2.24	2.19	2.12	2.04	1.96	1.91	1.87	1.82	1.77
29	4.18	3.33	2.93	2.70	2.55	2.43	2.35	2.28	2.22	2.18	2.10	2.03	1.94	1.89	1.85	1.81	1.75
30	4.17	3.32	2.92	2.69	2.53	2.42	2.33	2.27	2.21	2.16	2.09	2.01	1.93	1.88	1.84	1.79	1.74
40	4.08	3.23	2.84	2.61	2.45	2.34	2.25	2.18	2.12	2.08	2.00	1.92	1.84	1.78	1.74	1.69	1.64
60	4.00	3.15	2.76	2.53	2.37	2.25	2.17	2.10	2.04	1.99	1.92	1.84	1.75	1.69	1.65	1.59	1.53
120	3.92	3.07	2.68	2.45	2.29	2.18	2.09	2.02	1.96	1.91	1.83	1.75	1.66	1.60	1.55	1.50	1.43
∞	3.84	3.00	2.61	2.37	2.21	2.10	2.01	1.94	1.88	1.83	1.75	1.67	1.57	1.51	1.46	1.39	1.32

> 표 8-2 F-분포표(1%)

.01

$F_{v1,v2}(.01)$

	1	2	3	4	5	6	7	8	9	10	12	15	20	25	30	40	60
1	4052.	5000.	5403.	5625.	5764.	5859.	5928.	5981.	6023.	6056.	6106.	6157.	6209.	6240.	6261.	6287.	6313.
2	98.50	99.00	99.17	99.25	99.30	99.33	99.36	99.37	99.39	99.40	99.42	99.43	99.45	99.46	99.47	99.47	99.48
3	34.12	30.82	29.46	28.71	28.24	27.91	27.67	27.49	27.35	27.23	27.05	26.87	26.69	26.58	26.50	26.41	26.32
4	21.20	18.00	16.69	15.98	15.52	15.21	14.98	14.80	14.66	14.55	14.37	14.20	14.02	13.91	13.84	13.75	13.65
5	16.26	13.27	12.06	11.39	10.97	10.67	10.46	10.29	10.16	10.05	9.89	9.72	9.55	9.45	9.38	9.29	9.20
6	13.75	10.92	9.78	9.15	8.75	8.47	8.26	8.10	7.98	7.87	7.72	7.56	7.40	7.30	7.23	7.14	7.06
7	12.25	9.55	8.45	7.85	7.46	7.19	6.99	6.84	6.72	6.62	6.47	6.31	6.16	6.06	5.99	5.91	5.82
8	11.26	8.65	7.59	7.01	6.63	6.37	6.18	6.03	5.91	5.81	5.67	5.52	5.36	5.26	5.20	5.12	5.03
9	10.56	8.02	6.99	6.42	6.06	5.80	5.61	5.47	5.35	5.26	5.11	4.96	4.81	4.71	4.65	4.57	4.48
10	10.04	7.56	6.55	5.99	5.64	5.39	5.2	5.06	4.94	4.85	4.71	4.56	4.41	4.31	4.25	4.17	4.08
11	9.65	7.21	6.22	5.67	5.32	5.07	4.89	4.74	4.63	4.54	4.40	4.25	4.10	4.01	3.94	3.86	3.78
12	9.33	6.93	5.95	5.41	5.06	4.82	4.64	4.50	4.39	4.30	4.16	4.01	3.86	3.76	3.70	3.62	3.54
13	9.07	6.70	5.74	5.21	4.86	4.62	4.44	4.30	4.14	4.10	3.96	3.82	3.66	3.57	3.51	3.43	3.34
14	8.86	6.51	5.56	5.04	4.69	4.46	4.28	4.14	4.03	3.94	3.80	3.66	3.51	3.41	3.35	3.27	3.18
15	8.68	6.36	5.42	4.89	4.56	4.32	4.14	4.00	3.89	3.80	3.67	3.52	3.37	3.28	3.21	3.13	3.05
16	8.53	6.23	5.29	4.77	4.44	4.20	4.03	3.89	3.78	3.69	3.55	3.41	3.26	3.16	3.10	3.02	2.93
17	8.40	6.11	5.18	4.67	4.34	4.10	3.93	3.79	3.68	3.59	3.46	3.31	3.16	3.07	3.00	2.92	2.83
18	8.29	6.01	5.09	4.58	4.25	4.01	3.84	3.71	3.60	3.51	3.37	3.23	3.08	2.88	2.92	2.84	2.75
19	8.18	5.93	5.01	4.50	4.17	3.94	3.77	3.63	3.52	3.43	3.30	3.15	3.00	2.91	2.84	2.76	2.67
20	8.10	5.85	4.94	4.43	4.10	3.87	3.70	3.56	3.46	3.37	3.23	3.09	2.94	2.84	2.78	2.69	2.61
21	8.02	5.78	4.87	4.37	4.04	3.81	3.64	3.51	3.40	3.31	3.17	3.03	2.88	2.79	2.72	2.64	2.55
22	7.95	5.72	4.82	4.31	3.99	3.76	3.59	3.45	3.35	3.26	3.12	2.98	2.83	2.73	2.67	2.58	2.50
23	7.88	5.66	4.76	4.26	3.94	3.71	3.54	3.41	3.30	3.21	3.07	2.93	2.78	2.69	2.62	2.54	2.45
24	7.82	5.61	4.72	4.22	3.90	3.67	3.50	3.36	3.26	3.17	3.03	2.89	2.74	2.64	2.58	2.49	2.40
25	7.77	5.57	4.68	4.18	3.85	3.63	3.46	3.32	3.22	3.13	2.99	2.85	2.70	2.60	2.54	2.45	2.36
26	7.72	5.53	4.64	4.14	3.82	3.59	3.42	3.29	3.18	3.09	2.96	2.81	2.66	2.57	2.50	2.42	2.33
27	7.68	5.49	4.60	4.11	3.78	3.56	3.39	3.26	3.15	3.06	2.93	2.78	2.63	2.54	2.47	2.38	2.29
28	7.64	5.45	4.57	4.07	3.75	3.53	3.36	3.23	3.12	3.03	2.90	2.75	2.60	2.51	2.44	2.35	2.26
29	7.60	5.42	4.54	4.04	3.73	3.50	3.33	3.20	3.09	3.00	2.87	2.73	2.57	2.48	2.41	2.33	2.23
30	7.56	5.39	4.51	4.02	3.70	3.47	3.30	3.17	3.07	2.98	2.84	2.70	2.55	2.45	2.39	2.30	2.21
40	7.31	5.18	4.31	3.83	3.51	3.29	3.12	2.99	2.89	2.80	2.66	2.52	2.37	2.27	2.20	2.11	2.02
60	7.08	4.98	4.13	3.65	3.34	3.12	2.95	2.82	2.72	2.63	2.50	2.35	2.20	2.10	2.03	1.94	1.84
120	6.85	4.79	3.95	3.48	3.17	2.96	2.79	2.66	2.56	2.47	2.34	2.19	2.03	1.93	1.86	1.76	1.66
∞	6.63	4.61	3.78	3.32	3.02	2.80	2.64	2.51	2.41	2.32	2.18	2.04	1.88	1.78	1.70	1.59	1.47

▶ 표 9-1 **돼지고기의 중량과 등지방 두께 등에 의한 규격등급 1차 판정기준**

구 분	인력판정				기계판정		
	박피도체		탕박도체		탕박도체		
	도체중(kg)	등지방두께(mm)	도체중(kg)	등지방두께(mm)	도체중(kg)	등지방두께(mm)	수율(%)
A등급	이상 미만 71 - 84	이상 미만 12 - 22	이상 미만 80 - 94	이상 미만 17 - 27	이상 미만 80 - 94	이상 14.0	이상 56.0
B등급	67 - 71 71 - 84 71 - 84 84 - 88	10 - 24 10 - 12 22 - 25 11 - 25	76 - 80 80 - 94 80 - 94 94 - 98	15 - 29 15 - 17 27 - 30 16 - 30	76 - 98	12.0	54.0
C등급	63 - 67 67 - 84 67 - 71 71 - 88 84 - 88 88 - 91	8 - 27 8 - 10 24 - 27 25 - 28 9 - 11 9 - 28	71 - 76 76 - 94 76 - 80 80 - 98 94 - 98 98 - 101	13 - 32 13 - 15 29 - 32 30 - 33 14 - 16 14 - 33	71 - 101	10.0	52.0
등외	A · B · C에 속하지 않는 것		A · B · C에 속하지 않는 것		A · B · C에 속하지 않는 것		

▸ 표 9-2 **돼지고기의 규격등급 2차 판정기준**

판정항목	A등급	B등급	C등급	등외
균 형	길이와 폭이 적당하며 두껍고, 엉덩이, 등심, 어깨 및 복부의 각 부분이 충실하면서 균형이 특히 좋은 것	길이와 폭이 적당하며 두껍고, 엉덩이, 등심, 어깨 및 복부의 각 부분이 충실하면서 균형이 좋은 것	길이와 폭, 두께, 전체의 형태, 각 부위간의 균형 등에 있어서 어느 것도 좋은 점이 없는 반면 결점도 없는 것	전체의 형태, 각 부위간의 균형이 다같이 결점이 많은 것
비육상태	두껍고 매끈하면서 살집이 좋으며 도체에 대한 살코기의 비율이 특히 많은 것	두껍고 매끈하면서 살집이 좋으며 도체에 대한 살코기의 비율이 대체로 많은 것	특별히 우수한 것이 없으면서 살코기의 비율이 보통으로 큰 결점이 없는 것	얇고 살집이 나쁘며 살코기의 비율이 떨어지는 것
지방부착상태	등지방 및 복부지방의 부착이 양호한 것	등지방 및 복부지방의 부착이 적당한 것	등지방 및 복부지방의 부착에 큰 결점이 없는 것	등지방 및 복부지방의 부착에 결점이 인정되는 것
마무리	방혈이 잘 되고 질병 등에 의한 손상이 없고 취급의 잘못으로 인한 오염, 손상 등의 결점이 없는 것	방혈이 잘 되고 질병 등에 의한 손상이 없고 취급의 잘못으로 인한 오염, 손상 등의 결점이 거의 없는 것	방혈이 보통이고 질병 등에 의한 손상이 적으며 취급의 잘못으로 인한 오염, 손상 등의 큰 결점이 없는 것	방혈이 불충분하고 손상이 있으며, 취급의 잘못으로 인한 오염 등의 결점이 인정되는 것

▶ 표 9-3 돼지고기의 육질등급 2차 판정기준

판정항목	1+등급	1등급	2등급	등외
육 색	그림 3-10 육색기준 No.3~5에 해당하는 것으로 육색이 선명하고 광택이 매우 좋은 것	그림 3-10 육색기준 No.3~5에 해당하는 것으로 육색이 선명하고 광택이 좋은 것	그림 3-10 육색기준 No.2 또는 6에 해당하는 것으로 육색 및 광택이 좋지 않은 것	그림 3-10 육색기준 No.1 또는 7에 해당하는 것으로 육색 및 광택이 매우 좋지 않은 것
지방색과 질	지방색은 백색이고, 광택이 있으며 탄력성과 끈기가 매우 좋은 것	지방색은 백색이고, 광택이 있으며 탄력성과 끈기가 좋은 것	지방색이 탁하고 탄력성 및 끈기가 다 같이 좋지 않은 것	지방색이 매우 탁하고 탄력성 및 끈기가 매우 좋지 않은 것
조직감	육의 탄력성 및 결이 좋고 수분이 스며나오는 정도가 적어 조직감이 매우 좋은 것	육의 탄력성 및 결이 좋고 수분이 스며나오는 정도가 적어 조직감이 좋은 것	육의 탄력성 및 결이 불량하고, 수분이 스며나오는 정도가 많아 조직감이 좋지 않은 것	육의 탄력성 및 결이 불량하며, 수분이 스며나오는 정도가 매우 많아 조직감이 매우 좋지 않은 것
지방 침착도	그림 3-9 근내 지방도 기준 No.4 또는 No.5에 해당하는 것으로 지방침착이 좋은 것	그림 3-9 근내 지방도 기준 No.2 또는 No.3에 해당하는 것으로 지방침착이 보통인 것	그림 3-9 근내 지방도 기준 No.1에 해당하는 것으로 지방침착이 미미한 것	그림 3-9 근내 지방도 기준 No.1에 해당되지만 지방침착이 전혀 없는 것
삼겹살 상태	그림 3-11 삼겹살 내 근간지방두께가 5~15mm이거나 삼겹살의 두께가 적당히 두툼하고 지방 피복상태 등이 매우 좋은 것	그림 3-11 삼겹살 내 근간지방두께가 5~15mm이거나 삼겹살의 두께가 적당히 두툼하고 지방 피복상태 등이 좋은 것	그림 3-11 삼겹살 내 근간지방두께가 4mm 이하 또는 16~20mm이거나 삼겹살의 두께가 얇거나 과도하고, 지방 피복상태 등이 좋지 않은 것	그림 3-11 삼겹살 내 근간지방두께가 1mm 이하 또는 21mm 이상이거나 삼겹살의 두께가 지나치게 얇거나 과도하고, 지방 피복상태 등이 매우 좋지 않은 것
결함	농양, 방혈불량, 골절, 오염, 근육제거 등의 결점이 없는 것	농양, 방혈불량, 골절, 오염, 근육제거 등의 결점이 거의 없는 것	농양, 방혈불량, 골절, 오염, 근육제거 등의 결점이 심한 것	농양, 방혈불량, 골절, 오염, 근육제거 등의 결점이 매우 심한 것

※ 육질등급 2차판정은 판정항목별 등급 중 가장 낮은 등급으로 한다.

참고문헌

경상대학교 농업생명과학연구원(2002). 『농산물 품질인증표시 사용여부의 결정요인 분석』. 농업생명과학연구.

고하영(2004). 『식품평가』. 석학당.

구난숙·김향숙·이경애·김미정(2006). 『식품관능검사』. (주)교문사.

김계수(2004). 『AMOS 구조방정식 모형분석』. 자유아카데미.

김광옥·김상숙·성내경·이영춘(1993). 『관능검사 방법 및 응용』. 신광출판사.

김광옥·이영춘(1989). 『식품의 관능검사』. 학연사.

김석우(2007). 『기초통계학』. 학지사.

김성용·이계임(2005). 유럽 식품품질인증제의 운영체계와 시사점. 『한국식품유통연구』. 한국식품유통학회.

김연형(2007). 『통계학의 개념과 응용-R 프로그램 활용』. 교우사.

김우정·구경형(2001). 『식품관능검사법』. 도서출판 효일.

김우철·김재주·박병욱·박성현·송문섭·이상열·이영조·전종우·조신섭(2006). 『현대통계학(제4개정판)』. 영지문화사.

김충련(2003). 『SAS를 활용한 다차원 척도법과 결합분석』. 자유아카데미.

김충련(2009). 『SAS 데이터분석』. 21세기사.

김혜영·김미리·고봉경(2006). 『식품품질평가』. 도서출판 효일.

송문섭·조신섭(2002). 『SAS를 활용한 통계자료분석』. 자유아카데미.

송서일(2005). 『실험계획법』. 한경사.

이철호·채수규·이진근·고경희·손혜숙(1999). 『식품평가 및 품질관리론』. 유림문화사.

이태림·이정진·김성수·이기재·이긍희(2003). 『통계학 개론』. 한국방송통신대학교출판부.

임용빈·안병진·백재욱(2003). 『실험계획과 응용』. 한국방송통신대학교출판부.

조미영(1998). 식품산업과 품질관리: 식품의 수출입검사 인증제도분과위원회의 품질보증제도 논의 동향. 『식품산업과 영양』. 한국식품영양과학회.

조인호(2008). 『SAS 강좌와 통계컨설팅』. (주)영진닷컴.

해양수산부(2004). 『수산물 품질인증 및 선정기준 개편에 관한 연구』. 한국해양수산개발원.

해양수산부(2005). 『친환경 수산물 품질기준 마련 연구』, 경상대학교 SG연구사업단 연구기관.

Carpenter, R.P., Lyon, D.H., & Hasdell, T.A.(2000). Guidelines for sensory analysis in food product development and quality control(2nd eds.). Aspen publishers, New York, NY.

Civille, G.V.(1979). Descriptive Analysis, In Jhonston, M.R.(Eds.). Sensory Evaluation Methods for the Practicing Food

Technologist, IFT Short Course, Institute of Food Technology, Chicago.
Civille, G.V., Szczesniak, A.S.(1973). Guidelines to training a texture profile panel. Journal of Texture Studies, 4, 204-223.
Cliff, M., Heymann, H.(1993). Development and use of time-intensity methodology for sensory evaluation: A review. Food Research International, 26, 375-385.
Guinard, J.-X., Pangborn, R.M., & Shoemaker, C.F.(1985). Computerized procedure for Time- Intensity sensory measurements. Journal of Food Science, 50, 543-544.
Johnsen, P.B., Civille, G.V., Vercellotti, J.R., Sanders, T.H., & Dus, C.A.(1988). Development of a lexicon for the description of peanut flavor. Journal of Sensory Studies, 3, 9-17.
Lawless, H.T., Heymann, H.(1999). Sensory Evaluation of Food: Principles and Practices.Maryland: Aspen Publishers, New York, NY.
Meilgaard, M.C., Civille, G.V., & Carr, B.T.(2007). Sensory evaluation technique(4th eds.). CRC Press, Boca Raton, FL.
Murray, J.M., Delahunty, C.M., & Baxter, I.A.(1999). Descriptive sensory analysis: past, present and future. Food Research International, 34, 461-471.
Peyvieux, C., Dijksterhuis, G.(2001). Training a sensory panel for TI: a case study. Food Quality and Preference, 12, 19-28.
Stone, H., Sidel, J.L.(1993). Sensory Evaluation Practices(2nd Eds.). Elsevier Academic Press, San Diego, CA.
Tuorila, H., Monteleone, E.(2009). Sensory food science in the changing society: opportunities, needs, and challenges. Trends in Food Science and Technology, 20, 54-62.

국립 수산물품질검사원 http://www.nfpqis.go.kr
ISO인증컨설팅 http://iso-korea.com
영국 환경식품농림부 http://www.defra.gov.uk
유럽공동체(EU) http://europa.eu.int
축산물 등급판정소 http://www.apgs.co.kr
축산물 품질관리원 http://www.ekape.or.kr
축산물HACCP기준원 http://www.ihaccp.or.kr
푸드인코리아 http://www.foodinkorea.co.kr
프랑스 국립 원산지 명칭 통제 및 품질관리원 http://www.inao.gouv.fr
한국인증정보원 http://www.iso21.net

찾아보기

INDEX

저자 소개

황인경

서울대학교 식품영양학과 졸업
서울대학교 대학원 식품영양학과 석사
미국 조지아대학교 대학원 식품학 박사
서울대학교 식품영양학과 명예교수

김미라

서울대학교 식품영양학과 졸업
서울대학교 대학원 식품영양학과 석사
미국 아이오와주립대학교 대학원 식품과학전공 Ph.D.
경북대학교 식품영양학과 교수

송효남

서울대학교 식품영양학과 졸업
서울대학교 대학원 식품영양학과 석사
서울대학교 대학원 식품영양학 박사
세명대학교 바이오식품산업학부 교수

문보경

서울대학교 식품영양학과 졸업
서울대학교 대학원 식품영양학과 석사
서울대학교 대학원 식품영양학 박사 수료
미국 오하이오주립대학교 대학원 식품학 박사
중앙대학교 식품영양학과 교수

이선미

서울대학교 식품영양학과 졸업
서울대학교 대학원 식품영양학과 석사
서울대학교 대학원 식품영양학 박사
스위스 취리히 연방공과대학 post-doctor
대전대학교 식품영양학과 교수

김선아

서울대학교 식품영양학과 졸업
서울대학교 대학원 식품영양학과 석사
서울대학교 대학원 식품영양학과 박사
한국방송통신대학교 생활과학과 교수

서한석

고려대학교 식량자원학과 졸업
서울대학교 대학원 식품영양학 석사
서울대학교 대학원 식품영양학 박사
독일 드레스덴 공과대학교 의과대학 이비인후과학 박사
미국 아칸소대학교 식품과학과 교수

기초에서 실무까지

식품품질관리와 관능검사

2019년 2월 25일 초판 발행 | 2021년 2월 15일 2쇄 발행

지은이 황인경 외 | **펴낸이** 류원식 | **펴낸곳** **교문사**

편집팀장 모은영 | **디자인** 신나리

주소 (10881)경기도 파주시 문발로 116 | **전화** 031-955-6111 | **팩스** 031-955-0955
홈페이지 www.gyomoon.com | **E-mail** genie@gyomoon.com
등록 1960. 10. 28. 제406-2006-000035호
ISBN 978-89-363-1810-9(93590) | 값 21,200원

* 잘못된 책은 바꿔 드립니다.